梅花鹿
高效养殖关键技术

◎ 郜玉钢　著

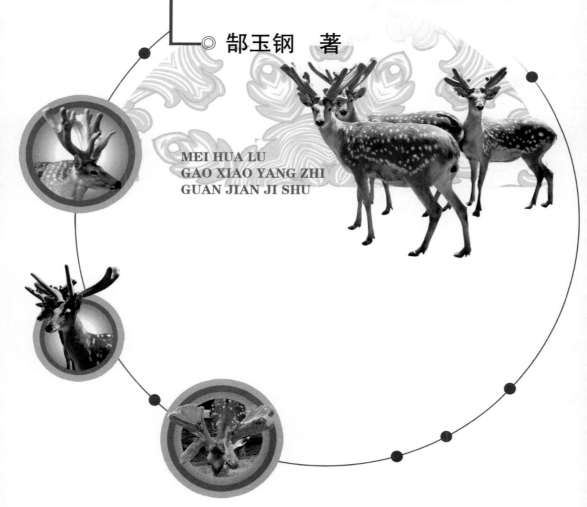

MEI HUA LU
GAO XIAO YANG ZHI
GUAN JIAN JI SHU

中国农业科学技术出版社

图书在版编目（CIP）数据

梅花鹿高效养殖关键技术／郜玉钢著 . —北京：中国农业科学
技术出版社，2017.1

ISBN 978 - 7 - 5116 - 2821 - 3

Ⅰ.①梅… Ⅱ.①郜… Ⅲ.①梅花鹿 - 饲养管理 Ⅳ.①S865.4

中国版本图书馆 CIP 数据核字（2016）第 269474 号

责任编辑	于建慧
责任校对	贾海霞

出 版 者	中国农业科学技术出版社
	北京市海淀区中关村南大街 12 号　邮编：100081
电　　话	（010）82109194（编辑室）　（010）82109702（发行部）
	（010）82109709（读者服务部）
传　　真	（010）82109708
网　　址	http://www.castp.cn
经 销 者	各地新华书店
印 刷 者	北京富泰印刷有限责任公司
开　　本	710mm×1 000mm　1/16
印　　张	19.5　彩插　11
字　　数	308 千字
版　　次	2017 年 1 月第 1 版　2017 年 1 月第 1 次印刷
定　　价	36.80 元

序　言
PREFACE

　　梅花鹿全身是宝，特别是鹿茸角，梅花鹿产品具有广泛的药理作用和保健及营养功能，具有千年应用历史，是传统名贵的中药材，而且是中国大宗出口创汇商品，因此，近些年来国内形成养鹿热潮。中国是世界上梅花鹿养殖历史最悠久的国家，中国梅花鹿堪称世界梅花鹿之冠，是数量最多、质量最佳、生产力最高的梅花鹿种。提高梅花鹿的生产性能和降低饲养成本，是提高养鹿效益的关键。本书适合从事梅花鹿养殖工作的技术人员以及从事相关方面研究的科研人员、高等院校师生阅读。

　　本书包括梅花鹿的育种技术、繁殖技术、营养需要技术、饲料利用技术、疾病防治技术等 5 章内容，旨在为高效益养鹿实践提供理论指导和参考，为促进梅花鹿养殖业的发展贡献作者的绵薄之力。本书以理论和实践相结合为特色，重在理论上有创新，实践上有突破，力争做到读者看得懂、学得会、用得上，成为广大养鹿业同仁的帮手。

　　作者在编著过程中归纳了作者 20 多年的科学研究成果及生产实践经验，并尽量搜集国内外有关研究文献资料，参考了大量养鹿书籍，但由于涉及内容广泛、覆盖面广，加之编写时间仓促并受作者水平所限，疏漏和错误之处在所难免，恳请有关专家及广大读者批评指正。

郜玉钢

2016 年 9 月

于吉林农业大学中药材学院

目　录

CONTENTS

第一章

梅花鹿的育种技术

第一节　梅花鹿的品种

一、双阳梅花鹿

　　双阳梅花鹿属茸用鹿培育品种，是我国梅花鹿之乡原吉林省长春市双阳县国营第三鹿场韩坤、陈瑞忠等人培育，于 1986 年通过农牧渔业部组织的专家委员会审定的人工培育的梅花鹿品种。早在清朝道光年间（1831）于今鹿乡镇盘古屯就有人伐木建栅，内放饲料，诱鹿进入，关封后任其繁殖，这是与圈养不同的原始养鹿的方法。清末（1910）双阳建县时，除盘古屯外，在今鹿乡镇的王家村、崔家庙子，石溪乡的尖山子，长岭乡的陈家屯、张家崴子，佟家乡拉腰子屯等也开始养鹿，到 1931 年发展到 709 只，日本侵华时期遭到破坏。新中国成立时有鹿 500 余只。1949 年在陈家屯建立了双阳县第一鹿场，在此基础上 1953 年建立了双阳国营第一鹿场。之后，又相继建立了国营第二鹿场、第三鹿场、第四鹿场、第五鹿场、良种场鹿场和种畜场鹿场等 7 个国营鹿场，这些鹿场为双阳梅花鹿的培育提供了种质资源。先后采用了表型选择种鹿、单公群母配种和闭锁繁育。培育过程大体分为组建基础群（1962—1965 年）、粗选扩繁（1965—1977 年）和精选提高（1978—1985 年）三个阶段。同时，改善饲养管理，加强幼鹿的培育，于 1986 年育成。

（一）养殖分布

双阳梅花鹿主要分布在吉林省长春市双阳区（原双阳县），从 1986 年完成鉴定后开始向省内外推广，重点分布于吉林、黑龙江、辽宁、山东、山西、陕西、湖南、湖北、浙江、江苏、安徽、内蒙古自治区（以下简称内蒙古）、四川、云南、北京、河南等 20 多个省（区、市）。截至目前，已被广泛引种到全国各地，2008 年双阳梅花鹿核心群 2 600 只，全国饲养约 3.5 万只。

（二）体型外貌特征

体型中等，躯体呈长方形，四肢略短，腹围较大，腰部平直，臀圆尾短，全身结构紧凑、结实。公鹿头呈楔形，额宽平，鼻梁平直，眼大、目光温和，耳大小适中，耳壳被毛稀短；母鹿头清秀，额面部狭长，耳较大、直立、灵活，鼻梁平直，眼大。颈长与体长相称，公鹿颈比母鹿颈粗壮，配种季节公鹿颈部明显变粗。稍有肩峰，肌肉发达坚实，背长宽、平直。四肢强健直立，关节灵活，与躯干连接紧密，管围粗。蹄形规正，角质坚韧、光滑、无裂纹。公鹿、母鹿夏毛稀短，呈棕红色或棕黄色，梅花斑点洁白、大而稀疏，背线不明显。臀斑边缘生有黑色毛圈，内有洁白长毛，略呈方形。喉斑较小，距毛呈黄褐色，腹下和四肢内侧被毛较长，呈浅灰黄色，尾内侧被毛较长，呈洁白色。冬毛呈灰褐色，密而长，质脆。角柄距窄，鹿茸主干向外伸展，中部略向内弯曲，茸皮呈红褐色，主干粗长上冲，嘴头肥大，眉二间距较近，眉枝粗长。母鹿腹围明显大，后躯发达，生殖器官发育良好，乳头发育正常，乳房较大，泌乳量高。公鹿阴囊、睾丸发育正常，左右对称，季节性变化明显，配种季节明显增大。

（三）体重和体尺

成年公鹿体重 102～138kg，体长 103～113cm，体高 101～111cm，胸围 117cm，胸深 47cm，头长 35cm，额宽 16cm，管围 12cm，尾长 16cm，角柄距 4cm。母鹿体重 68～81kg，体长 94～100cm，体高 88～94cm，胸围 96cm，

胸深 37cm，头长 33cm，额宽 13cm，管围 10cm，尾长 14cm。

（四）生产性能

1. 产茸性能

双阳梅花鹿初角茸 270～300 日龄开始萌生，集中生茸时间是 3 月，1～10 锯公鹿鲜茸平均单产为 2.9kg，上锯公鹿平均成品茸干重 1.3kg，鲜茸重 3kg 及其以上的公鹿占 58.2%，鲜干比 2.9（三权茸）。20 世纪 90 年代以来，有多只公鹿鲜茸产量创造了我国梅花鹿养殖业的最高纪录，如 1992 年有 1 只公鹿头锯生产标准三权鲜重 4.2kg，又生产二杠型再生茸鲜重 1.05kg，三锯公鹿生产标准三权鲜重 7.3kg，五锯公鹿生产一等锯三权鲜重 8.3kg，八锯公鹿收三权锯茸鲜重 15kg。同时，鹿茸的优质率达 70% 以上，畸形率 12.2%。双阳梅花鹿鹿茸 1995 年被评为第二届中国农业博览会金奖。产茸高峰期 7～10 岁，产茸公鹿利用年限平均 12 年。

2. 繁殖性能

母鹿 18 月龄性成熟，29～30 月龄适宜配种。公鹿 18 月龄性成熟，40 月龄配种。公鹿种用最佳年限 5 年，母鹿繁殖最佳年限 8 年。发情季节 9 月下旬至 11 月中旬，发情周期 12d，妊娠期 235d，胎产 1 仔，双胎率 3%，育成母鹿受胎率达 84%，繁殖成活率为 71%。成年母鹿受胎率为 91%，繁殖成活率为 82%，双胎率为 2.72%。经产母鹿所产仔鹿初生重为 5.76kg（公）和 5.62kg（母）。初产母鹿所产仔鹿初生重为 5.37kg（公）和 5.18kg（母）。

（五）育种价值

双阳梅花鹿具有高产、早熟、耐粗饲、适应性强和遗传性能稳定等特点，具有很高的种用价值。如有计划地引种或采用人工授精方法改良低产鹿群，会有重大效果。若能与西丰梅花鹿或长白山梅花鹿等开展二元或三元杂交，可培育更高产的梅花鹿新品种。

二、长白山梅花鹿品系（繁荣梅花鹿）

长白山梅花鹿品系是位于长白山下的中国农业科学院特产研究所和通化

县第一鹿场等单位，由王恩凯和胡永昌等人于 1993 年人工选育成功的梅花鹿品系，俗称"繁荣梅花鹿"。

（一）养殖分布

长白山梅花鹿品系主要分布在吉林省通化县，已被引种到吉林、辽宁和黑龙江等地 1 000 余只，现存栏 3 000 余只。

（二）体型外貌特征

公鹿体型中等，体躯矮粗，行为安静，目光温和，体质结实。颈短粗，四肢粗壮端正、胸宽深、腹围大。方头，角基距较宽，茸主干呈圆形上冲，嘴头肥大。母鹿性情温驯，体躯较长，腹围、后躯和乳房明显大。夏季被毛呈淡橘红色，无背线，冬毛呈灰褐色。

（三）体重和体尺

成年公鹿体高 95 ~ 117cm，体长 95 ~ 115cm，体重约 134kg。母鹿体高 79 ~ 95cm，体长 81 ~ 101cm，1 ~ 4 岁的体重分别为 72kg，76kg，82kg，85kg。

（四）生产性能

1. 产茸性能

成品茸单产达 1.237kg，1 ~ 15 锯公鹿头茬鲜茸单产达 3.166kg。产茸最佳年龄为 5 ~ 8 锯。茸的优质率为 58%。上锯公鹿头茬鲜茸重 3kg 以上的占 57.3%，畸形茸率占 15.1，三杈鲜茸主干长 48cm ±6cm，嘴头长 15cm ±2cm。

2. 繁殖性能

母鹿受胎率为 93%，仔鹿成活率为 86%，繁殖成活率为 80%，双胎率为 2.05%。经产母鹿所产仔鹿初生重为 6.2kg ± 0.9kg（公）和 5.2kg ± 0.6kg（母）。初产母鹿所产仔鹿的初生重为 5.1kg ± 0.4kg（公）和 4.7kg ± 0.4kg（母）。

（五）育种价值

长白山梅花鹿具有性情温驯，公鹿鹿茸产量高而优质，母鹿具繁殖力强、生产利用年限长、精饲程度低、遗传性状稳定等优良特性。这对于选育成长白山梅花鹿新品种，杂交改良其他梅花鹿低产鹿群，乃至杂交提高高产鹿群的生产利用年限，提高繁殖力，均具有很好的育种价值。

三、敖东梅花鹿

敖东梅花鹿为茸用型培育品种，由吉林省敖东药业集团有限公司李玉伟、中国农业科学院特产研究所李忠宽等培育。2001 年通过国家家畜禽遗传资源管理委员会审定。1957 年吉林敖东药业集团有限公司（原吉林省国营敦化鹿场）从吉林省东丰县等地引入种鹿，经过精心饲养和管理，鹿群质量得到提高。敖东梅花鹿于 1971 年开始选育。主要选择鹿茸重量性状这一表型值高的个体作为种鹿，通过个体选择，单公群母配种，采用本品种选育和适当引入外血。培育过程大体分为"组建核心群、引入外血，自繁定型、扩繁提高"四个阶段，不断地选优淘劣，使鹿的整体水平得到显著提高。

（一）养殖分布

敖东梅花鹿分布于敦化市的大蒲柴河、翰章、秋梨沟、黄泥河、官地、额穆、青沟子等乡（镇）以及安图县与和龙市，中心产区为吉林省敦化市的江南、大石头、沙河沿、江源等乡（镇）。据 2007 年调查统计，存栏敖东梅花鹿约 1.26 万只，其中母鹿约 4 200 只、公鹿约 5 500 只、育成鹿约 2 800 只。

（二）体型外貌特征

敖东梅花鹿体型中等，体质结实、体格健壮，无肩峰。头方正，额宽平，耳适中，眼大，目光温和，喉斑不明显。公鹿颈短粗，胸宽深，腹围较大，背腰平直，臀丰满，背线不明显。四肢粗壮、较短，蹄坚实，尾长中等。角柄距较宽，角柄围中等，角柄低而向外侧斜。鹿茸主干圆，稍有弯曲，个别为"趟子茸"，上下匀称，嘴头较肥大，眉枝短而较粗，弯曲较小，细毛红地。夏毛多呈浅赤褐色，颈、腹和四肢内侧的毛色较浅。

（三）体重和体尺

成年公鹿体重 126kg，体长 105cm，体高 104cm，胸围 113cm，胸深 47cm，头长 35cm，额宽 15cm，尾长 16cm，角柄距 6cm。母鹿体重 72kg，

体长 94cm，体高 92cm，胸围 101cm，胸深 39cm，头长 32cm，额宽 13cm，尾长 14cm。

（四）生产性能

1. 产茸性能

敖东梅花鹿平均产鲜茸 3.34kg，成品茸 1.21kg，鲜干比 2.76，畸形率 12.52%。

2. 繁殖性能

敖东梅花鹿产仔率 94.6%，仔鹿成活率 88.68%，繁殖成活率 82.55%。

（五）育种价值

敖东梅花鹿具有公鹿鹿茸产量高，母鹿繁殖力强，生产利用年限长，遗传性状稳定等优良特性。均具有很好的育种价值。如有计划地引种或采用人工授精方法改良低产鹿群，会有重大效果。若能与东丰梅花鹿或长白山梅花鹿等开展二元或三元杂交，可培育更高产的梅花鹿新品种。

四、四平梅花鹿

四平梅花鹿为茸用型培育品种，由原四平市种鹿场崔尚勤、中国农业科学院特产研究所高秀华等人培育。2001 年通过国家家畜禽遗传资源管理委员会审定。

吉林省四平种鹿场于 1971 年建场，由吉林省的长春地区、四平地区、辽源市及辽宁省铁岭地区引入种鹿。在同质选配的原则下，进行闭锁繁育，严格选种选配，及时发现优秀个体补充到核心群，试情配种，通过精选扩繁，科学饲养管理，经过 30 年的不懈努力，于 2001 年培育成功。

（一）养殖分布

四平梅花鹿主产区为吉林省四平市。主要分布于吉林省松辽平原及辽宁省铁岭地区，吉林省其他地区及黑龙江省也有少量分布。据 2008 年统计存栏 6 500 余只，核心群 1 200 余只。

（二）体型外貌特征

四平梅花鹿体躯中等，体质紧凑、结实。公鹿头部轮廓清晰，额宽，面部中等长；眼大明亮，鼻梁平直，耳大，角柄粗圆、端正。鹿茸主干粗短，多向侧上方伸展，嘴头粗壮上冲、呈元宝形。茸皮呈红黄色，色泽光艳。夏毛多为赤红色，少数橘黄色，大白花，花斑明显整洁，背线清晰。头颈与躯干衔接良好，鬐甲宽平，背长短适中、平直。四肢粗壮端正，肌肉充实，关节结实，蹄呈灰黑色、端正坚实。尾长适中，尾毛背侧呈黑色。

（三）体重和体尺

成年公鹿体重 130 ~ 152kg，体斜长 99 ~ 113cm，体高 92 ~ 108cm，胸围 117 ~ 131cm，管围 10 ~ 12cm。母鹿体重 71 ~ 80kg，体长 90 ~ 97cm，体高 87 ~ 91cm，胸围 96 ~ 106cm，管围 8 ~ 10cm。

（四）生产性能

1. 产茸性能

四平梅花鹿幼鹿 240 日龄开始生长初角茸。上锯公鹿平均成品茸重 1.215kg，畸形率 8.2%，鲜干比 2.85。

2. 繁殖性能

四平梅花鹿母鹿 16 ~ 17 月龄性成熟，26 ~ 28 月龄配种；公鹿 28 月龄性成熟，40 月龄配种。母鹿发情周期 7 ~ 12d，妊娠期 235d。仔鹿初生重 5 ~ 7.5kg，断奶重 14.75 ~ 15.25kg，哺乳期日增重 157.8 ~ 158.29g，繁殖成活率 88.5%。

（五）育种价值

四平梅花鹿具有性情温驯，适应性和抗病力强，驯化程度高，公鹿鹿茸产量高、优质率高，母鹿繁殖力强，生产利用年限长，鲜茸性状和茸型的典型特征遗传稳定，有明显的杂交优势等优良特性，均具有很好的育种价值。若有计划地引种或采用人工授精方法改良低产鹿群，会有重大效果。若能与西丰梅花鹿或双阳梅花鹿等开展二元或三元杂交，可培育更高产的梅花鹿新品种。

五、东丰梅花鹿

东丰梅花鹿为茸用型培育品种，由吉林省东丰药业股份有限公司刘恒良、刘宪彬等人培育，2003 年通过国家家畜禽遗传资源管理委员会审定。东丰梅花鹿及其主产品鹿茸——"马记鹿茸"，近 100 多年来在国内外一直享有盛誉。东丰县（旧称大肚川）盛产梅花鹿。清朝建立不久，在吉林的辉南、海龙、梅河口、东丰、东辽及辽宁省西丰县建起了盛京围场，供皇家猎鹿和贡鹿。后来，由于"流民"进围场垦荒者增多，猎鹿减少，为了完成贡鹿任务，猎民捉鹿圈养。1953 年建立了国营东丰第一（小四平）鹿场，后来相继建立 5 个国营养鹿场。1972 年开始在东丰当地梅花鹿种群基础上，通过本品种继代选育，采用表型选择公鹿、单公群母配种、大群闭锁繁育方法进行培育。培育过程分为组建种鹿群、闭锁繁育、群体世代选育 3 个阶段。同时，加强幼鹿培育，规范饲养管理，于 2003 年育成东丰梅花鹿。

（一）养殖分布

东丰梅花鹿中心产区是吉林省东丰县的横道河、大阳、小四平等乡镇，约占总存栏数的 90%，周边地区的梅河口市、辽源市、通化市、海龙县等地也有分布。近年来还被引种到北京、内蒙古、青海等十几个省（区、市）达 10 000 余只。据 2008 年统计，存栏东丰梅花鹿 5.3 万余只，成年公鹿 2.1 万余只，成年母鹿 1.4 万余只，育成鹿 1.8 万余只。

（二）体型外貌特征

东丰梅花鹿体型较小、体躯较短，结构匀称，体质结实，腰背平直。公鹿头方正，额宽，喉斑白色且明显，角对称、鹿茸主干粗短，嘴头粗壮上冲，其茸型呈典型的三圆：主干圆（即梃管圆）、扈口圆、嘴头圆，呈元宝形，眉枝分生部位高，角基距较宽；茸皮呈红黄色，色泽光艳，细毛红地。母鹿头清秀，喉斑不明显，耳立且较大。公鹿、母鹿夏毛多为棕黄色，米黄色，少数橘黄色，花斑稀疏、大白花，花斑明显、整洁，背线不明显。头颈部与躯干衔接良好，肩胛宽平，背长短适中、平直。臀斑白色明显，周边黑毛圈不完整。四肢粗壮、端正，肌肉充实，关节结实。蹄呈灰黑色，端正、坚实，尾短，尾毛背侧呈黑色。

（三）体重和体尺

成年公鹿体重 125～129kg，体长 105～107cm，体高 113～115cm，胸围

126～129cm，管围 11.1～11.3cm。母鹿体重 74～78kg，体长 91～93cm，体高 92～94cm，胸围 102～105cm，管围 9.1～9.3cm。

（四）生产性能

1. 产茸性能

东丰梅花鹿 200～250 日龄开始生茸。成品茸平均重 1.22kg，畸形率 9.6%。

2. 繁殖性能

东丰梅花鹿母鹿 16～17 月龄性成熟，26～28 月龄适宜配种。公鹿 28 月龄性成熟，40 月龄初配，繁殖成活率 86.5%。

（五）育种价值

东丰梅花鹿具有高产优质、遗传性状稳定、繁殖力强等优点，具有很高的种用价值。在育种方面应在保持本类型优选繁育基础上，以东丰梅花鹿作为父本鹿，以双阳梅花鹿和敖东梅花鹿作为母本鹿，积极开展特级鹿的品种（系）间杂交，这对于培育更优质高产型梅花鹿，具有现实和深远的意义。

六、兴凯湖梅花鹿

兴凯湖梅花鹿属湿地放牧型茸用培育品种，由黑龙江省农垦总局兴凯湖农场鹿场王忠武、马生良等人培育，2003 年通过国家家畜禽遗传资源管理委员会审定。兴凯湖农场先后于 1958—1962 年由北京动物园引进梅花鹿种鹿 115 只，这群梅花鹿是在 20 世纪 50 年代初刘少奇主席访苏时斯大林赠送的。采用个体表型选择、单公群母配种和大群闭锁繁育等方法，并应用放牧饲养方式及其他饲养管理、繁育和严格的卫生防疫制度等综合配套技术，经过 1958—1975 年的引种和风土驯化、舍饲、放牧等选育前 17 年 3 个阶段的繁育。到 1975 年年末存栏达 760 只，其中，可繁殖母鹿 268 只，具备了闭锁繁育的基础条件。又经 1976—2003 年 4 个世代的连续系统选育，采取选择茸重这一表型值高和茸型主干短粗、元宝嘴的个体公鹿为种鹿。对母鹿选择采取独立淘汰法。单公群母配种。群体继代、闭锁繁育，建立科学的放牧饲养管理制度及实行放牧饲养综合配套技术，对幼鹿进行科学培育，经 28

年的不懈努力，于 2003 年由乌苏里梅花鹿育成了森林湿地草原型的兴凯湖梅花鹿。

（一）养殖分布

兴凯湖梅花鹿中心产区为黑龙江省密山市兴凯湖国家自然保护区内的兴凯湖农场。分布地域较窄，主要分布在中心产区内，少量引种到黑龙江省和吉林省。据 2008 年统计，存栏兴凯湖梅花鹿 5 625 只，核心群 1 450 只。

（二）体型外貌特征

兴凯湖梅花鹿体型较大，体貌相对一致，结实、健壮，体躯、四肢较长，蹄坚实。公鹿头较短，额宽、清秀，胸深宽，腰背平直，尾短，角柄距窄，角柄圆粗、端正，茸主干短粗，肥嫩，眉枝短小、嘴头呈元宝形，眉二间距近，眉枝短。夏毛棕红色，体侧花斑较大而清晰，靠背线两侧的花斑排列整齐，沿腹缘的 3～4 行花斑排列不整齐；腹部被毛浅灰黄色，背线黄色及灰黑色；臀斑明显，两侧有黑色毛圈，内有白毛；尾背毛色黑褐色，尾尖黄色；喉斑灰白色，距毛黄褐色。

（三）体重和体尺

成年公鹿体重 129～132kg，体长 107cm，体高 105～115cm，胸围 115～123cm，胸深 50～55cm，头长 34～37cm，额宽 14～16cm，管围 11～12cm，尾长 15～20cm。母鹿体重 77～95kg，体长 92～102cm，体高 96～131cm，胸围 103～112cm，胸深 42～45cm，头长 33～35cm，额宽 13～15cm，管围 10～11cm，尾长 18～21cm。

（四）生产性能

1. 产茸性能

兴凯湖梅花鹿生茸能力强，且早熟。公鹿 180～300 日龄开始萌发初角茸，鲜茸重 0.75kg。1998—2002 年累计 2 248 只上锯公鹿平均产鲜茸 2.644kg，折成品茸 0.943kg，畸形率 2.9%，鲜干比 2.81。优质率三杈茸 88.5%，二杠茸 91.5%，生产利用年限长（12 年）。

2. 繁殖性能

兴凯湖梅花鹿公鹿 16 月龄性成熟，39～40 月龄初配，繁殖利用年限

3～13 年。母鹿 16～17 月龄性成熟，27～28 月龄初配，最佳配种年龄 3～8
岁。发情周期 12～14d，发情持续期 24～36h，妊娠期 235d。1998—2002 年
统计，1 601 只母鹿产仔率 85.82%，仔鹿成活率 89.74%，繁殖成活率
83%。双胎率高（3.51%）。

（五）育种价值

兴凯湖梅花鹿具有体貌相对一致，体型较大，体质结实，繁殖成活率高
和双胎率高，生产利用年限长，适应性强，遗传性能稳定，放牧群体的数量
规模大，高产优质等优点，具有很高的种用价值。育种方面应在保持本类型
优选繁育基础上进行。若以兴凯湖梅花鹿作为父本鹿，以其他品种梅花鹿作
为母本鹿，积极开展杂交优势利用推广，以利于培育更优质高产型梅花鹿。

七、西丰梅花鹿

西丰梅花鹿属茸用型培育品种，由辽宁省西丰县农垦办公室李景隆和辽
宁省国营西丰育才鹿场王柏林等人培育，1994 年通过辽宁省科学技术委员
会组织的专家审定，2010 年通过国家家畜禽遗传资源委员会审定。辽宁省
西丰县自古盛产梅花鹿，清朝的"盛京围场"就包括西丰县。清末，在振
兴镇枫林村有人开始圈养梅花鹿，1947 年存栏梅花鹿 75 只。1950 年建立了
国营西丰"振兴鹿场"。之后，相继建立了和隆、育才、谦益、凉泉等国营
鹿场，养鹿规模逐渐扩大，饲养水平逐渐提高。1974 年开始有计划地对西
丰梅花鹿进行培育。主要通过闭锁繁育、个体表型选择、单公群母配种选
育。经过建立系祖鹿和选育群，系祖选育群互交和多系问杂交选育扩繁，不
断改善选育群品质。同时，加强对选育群和幼鹿的科学饲养管理。培育过程
大体经过建立系祖鹿和选育群（1974—1980 年），选育群自繁、互交、精选
扩繁（1981—1987 年）和扩大品种群数量，提高品质（1988—1995 年）3
个阶段。

（一）养殖分布

中心产区为辽宁省铁岭市西丰县的育才、凉泉、谦益、和隆等乡
（镇）。被引种到辽宁省西丰县周边的市（县）和吉林、黑龙江等国内 14 个

省（区、市）达 5 000 余只。据 2009 年统计，西丰境内共有西丰梅花鹿 38 000 余只，其中公鹿 22 000 只，母鹿 16 000 只。

（二）体型外貌特征

体型中等，体质结实，体躯较短。有肩峰，胸围和腹围大，裆宽、腹部略下垂，四肢较短而粗壮，背宽平，臀圆、尾较长。方头额宽，眼大、嘴巴短，母鹿黑眼圈明显。公鹿角柄距宽，茸主干和嘴头粗长肥大，眉枝较细短，眉二间距很大。夏毛浅橘黄色，无背线，花斑大而鲜艳，极少部分被毛浅橘红色。四肢内侧及腹下被毛呈浅灰黄色，公鹿冬毛灰褐色，有鬃毛。

（三）体重和体尺

成年公鹿体重 110～130kg，体长 102～109cm，体高 101～105cm，胸围 120cm，胸深 45cm，头长 34cm，额宽 16cm，尾长 17cm，角柄距 5cm。母鹿体重 68～81kg，体长 87～95cm，体高 81～91cm，胸围 117cm，胸深 41cm，头长 30cm，额宽 13cm，尾长 16cm。

（四）生产性能

1. 产茸性能

西丰梅花鹿幼鹿生茸时间为每年的 5 月 20 日前后，即 330 日龄左右。1～10 锯及其以上公鹿鲜茸平均单产 3.06kg，上锯公鹿平均产鲜茸 3.21kg，成品茸 1.26kg。产茸最佳年龄为 8 锯。二杠茸生长天数 54d，三杈茸生长天数 72d。茸主干长 44～52cm，眉枝长 21～27cm，嘴头长 15～17cm，嘴头围 16～18cm。三杈茸鲜干比 2.75，茸优质率 71%，畸形茸率 7.6%。上锯公鹿鲜茸重达 3kg 以上的占 70.9%；头锯鹿锯三杈率为 85.2%。

2. 繁殖性能

西丰梅花鹿公、母均 13 月龄性成熟。母鹿 28 月龄配种，但生产者从经济角度出发多在 18 月龄配种。公鹿 40 月龄配种。公鹿的繁殖年限 6 年，母鹿的繁殖年限 8 年。母鹿发情周期 12～13d，妊娠期 235d，繁殖成活率 85%，其仔鹿初生重为 6.3kg±0.8kg（公）和 5.8kg±0.7kg（母）。

（五）育种价值

西丰梅花鹿具有高产优质、早熟和遗传性状稳定、育种表型参数和遗传参数较高的特点，所以，具有很高的种用价值。若以西丰梅花鹿作为父本鹿，以双阳梅花鹿和长白山梅花鹿作为母本鹿，积极开展特级鹿的品种（系）间杂交，有利于培育更优质高产型梅花鹿。

八、东大梅花鹿

东大梅花鹿属茸用型梅花鹿培育品种，由吉林农业大学郜玉钢和长春市东大鹿业有限公司段景玲等人培育，1988 年建场，利用双阳、蛟河、吉林农大为梅花鹿纯繁基础群，开始有计划地对东大梅花鹿进行繁育。主要通过个体表型选择，建立系祖鹿和选育群，按理想的配种计划、采用同质选配、单公群母配种、人工输精等技术进行闭锁繁育。同时，结合改善饲养管理，加强幼鹿的培育，严格执行卫生防疫制度，不断改善选育群品质。培育过程大体分为组建基础群（1988—1994 年）、粗选扩繁（1995—2001 年）和精选提高（2002—2008 年）、扩繁提高（2009—2015 年）四个阶段，于 2015 年育成，正申报国家品种审定。

（一）养殖分布

东大梅花鹿中心产区为吉林省长春市的东大鹿业有限公司，有 3 000 余只。先后被引种到吉林省、辽宁省、黑龙江省等国内 10 多个省（区、市）达 4 000 余只。据 2014 年统计，东大梅花鹿存栏达 3 万余只。

（二）体型外貌特征

体型中等，体质结实，体躯较短呈长方形，温驯。肩峰不明显，胸围和腹围大，裆宽、腹部较大，四肢短粗结实，背宽平直，臀圆、尾中。额宽，鼻梁平直、眼大、目光温和、嘴巴大，耳壳被毛稀短、血管明显；公鹿颈粗壮，母鹿颈细长。公鹿角柄距中等，鹿茸主干向外伸展，中部略向内弯曲，茸皮呈红褐色，茸主干和嘴头粗长肥大，眉间距中等，眉枝长而粗。夏毛橘黄或橘红色，稍有背线，梅花斑点大而鲜艳、规则，臀有黑色毛圈，尾内侧被毛较长，呈洁白色，喉斑较小，四肢内侧、腹下被毛呈浅灰黄色，公鹿冬毛灰褐色，有鬣毛。

（三）体重和体尺

成年公鹿体重 110～130kg，体长 102～109cm，体高 101～105cm，胸围

120cm，胸深45cm，头长34cm，额宽16cm，尾长17cm，角柄距5cm。母鹿体重68~81kg，体长87~95cm，体高81~91cm，胸围117cm，胸深41cm，头长30cm，额宽13cm，尾长16cm。

（四）生产性能

1. 产茸性能

该鹿具有高产、抗病、早熟、晚衰、繁殖率高、温驯等特点。种鹿二杠不小于3.5kg，最大的7.2kg，三权最小6kg，最大的8.75kg，多枝头最小7.5kg、最大18kg。种鹿鲜茸平均单产6.67kg，生产鹿鲜茸平均单产3.41kg（包括头锯）。

2. 繁殖性能

东大梅花鹿13月龄性成熟，母鹿18月龄配种，公鹿30月龄配种。公鹿的繁殖年限6年，母鹿的繁殖年限8年。母鹿发情周期12~13d，妊娠期235d，繁殖成活率85%，其仔鹿初生重平均为6.3kg（公）和5.8kg（母）。

（五）育种价值

东大梅花鹿具有高产优质、早熟和遗传性状稳定、育种表型参数和遗传参数较高的特点，所以，具有很高的种用价值。若以东大梅花鹿作为父本鹿，以双阳梅花鹿作为母本鹿，积极开展特级鹿的品种（系）间杂交，有利于培育更优质高产型梅花鹿。

第二节　梅花鹿品种选育

育种者选择出优良梅花鹿并考虑将它们用作繁殖后代的亲体后，为巩固选种成果，必须审慎地决定哪头公鹿与哪头母鹿进行繁殖。通过一系列的选种措施可以选拔出优良的公母鹿，而优良的公母鹿繁殖能否产生优良的后代，这要求公母鹿间的组合要合适。如果组合不合适，那么选择的作用将无法累积和加强，预期基因型组合的后代将难以产生，鹿群性状将无法朝预定育种目标发生遗传性的变化。只有合适的公母鹿间的交配才能获得优良的后代。由此可见，选配是梅花鹿育种中一项非常重要的措施。交配系统可分为随机交配和非随机交配。随机交配是某个性别的每个个体都有同等的机会与另一性别中的任何一个个体交配。根据育种目的，随机交配分为完全随机交配和不完全随机交配。随机交配不同于无计划的随便交配或野交乱配，因为随机交配有其明确的目的，或为选择试验与近交试验中所设立的对照群累代保持平衡状态创造必要条件，或在培育新品系过程中为基因的重新组合创造有利条件等等。非随机交配分为个体选配（包括亲缘选配和品质选配）和种群选配（近亲交配和非近亲交配）。品质选配包括同质交配和异质选配，群体选配可分为纯种繁育和杂交繁育。

一、近交

近交是改良现有鹿群品种，培育新品系和新品种不可缺少的有效手段。几乎所有审定的鹿品种在其培育过程中或育成后都使用过近交。但并非任何时候都可使用近交，若使用不当就会冒近交衰退的风险，因此对于近交要合理使用。因此了解近交的概念、近交程度的度量、近交衰退、近交的用途与注意事项以及亲缘系数非常重要。

（一）近交的概念与近交程度

1. 概念

近交是指亲缘关系较近个体间的交配，即交配双方间的亲缘关系较群体中的平均亲缘关系要近。近交所生子女称为近交个体。

2. 近交程度

（1）近交程度的衡量方法　主要有罗马数字法和近交系数法。罗马数字法是用罗马数字标识共同祖先在父系系谱和母系系谱中所处位置来表示近交程度的一种方法。由于罗马数字法缺乏具体数字指标，不能确切表达近交程度复杂情况，故常用近交系数法。

（2）近交系数的概念与计算公式　近交系数就是某一个体（二倍体生物）任何基因座上的两个相同基因来自父母的共同祖先的同一基因的概率，也就是该个体由于父母近交而可能成为纯合子的概率。通俗地讲是指该个体由于其双亲具有共同祖先而造成这一个体（在任何基因座上）带有相同等位基因的概率。

个体 x 的近交系数 $Fx = \sum_{CA=1}^{K} (1/2)^{n_1+n_2+1}(1+F_{CA})$。

式中，CA 为个体 x 父母亲的共同祖先，K 为个体 x 父母亲的共同祖先数，n_1 为个体 x 的父亲到共同祖先的世代数，n_2 为个体 x 的母亲到共同祖先的世代数，F_{CA} 为共同祖先的近交系数。

如果共同祖先不是近交个体，此时 $F_{CA}=0$，公式可进一步简化为：

$$Fx = \sum (1/2)^{n_1+n_2+1}(1+F_{CA})$$

共同祖先与父母相隔的世代数越近，或共同祖先众多，或共同祖先是近交个体时，个体 x 的近交系数越大，表示其父母近交程度越高。为使个体近交系数的计算结果正确，必须做好如下工作：要有正确的配种记录与系谱材料，掌握好通径链的追溯规则，如一条通径链中同一个体不能出现两次，在一条通径链内最多只能改变一次方向，要能正确地绘制箭形系谱图。

3. 近交的标准

亲缘关系较近的两个个体至少有一个不太远的共同祖先，但追溯到哪一代有共同祖先才算是近交，并无一致意见。一般认为查询到它们的祖代或曾祖代即可。如一对配偶，它们在曾祖代或祖代是共同祖先，此两个体的交配就算近交，这只是一种直观衡量法，更准确的衡量用近交系数。一般以近交个体的近交系数 >0.781% 作为判断其父母是否是近交的标准，也有人认为以 >3.215% 作为标准。

（二）近交的遗传效应

1. 近交使纯合子的比例增加

梅花鹿近交后代中纯合子增加，杂合子减少，越远的亲属交配、纯合的速度越慢，全同胞交配需 3 代，较温和的半同胞交配则需 6 代。

2. 近交使群体产生分化

一个长期闭锁繁育群体，如无选择等因素的干扰，最后就只有两种类型的纯合子，形成两个纯系。近交最终造成群体分化成若干个遗传组成不同但又较纯小群体（纯系或家系），并使小群体间的差异越来越大的趋势则是必然的，群体的分化为选择创造了有利条件。

3. 近交使群体均值下降

随群体中杂合子比例的逐步降低，就使得群体的平均非加性效应值也逐步减小，因而造成群体均值的逐步下降，产生近交衰退。

(三) 近交衰退

1. 近交衰退表现

生活力降低，繁殖力下降，遗传缺陷发生率增高；生长受阻，与生活力有关联的某些数量性状如产茸量下降。

2. 近交衰退的原因

对于质量性状而言，由于有害基因多属隐性，非近交时，由于杂合子的比例大，隐性基因纯合机会少，其有害作用常被掩盖而不易表现。当近交时，随隐性纯合子比率的增加，有害基因的作用得以暴露，一些遗传缺陷出现频率逐渐增高原因即在此。对于数量性状，近交具有使群体均值下障的遗传效应，致使一些数量性状产生不同程度的衰退，特别是遗传力低的形状。

3. 近交衰退的表现规律

近交并不总是伴随衰退，近交衰退在不同的畜种、不同品种、不同性状上表现不同。不同畜种对近交的敏感性、耐受能力有差异，各有其安全极限。不同品种近交衰退程度有差异。有长期近交历史的品种近交并不衰退。品系内的不同家系，有的衰退严重，有的轻微或不衰退。不同的近交程度其后果不一，因其基因纯合化的速度不同。遗传力不同的性状，近交衰退表现不一，遗传力低的性状如生活力、繁殖力衰退明显，遗传力高的性状近交时基本不衰退。

(四) 近交的用途与注意事项

近交可能会产生衰退现象，但我们也不能只看到它有害的一面，不论在何种情况均极力避免，也不能把近交看成是育种的唯一手段盲目使用。

1. 近交的用途

(1) 固定优良性状　近交可固定优良性状的遗传性，固定优良性状的基因。近交的遗传效应之一是能使基因趋于纯合，基因纯合既包括优良基因的纯合，也包括不良基因的纯合，优良基因纯合是育种者所希望的，而不良基因的纯合会导致衰退。因此近交的同时必须配合严格选择。单纯近交只能改变群体的基因型频率而不能改变基因频率，故要想不断提高群体的优良基因频率，就必须配合严格的选择。此用途多用于新品种、新品系的育成过程中。

（2）提高鹿群遗传的整齐度　近交的遗传效应之一是近交能使群体产生分化，此时若能结合选择，即可获得遗传上较整齐、较同质的鹿群。这就是所谓的"提纯"鹿群。这种遗传均一的鹿群，有利于商品鹿群的生产与遗传改良。

（3）改良鹿群　当鹿群中出现了个别或极少数特别优秀的个体，尤其是出现了卓越的公鹿时，往往需要保持其特性，使其成为一群鹿的共同特性，采用的方法就是近交。因为当较多优良性状一旦好不容易组合在一个个体上时，或当某一性状比同群优秀得多（即该性状在许多基因座都有增效基因）时，若不近交，则卓越个体的优良血统，数代后就会在畜群中消失。因此，要保持优良个体的血统必须采用近交的手段，即让该优秀个体的一些后代和它保持最大的亲缘关系，同时后代的近交系数又尽可能地小，以达到既保持优秀个体的优良性状又不会产生近交衰退的目的。为此，在近交时必须考虑好近交的方式，做好配种计划。理想的配种计划如图 1－1 所示。

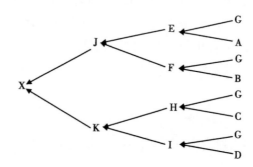

图 1－1　梅花鹿理想的配种计划

注：该配种计划的近交系数只有 0.125，而与杰出祖先的亲缘系数高达 0.4715。

2. 近交注意事项

由于近交要冒衰退的风险，在近交中应注意尽可能避免衰退产生，同时也要避免不必要的近交。近交必须伴随以选择。及时淘汰已暴露出的隐性有害基因，提高鹿群的遗传素质。依品种的不同，根据育种目的与鹿群条件，灵活运用近交。适当控制近交程度，随时分析近交结果，必要时转入非近交，从群外引入种鹿。加强对近交后代的饲养管理。因近交后代基因趋于纯合，对外界条件适应面变窄，对变化的环境较为敏感。严禁在商品群中进行近交。因商品群无纯化鹿群任务，主要任务在提高生活力和繁殖力。只有在宝塔式品种结构的核心群中和在杂交繁育体系的核心群中，才能有计划地使用近交。

（五）亲缘系数

任何两个个体间的亲缘程度可用亲缘系数来衡量。两个个体间的亲缘系数，又称为两个体间的遗传相关或亲缘相关。亲缘系数表示两个体拥有来自于共同祖先随同一基因的概率，用以说明两个体间亲缘关系的远近或者说遗传相关的程度。其计算公式可用通径系数的方法推导。由于亲缘关系可分为两类，即祖先与后代的亲缘关系和旁系亲属间的亲缘关系，故亲缘系数也分为两类：直系亲属亲缘系数和旁系亲属亲缘系数。

1. 直系亲属亲缘系数

一切亲属间的相关都可以利用通径系数的方法求得。梅花鹿任何个体的遗传基础都决定于假定双亲对子女的遗传影响相等，即精子和卵子在决定个体遗传基础中起相等的作用，则配子与个体在遗传上的关系为：

$$x（个体）= g_1（精子）+ g_2（卵子）$$

$$直系亲属间亲缘系数（R_{XA}）= \sum \left(\frac{1}{2}\right)^N \sqrt{\frac{1 + F_A}{1 + F_X}}$$

式中，R_{XA}代表个体 X 与个体 A 的亲缘系数，A 代表某一共同祖先，F_A代表该共同祖先的近交系数，X 代表其后代，F_X代表该后代的近交系数，N 代表由 X 到 A 的代数。

2. 旁系亲属亲缘系数

$$旁系亲属亲缘系数（R_{xY}）= \frac{\sum \left[\left(\left(\frac{1}{2}\right)^{(n_1 + n_2)}\right)(1 + F_A) \right]}{\sqrt{(1 + Fx)(1 + Fy)}}$$

式中，R_{xY}代表个体 X 和 Y 间的亲缘系数，n_1代表个体 X 到共同祖先的代数；n_2代表个体 Y 到共同祖先的代数，F_X、F_y和F_A分别代表个体 X、个体 Y 和共同祖先 A 的近交系数。

二、品质选配

（一）同质选配

1. 同质选配意义和注意事项

同质选配是指选择表型相似的优良公母鹿进行交配，以期获得与亲本相似的优良后代。选择体格大的或产量高的公鹿与相似的母鹿进行交配，选择最优个体，实施"优配优"的策略，就可以提高群体的均值，并在一定程度上维持后代的同质性。利用最好的公鹿同最好的母鹿交配可以增大产生最优秀后代的概率。利用这种同质选配可以巩固选种的成果，巩固和保持原来理想的优良品质，能够创造出超级种鹿，如果这种超级种鹿是公鹿，它将会对后代带来极大的影响。

同质选配应明确以下问题：①同质选配不应只理解为"相似的配相似的"产生相似的，不能中等的配中等的，更不能差的配差的，同质选配根本没有包含具有相同缺点的公母鹿相交配的概念在内，而应保证"好的配好的"产生好的原则。②同质选配的双方一般无近的亲缘关系，当然同质交配也可与近交相结合。③只能要求选配的公母鹿之间在符合育种目标前提下某些或某一主要性状基本相似而且同是优良的理想型，而不可要求公母鹿之间在各个方面都完全相同。事实上，绝对的同质选配是不存在的，若将同质选配绝对化就不可能实施同质选配，因为在各个性状和特征方面都完全相同而且都优良的公母鹿是不存在的。

2. 同质选配适用时机

同质选配的结果能使亲体的优良性状相对稳定地遗传给后代，使该性状得到保持和巩固，并有可能增加优秀个体在群体中的比例。在育种实践中，当育种进行到一定的阶段，群体中出现了理想型的类型之后，就可采用同质选配的方法。使其尽快固定下来。如果育种者的目标是改变群体的平均生产性能，同质选配也将能实现这一目标。

3. 同质选配评价

同质选配在育种工作中的作用是明显的，它能保持亲体的理想类型和特征。表型相似的亲本其基因型相似的可能性较大，实施同质选配有可能获得与亲本相似的特定性状基因纯合的后代，这样就能够保持亲本理想的优良特性。当然，表型相似其基因型不一定相同，或者表型相似基因型也相同但为杂合子，同质选配就达不到稳定亲本遗传性的目的。

> 同质选配与近交差异：①同质选配有可能提高纯合子比例，但速度要比近交慢很多，因表型相似的不等于基因型相似，但采用特定性状育种值高的配高的可能改善这种情况；②近交可导致所有基因座上纯合子频率的提高，但同质选配只能导致选配时考虑到的特定性状纯合度的提高。因此，同质选配若施与近交相结合，效果将会更好。

（二）异质选配

1. 异质选配目的意义及注意事项

异质选配是指选取表型不相似的公母鹿进行交配。具体可分为两种情况：一种情况是选择具有不同优异性状的公母鹿进行交配，目的在于将两个性状结合在一起，从而获得兼具有双亲不同优点的后代。

当育种者拥有一个在某一性状表现中等的母鹿群体时，常会选择一头在该性状上表现优秀的种公鹿与之交配。例如，选择产茸量高的公鹿与抗病性强的母鹿相配，选生长速度快的公鹿与繁殖率高的母鹿相配就是出于这样一种目的。

另一种情况是选择在同一性状上优劣程度不同的公母鹿相交配，即所谓以好改坏，以优改劣，以优良性状纠正不良性状，目的在于获得某一性状有所改进的后代。例如，选择产茸量高的公鹿与产茸量低的母鹿交配也是异质交配。在异质交配时，两极端个体交配趋于产生中间类型的个体，减少两极端类型后代产生的概率，因此，后代的表型变异减少，有可能导致后代个体均匀度的增加。如果育种者的主要目标是增加具有优势中间类型个体在群体中的比例，异质选配不失为一种较适宜的选配策略。如在体型大小上，体型小的母鹿可与体型大的公鹿交配，在其后代中就会产生较大比例体型中等的鹿。异质选配不能变成矫正交配，试图让具有相反缺点的公母鹿相配得到正常的后代，从而使缺陷得到矫正，如让凹背鹿配凸背鹿等。这种交配实际上是达不到想象中的目的，是不可能克服缺陷的，相反却有可能使后代的缺陷更加严重，甚至出现畸形。正确的办法是用背腰平直的公鹿来与凹背母鹿配种。

2. 异质选配的适用时机

在杂交育种的开始阶段，为了结合不同亲本的优点以期获得优良的理想型后代，可采用异质选配；或者在改良具有个别缺点而其他性状都优良的母鹿时，可选择在母鹿具有缺点的性状上特别优异、其他性状也较好的公鹿与之交配，以达到以优改劣的目的，或者在纯种繁育的过程中，某些性状近乎达到选择极限；或者遗传纯合度已较高，再继续进行纯种选育群体得不到改良提高。

3. 异质选配的评价

异质交配在育种工作中可以起到结合亲本的两种或多种优良性状，为新品系或新品种培育过程中创造理想型个体或类型起作用，或者在改良低产鹿群或改良某一性状时起作用。因此，当鹿群处于停滞或者低产状态，或者在品系、品种培育初期，为了通过基因重组以获得理想型个体或类型时，可采用异质选配。

（三）品质选配的应用

育种工作者在选配时通常使用一种以上的选配策略，例如对于产茸这一性状采用同质选配，选择高产茸量母鹿与具有高育种值产茸量的公鹿交配，以期获得产茸量高的有价值的优秀后代。同时，为了纠正高产母鹿的某些缺陷，可采用异质交配，如高产茸母鹿的乳房小，可选用所生女儿乳房大的种公鹿与之交配，就乳房大小这一性状而言即为异质交配。在一次交配中，对于不同的性状，可能有的是同质交配，有的却是异质交配。如上例中对于产茸量这一性状而言属于同质选配，对于乳房大小这一性状而言则属异质选配，而对于在选配时未曾考虑的性状而言属于随机交配。同质选配与异质选配是个体选配中常用的两种方法，有时两种方法并用，有时交替使用，它们互相创造条件，互相促进，很难截然分开。在同一鹿群中，一个时期以结合不同亲本优良性状为目的的异质选配为主，而另一时期则以固定理想型个体为目的的同质交配为主。在不同鹿群中，育种群以同质选配为主，繁殖群则主要采用异质选配。总之，在育种实践中，同质与异质选配应能结合使用，让鹿群既克服缺点，又巩固优点。

三、杂交繁育与纯种繁育

（一）杂交繁育

1. 杂交繁育的概念与作用

杂交繁育是指不同品种以至不同种属个体间进行交配繁殖，同时进行选育提高的方法。一般把不同品种间的交配叫作"杂交"，不同品系间的交配叫作"系间杂交"，不同种或不同属间的交配叫作"远缘杂交"。杂交的作用之一是杂交利用。就是通过杂交的方法利用杂种优势和亲本性状的互补性，旨在提高鹿的生产水平和经济价值。杂交繁育利用了非加性基因效应和加性基因效应两方面的遗传变异。杂种优势与互补性的结合，既能改良繁殖性状，又能提高生产性状的整体水平。杂交的作用之二是杂交育种。通过杂交能够使基因得到重新组合，其结果是不同品种所具有的优良性状有可能集中到一个杂种群中，为培育新品种和新品系提供素材；通过杂交还能起到改良作用，既能迅速提高低产鹿群的生产性能，也能较快地改变一些种群的生产方向。

2. 杂交的遗传效应

杂交的遗传效应与近交的遗传效应相反。一是杂交使杂合子的比例增加，从而使群体的平均非加性值随之增加，因而造成群体均值的上升，二是杂交使群体趋于一致，如两个纯系杂交的子一代全为杂合子，个体间表现整齐一致，从而使产品更能适应市场的需要，也便于实施规模化经营与现代化生产管理。

3. 杂交繁育的种类

杂交繁育的种类依据交配双方所在种群的性质可分为"杂交""系间杂交"和"远缘杂交"。依据杂交的作用和目的可分为经济杂交、级进杂交、引入杂交和育成杂交。

（1）级进杂交　又称改造杂交或吸收杂交，是一种为迅速改造低产鹿群或改变鹿群生产方向而用本地低产母鹿与某一优良品种公鹿连续数代进行回交的杂交方法。目的在于迅速改造低产鹿群或改变鹿群生产方向。级进杂交也用于使一个血统混杂的群体变为一个特定的品种类型。级进杂种中含优良品种的"血液"比例（血统百分率）可用公式计算，即 $1 - (1/2^n)$

式中，n 为级进代数。如当 n = 1 时，优良品种的"血液"占 50%；n = 2 时，则占 75%；n 分别为 3、4 和 5 时，优良品种的"血液"则分别占 87.5%、93.75% 和 96.88%。一般认为，级进四代杂种或级进五代杂种（高代级进杂种）可视为纯种。对于性能优良的高代级进杂种，不少国家的品种协会准其在品种登记册中登记。级进杂交与其他杂交方法相比具有两个突出特点，一是可增加优良品种的头数，扩大将来选种的遗传基础；二是可避免大量引进种鹿，节省引种费用。开展级进杂交时应注意的问题是，不能盲目追求级进代数。若当地饲料条件较差或所采用的优良品种缺乏适应当地气候条件的能力，级进代数宁可低些，否则级进杂种含外来品种血统愈高，不良影响愈明显。

（2）引入杂交　引入杂交也叫导入杂交，是一种当原品种较好但存在个别突出缺点急需改良，而依靠纯种繁育又不易短期见效时，引入少量其他优良品种"血液"以克服其缺点的杂交方法。引入杂交的方法是在条件好的种鹿场内将一小部分原品种母鹿与引入品种公鹿杂交一次，然后挑选出优良的 F1 母鹿与原品种公鹿回交一或两次（该鹿群含有 1/4～1/8 的外血），再进行杂种的自群繁育，以固定理想的回交杂种。待遗传性稳定后再视情况用它来与其他未经杂交过的鹿群配种，使更多鹿群或整个品种也得到改良。这种杂交方法只允许用来改良原品种的个别缺点，而不能丧失原品种的主要特点。

（3）远缘杂交　不同种、不同属，甚至血缘关系更远的动物之间的交配称为远缘杂交。远缘杂交的杂种优势比种内杂交大，是鹿业重要的生产方式之一。因为远缘杂交能创造出在生物界中原来没有的杂种群，所以具有重要的理论与实践意义。但远缘杂交时存在杂交不孕和杂种不育的问题，这使远缘杂交的利用具有很大的局限性。在鹿育种中所进行的远缘杂交工作大多是种间杂交，即梅花鹿和马鹿。

（二）纯种繁育

纯种繁育指同一品种个体间进行交配繁殖，同时进行选育提高的方法，简称纯繁，过去也称为本品种选育。纯种是那些能证实其父母属于同一品种的个体。纯种有时也指群体，即由这些个体组成的鹿群或品种。级进四代以上的杂种，只要其特征特性与改良品种基本相同，便可视为纯种。实际上，"纯种"一词，并无遗传学上"级"的严格含意，只是育种上沿用下来的习惯词而已。纯种繁育一般在优良品种中采用。优良品种既指国外良种，也指地方良种和新培育品种。既包括主要生产性状表现好的品种，也包括某些方面具有特色的品种，良与不良是相对的，它可能随着时间的推移或生态环境的改变而转化。同时，优良品种还存在不同程度的缺点，需要克服，即使是优点，也还存在再提高的潜力。因此，对于优良品种也存在一个改良的问题，纯繁就是一种改良现有优良品种的重要方法。

1. 纯种繁育的任务

（1）提高　尽管进行纯繁的品种或鹿群，其优良基因频率较高，但仍需开展经常性的遗传改良工作。人工选择一旦停止，自然选择就可能对人工选择的成果起破坏作用，导致优良基因频率下降，产生品种或鹿群退化现象。因此，对现有品种，必须通过连续选择等措施，使其提高到一个新水平，既巩固和发展优良性状，又克服其不良性状。

（2）提纯　这是指通过近交和选择，使那些控制主要性状的各基因座，尽可能有较多座位的优良基因达到纯合状态。只有使群体达到一定的纯度，群体平均育种值才能进一步提高，高产基因型才能稳定，用其做杂交亲本，才能获得高度而稳定的杂种优势，才能增强杂种群体的一致性。

（3）保种　保护好遗传资源，无论当前或未来，都具有重要意义。只有搞好保种工作，才可能为育种者随时提供育种素材和基因来源。特别是在当前面临世界性的梅花鹿遗传资源危机，拥有能适应复杂多样的生态环境、具有许多独特性状的丰富品种资源，保种就显得更为重要。

2. 纯种繁育的方法

（1）选种与近交　选种是纯繁中最基本、最重要的技术环节和措施。

在纯繁过程中，选种必须坚持不懈地连续进行。以不同形式将选种与近交结合也是必要的。另外，选种与近交结合的有效形式之一是培育新品系，它既可使培育中的品系群得到提高，又可由于其群体较小而易于提纯；同时又可把一个品种所要重点改良的性状分散在不同鹿群中来完成。在一个品种中，若能建立若干个各具有不同特长、相互隔离的品系，再进行系间结合，接着又在其后代中培育新品系，如此循环往复，就有可能使品种质量逐步得到提高。因此，培育新品系是加速现有品种改良的重要措施之一。

（2）针对不同类别的品种采取相应的措施　对于地方品种、新育成品种和引入品种在纯繁过程中所采取的措施在着重点上有所不同。

地方品种　地方品种在选育前要进行全面深入的品种资源调查，摸清品种分布，品种的数量、质量与公鹿的血统数，形成历史及产区的自然和经济条件，明确它的特征特性，主要优缺点。地方品种是在种种特定的生态条件下经过长期选择而育成的，具有较好的适应性和抗逆性，有的在生产性能上也不乏优点，但大多数地方品种，选育程度相对较低、主要生产性能水平相对地还不高。对于地方品种的纯繁对策是：在加强保种工作的同时，可利用其遗传变异程度较大的特点加强选择，有条件和有必要时尚可适当采用引入杂交，针对其突出缺点，引入少量外血以克服其个别的突出缺点，加快其改良步伐。只要使用得当，不改变该品种的主要特点，引入杂交仍不失为纯繁的辅助措施。

新育成品种　对于新育成的品种和品系，除继续加强种鹿测定、遗传评价、强度选择外，还应抓好提纯、稳定遗传性的工作，以及推广与杂交利用工作。决不能像某些新品种那样，在通过鉴定、审定与获奖后便放松或基本放弃种鹿的测定、选种工作，甚至让其自生自灭。

引入品种　引入外来品种应有计划，不可滥引。引入后的开始阶段对某些品种而言，应重点考查其适应性，并逐步转入选育提高、改造创新阶段。若引入地的生态环境与原产地相差悬殊，应加强其风土驯化。引入品种还应集中饲养、繁育。具体措施：①创造条件，防止退化。为使引入品种尽快地适应新地区的条件，防止退化，必须进行慎重过渡，开始应尽量创造与原产地相似的饲养管理条件，以后随适应性的增强再逐步改变为新地区条件。但仍然要保证引入品种的营养需要，采取相应的饲养管理方式。②集中饲养、繁殖，逐步推广。由于引入品种数量较少，应选择适合的地区进行集中饲养繁殖，然后根据引入品种对当地的适应情况逐步推广。③加强选种选配，合理培育利用。在纯繁过程中，要严格选种，合理选配，加强培育，保证出场种鹿的质量一定要符合该品种的标准。要注意选对当地适应性强的合格种鹿参加配种，严格淘汰表现退化的个体，同时要防止配种负担过重，做到合理利用。

3. 风土驯化

从外地或从境外将优良品种、品系或类群的鹿引入当地，直接推广应用或作为育种材料使用的工作叫引种。引种时可以直接引入种鹿，也可以引入良种公鹿的精液或优良种鹿的胚胎。引种后还要考虑其对当地生态环境的适应性，提高其风土驯化能力。

风土驯化方法为：①考察拟引入鹿品种或种类的基本特征特性、分布区域、所处的生态环境及其中的主导生态因子，以及对这些因子的耐受限度与最适范围，研究原产地与引种地在各环境因素之间的差异。然后再决定是否引入，何季节引入，放在何地饲养。这一点是风土驯化成功的重要依据。②在超越耐受限度的情况下，可采取逐步迁移法，使其对环境条件的适应，逐步地从一个水平过渡到另一个水平。逐步迁移实际上是通过逐步的筛选以逐步累积适应性变异的过程。这样做可能更有利于风土驯化的成功。同逐步迁移类似的方法是级进杂交，旨在通过逐步增加引入品种的血统以拉长迁移的时间。③幼龄迁徙。一般来说，动物的可塑性、适应的速度同引入个体年龄有关。在性成熟前后迁移似较合适。④加强人工选择与培育。这是因为耐受程度与最适范围并不固定，即使是在同一品种内，也随个体、年龄和生理状况的不同而有差异。

（三）纯繁的目的和用途

纯繁的目的与用途大致有以下 4 个方面。

——为杂种优势利用提供质量好、纯合度较高的杂交亲本；——为对低产品种或鹿群进行杂交改良提供优良种鹿；——为培育新品系、新品种及有关研究工作提供育种素材和基因来源。

（四）常见的几种品系类别

由一性能突出的种公鹿而发展起来的品系也称为单系。另外，由于建系方法、目的的侧重点不同，还有下述几种品系类型。

1. 近交系

近交系是连续的同胞间交配而发展起来的一组鹿群，其近交系数往往超过大群鹿平均近交系数的数十倍，如高达20%以上。

2. 群系

由具有相似的优良性状的鹿只先组成基础群，而对其是否为同胞或近亲个体不加考虑。然后实行群内闭锁繁育方式，巩固和扩大具有该优良特征特性的群体。也有将此种建系法称为群体继代法的，所发展的品系鹿只群体就称为群系。

3. 专门化品系

在某一方面具有特殊性能，并且为供专门与别的一定品系杂交的品系，称作专门化品系。

4. 地方品系

在分布较广泛、品种数量较多的品种中，往往由于各地自然地理条件、饲料种类和管理方式不同，以及地区性的选择标准的差异而形成品种内的不同地方类群，称为地方品系。

第三节　梅花鹿种鹿的选择要点和种质标准

一、种公鹿的选择要点

（一）按生产性能选择

根据个体的鹿茸产量与质量来评定公鹿的种用价值。一般入选公鹿的产茸量应高于本场同龄公鹿平均单产的20%以上，同时鹿茸的角向、茸形、皮色等均优于同群其他公鹿。

（二）按年龄选择

种公鹿从 5～7 岁的壮年公鹿群中选择。个别优良的种公鹿可利用到 8～10 岁，种公鹿不足时，可适当选择一部分 4 岁公鹿作种用。

（三）按体质外貌选择

种公鹿必须具有该种类的典型性，表现出明显的公鹿型。体质结实，结构匀称，强壮彪悍，性欲旺盛，肥度为中上等。

1. 皮肤与被毛

皮肤紧凑，富有弹性，毛色深，有光泽。毛细花真，花大且匀，但背线颜色不宜过深。

2. 茸形与毛地

茸形完美，左右对称，具有种类特征。主干长圆，曲度适宜，各分枝与主干比例相称。梅花鹿茸角应细毛红地，皮色鲜艳。

3. 头部

头方额宽，茸桩粗圆，角间距宽，粗嘴巴，大嘴叉，两耳灵活，眼大温和。颈部与躯干：颈短粗，头颈、颈间结合良好。前躯发达，结构良好。肩宽，背腰平直，腰角宽，肌肉丰满。

4. 四肢

筋腱发达，结实有力，前肢直立，后肢弯曲适度。四蹄坚实规整。

5. 生殖器官

睾丸发育良好，左右对称，无生殖器官疾病。

（四）按遗传性能选择

根据系谱进行选择，选择父母生产力高、性状优良、遗传力强的后代作为种公鹿。对中选个体的后裔也将进行必要的考察，以作进一步的选择。

二、种母鹿的选择要点

（一）体质外貌

种母鹿体形匀称、体格发育良好、体质健壮、体型清秀、紧凑、眼明亮、耳灵活、行动敏捷、躯干呈圆筒状、或胸细腹大呈楔状、四肢端正、四肢细而强健、蹄结实、蹄小端正、被毛光亮、后躯发达、夏毛红棕色或黄褐色、黑色背线有或无、同时尽量挑选那些体大、额宽的母鹿参加配种。

（二）繁殖力

参配母鹿应发情、排卵、妊娠和分娩机能正常，母性强、性情温顺，泌乳器官发育良好、乳头整齐且泌乳力强。

（三）年龄

应选 4 ~ 7 岁壮龄母鹿，壮龄母鹿发情早、集中、持续时间长、周期短、情期受配率高。

（四）遗传性能

根据系谱进行选择，选择父母生产力高、性状优良、遗传力强的后代作为种母鹿。对中选个体的后裔也将进行必要的考察，以作进一步的选择。

三、良种梅花鹿种质标准

（一）外貌特征

1. 头颈部

头型具有种类的特征，轮廓清晰明显，额宽、角柄粗圆、端正；面部中等长度，眼大明亮，鼻梁平直，耳大，内侧生有柔软白毛，外部被毛稀疏，眼睑腺发达，泪窝明显。公鹿额部分生角柄一对，左右对称；头大额宽而强健，具有雄性姿态；母鹿的头则纤细清秀，均呈方形或长方形。鹿颈的长度与体长相称，公鹿的颈较粗壮，宽且厚；颈的前后与头部及躯干连接紧凑适中；公鹿颈部毛的长短和颜色随季节发生明显的变化。

2. 躯干

肩部结合良好，皮肤无皱褶；肩胛宽度适当，肌肉丰满广平；胸宽，肋圆曲；背长、宽、平、直；躯干中部及腰部宽、平、直；荐骨长、高、宽，骨盘关节的结节上方比较丰满，骨盆股骨关节坚实；臀部充实丰满；尾短粗。

3. 四肢

四肢坚实，排列匀称，关节明显，筋腱韧带发达，肌肉固着良好；蹄大适中，端正；后肢内侧丰满多肉，外侧深广，肌肉充实。

4. 外生殖器官及第二性征

公鹿的阴囊、睾丸发育正常，左右对称，季节性变化明显；母鹿生殖器官发育良好，乳房容积大，发育良好，乳头距离匀称，大小适中，无盲乳头。

5. 皮肤与被毛

皮肤厚度中等，有弹性，皮肤颜色米黄或灰黄色；被毛有光泽，夏毛鲜艳美丽，毛色遗传具有品种特征；体侧呈赤褐色，间有白色大斑点，除靠近背线两侧具有较规则的行列性外，还有 3 ~ 4 列行列性不规则的斑点；白色臀斑周边围绕着黑毛，冬毛颜色变浅呈灰褐色、白色斑点隐约可见。

（二）体形外貌评分标准

体形外貌评分标准见表 1 - 1。按表 1 - 1 规定评出总分，再按表 1 - 2 规定确定等级。

表 1 - 1　良种梅花鹿体形外貌评分标准

项目		评分标准	公鹿		母鹿	
			标准	评分	标准	评分
种的特征		毛色、茸型、体型发育与生产的经济目的相符合。具有良好的种的特征的典型性状和体格的完美性	10		10	
整体结构		整体结构成比例，躯体各部生长发育良好（骨骼坚实，肌肉丰满），具有整体结构的匀称性	15		15	
头部	头型	头型端正，轮廓清晰明显，具备本种类的特征	6		6	
	额	额宽广，眶间稍凹、角间略凸	4		4	
	面部	中等长度，清秀，隐约可见静脉	3		3	
	耳	耳大，内部被毛柔软，外被毛稀疏，活动自如	1		1	
	眼	眼大稍隆，灵活有神	2		2	
	泪窝	开闭正常，分泌机能良好	1		1	
	角柄	圆粗、端正、具有典型的品种特征，左右对称，角杈分生合理	8		0	
	茸型					
颈部	颈	颈与头部衔接良好，坚实强壮、无皱褶、并与肩部衔接良好	3		3	
前躯	肩胛	宽平	2		2	
	胸	深宽	4		4	
	脊	直、宽、棘突良好	2		2	

（续表）

项目		评分标准	公鹿		母鹿	
			标准	评分	标准	评分
中躯	背腰	宽、直、平、长短适度、衔接良好	3		3	
	肋骨	肋骨弓圆	4		4	
	腹部	呈圆筒形	1		1	
后躯	尻部	长、高、宽在骨盆关节上方比较丰满，不向尾部倾斜或弧形走向（无斜尻）骨盆股关节相当坚实而且距离宽	4		7	
	坐骨	不突出，其宽度适当	2		4	
	臀部	充实，丰满	2		2	
四肢	前肢	丰满，肌肉充实	3		3	
	大腿（后肢）	内侧丰满多肉，外侧深广，后缘呈弧形，肌肉充实				
	蹄	蹄中等大小略呈椭圆形，端正坚实	4		4	
皮毛及茸角	皮肤与被毛	皮肤厚度中等；粗毛生长发育整齐；绒毛纤细；冬毛全身呈暗灰褐色；夏毛鲜艳美丽，呈赤褐色，有白斑；根据品种不同具有毛色遗传的典型性	3		3	
	臀斑	臀斑白色，周边有黑毛，具该品种的典型特征	6		6	
	茸角的皮色	细毛红地，色泽光艳	3			
泌乳器官及外生殖器	乳房与乳头	母鹿的乳房发育良好，容积大；乳头分布匀称，小而适中			8	
	外生殖器	睾丸对称，外生殖器发育良好	4		2	
合计			100		100	

表1-2　良种梅花鹿体形外貌定级表　　　　单位：分

等级	公鹿	母鹿
特级	90	85
一级	80	75
二级	75	70
三级	70	65

1. 仔鹿初生重评定

仔鹿初生重评定，见表1-3。

表 1-3　良种梅花鹿仔鹿初生重评定表　　　单位：kg

等级	仔公	仔母
特	6.5	6.0
一	6.0	5.5
二	5.5	5.0
三	5.0	4.0

2. 体尺标准及分级

体尺标准及分级，见表 1-4。

表 1-4　良种梅花鹿成年鹿体尺标准　　　单位：cm

项目	公鹿					母鹿			
	体高	体斜长	胸围	额宽	角基围	体高	体斜长	胸围	额宽
特	>115	>115	>125	>19	>21	>100	>96	>110	>15
一	112	111	121	18	20	98	92	105	14
二	105	105	116	16	17	93	87	100	13
	101	100	111	15	15	90	84	97	12

（三）生产性能评定与分级标准

1. 体重标准

见表 1-5。体重评定，在配种前以实际称重为宜。

表 1-5　良种梅花鹿成年鹿体重标准　　　单位：kg

公鹿				母鹿			
特	一	二	三	特	一	二	三
140	130	120	110	90	85	75	70

2. 不同年龄产茸力分级

表 1-6。

表 1-6　良种梅花鹿各龄鲜鹿茸产量及分级（一副鲜茸重）　单位：g

项目		特	一	二	三
2 岁	二杠	≥1 000	700 ~ 1 000	550 ~ 700	450 ~ 550
3 岁	三杈	≥2500	1 950 ~ 2 500	1 700 ~ 1 950	1 450 ~ 1 700
4 岁	三杈	≥3 500	2 950 ~ 3 500	2 700 ~ 2 950	2 450 ~ 2 700
5 岁	三杈	≥4 000	3 700 ~ 4 000	3 450 ~ 3 700	3 200 ~ 3 450
6 岁	三杈	≥4 500	3 950 ~ 4 500	3 700 ~ 3 950	3 450 ~ 3 700
7 岁	三杈	≥5 000	4 450 ~ 5 000	4 250 ~ 4 450	3 700 ~ 4 250
8 岁	三杈	≥6 000	4 950 ~ 6 000	4 450 ~ 4 450	3 950 ~ 4 450
9 岁	三杈	≥6 500	5 950 ~ 6 500	4 450 ~ 5 450	4 450 ~ 5 450
10 岁	三杈	≥5 000	4 450 ~ 5 000	3 200 ~ 3 850	3 250 ~ 3 850
11 岁	三杈	≥4 500	3 950 ~ 4 500	2 950 ~ 3 450	2 950 ~ 3 450

3. 生产性能定级标准

见表 1-7。

表 1-7　良种梅花鹿生产性能定级

单项等级		评定等级	单项等级		评定等级
体重	产茸力		体重	产茸力	
特	特	特	一	二	一
特	一	特	一	三	二
特	二	一	二	二	二
特	三	二	二	三	二
一	一	一	三	三	三

（四）综合评定

综合评定以个体品质为主，应参考其他各项等级。不进行综合评定的不得评定等级。根据体质外貌、体尺和生产性能三者可按表 1-8 进行综合等级评定。进行综合评定也要参考亲代血统等级。如亲代双方总评高于被评的子代总评等级，可将总评提一级；反之，可将总评降一级。

表 1 - 8 良种梅花鹿综合评定等级

单项等级			总评等级	单项等级			总评等级
体质外貌	体尺	生产性能		体质外貌	体尺	生产性能	
特	特	特	特	一	一	一	一
特	特	一	特	一	一	二	一
特	特	二	一	一	一	三	二
特	特	三	二	一	二	二	二
特	一	一	一	二	二	三	二
特	一	二	一	二	三	三	三
特	一	三	二	二	二	二	二
特	二	二	二	二	二	二	二
特	二	三	二	二	三	三	三
特	三	三	三	三	三	三	三

第三节　梅花鹿种鹿的选择要点和种质标准

第二章

梅花鹿的繁殖技术

第一节　梅花鹿本交的繁殖技术

一、繁殖准备工作

梅花鹿本交繁殖准备工作如下。

（1）于7月中旬　开始加强种母鹿和种公鹿的饲养管理，提高营养水平，对于种公鹿重新组群，单圈饲养。

（2）于8月15日以前　全部结束采收再生茸的工作，于锯完再生茸后立即对确定的种公鹿进行调教，每天2~3次。

（3）8月20日以前　及时对母鹿、仔鹿进行离乳分群；在母鹿断乳的同时或在8月下旬调整好鹿群，配种母鹿群的大小为梅花鹿20只左右。

（4）8月中旬以前　制订好配种计划和配种实施方案，组建鹿配种临时管理小组，并对管理小组人员进行必要的技术业务短训。

（5）设立黑白班值班制　备好配种记录、工具和物品。

（6）检修好圈门和间隔　平整好运动场地面，舍内立柱、饲槽和水锅等要牢固。

二、繁殖选配

选配是根据鉴定等级的标准、生产力和亲缘关系、配合力和遗传能力等，科学选择互相交配的公母鹿，以避免近亲繁殖，防止鹿种退化，繁殖出理想的后裔。选配采用同质选配方法，特级种公鹿去配育种核心群母鹿，种鹿配生产群母鹿。对于有某种缺陷的母鹿，在大多数情况下要采用异质选配，就是用呈显性遗传的优良种公鹿配有缺陷的母鹿。以避免母鹿的缺点在后代身上反映出来。有相同缺陷的公母鹿，不宜互相交配，以免造成缺陷更加恶化。在年龄方面，主要应以壮龄鹿配壮龄鹿、壮龄鹿配老龄鹿或配幼龄鹿。

三、发情鉴定

通过发情鉴定可判断母鹿是否发情、发情正常与否、处于何种发情阶段，以确定适时配种时间。目前最常用的为外部观察法。采用此种方法应注意从开始就每日定时多次细致观察，尤其在早晚，切不可放过，以了解变化的全过程，准确认定。近年来又采用了试情法，根据母鹿对所放进的试情的结扎公鹿的性反应来判定其发情与否和发情时期。这是一种较准确的方法，是进行鹿的人工输精时必须采用的。

四、本交繁殖方法

鹿在圈养条件下采用本交配种有多种方法，例如，群公群母、双公群母、单公群母配种方法等。近 30 年来，很多鹿场采用了较科学的单公群母一配到底或仅在配种末期换 1 只预备种公鹿（1 次）的配种方法和试情配种方法收效显著。

（一）单公群母配种法

这种方法是配种期间不替换种公鹿。根据母鹿的生产性能（主要是个体历年配种和产仔日期早晚，空怀、死产、死仔与否，年龄、体质、健康状况等），分成 20~25（梅花鹿）只的小群，放入 1 只特级或一级经配种公鹿，并给予良好的饲料和饲养管理条件，受胎率可确保达到 90% 以上。配种末期换上初配的预备种公鹿的配种方法，是在配种旺期过后，用年龄 4 ~ 5 岁、属于遗传性能好的高产鹿或特级种公鹿的后裔作为配种期的收尾配种，这样做不仅对被替换下来的主配公鹿十分有利，而且也可鉴定初配预备种公鹿的种用价值。

（二）试情配种法

鹿的试情配种法是在 20 ~ 25 只的母鹿圈内，从调教驯养的特级种公鹿中选 1 只放入试情，若有母鹿发情，即可交配。采用这种试情法时，在配种初期和末期最好有目的地利用初配公鹿，而在旺期时采用主配公鹿。每天试情配种 3 ~ 4 次，以早晚为主（4—7 时，16—22 时），受配率可在 95% 左右。更多的鹿场逐渐采用大圈大群单公群母定时试情的配种方法，用看管安静型年轻低产公鹿做输精管结扎、带试情布、阴茎移位处理后试情，使参配母鹿只数成倍增长、记录准确、谱系清楚，仍能保证妊娠率达 90% 以上。

五、配种工作的计划安排

（一）配种期的划分

配种期分为初期的诱情期、旺期、末期的查漏补配期。在前后两期应用初配或年轻的种公鹿进行配种，最好不用经配的或壮龄种公鹿去诱情配种，以减少母鹿被其顶撞而造成的伤亡，也可避免其体力消耗过多，保持旺期时的配种能力。由于在旺期里几乎每天都有发情母鹿，所以此期应使用经配的优良种公鹿进行配种。

（二）试情配种法

1. 放对时间

4—7 时，10—11 时，15—16 时，18—19 时。

2. 配种结束分群

应在天气晴朗的早晨、鹿空腹的情况下拨出结束配种的种公鹿。变天之前最好不要分群。要一次性拨完，先易后难；对个别顶人顶架凶的种公鹿放在最后拨出。拨出来的种公鹿最好单独组群，加强饲养管理，切忌混入新的生产大群中去，如无圈舍条件，则应尽量回原种鹿圈。

（三）补饲和调教

对试情种公鹿和母鹿放牧时留圈的种公鹿要进行补饲。补饲应在每次试情放对之前，目的是确保优良种公鹿的旺盛精力、较高的配种能力及翌年增茸。对种公鹿还要进行调教。调教鹿龄从 4～5 岁初配时开始；调教时间于 8 月中旬锯完再生茸以后，从公鹿有性行为表现时起，按照放对试情的次数和时间，由专人给予固定的口令或喊声，控制其不良行为，引导其有益于配种放对的行为，并且天天坚持，直到配种结束。对已调教好的种公鹿，翌年或以后几年，每年都要进行重复调教。

> **观察和记录**　在整个配种期里，应每天多次细致观察公母鹿发情的表现，记录发情交配时间、交配的公母鹿耳号、配种次数、两次配种的间隔时间等，以便于总结分析和做好配种工作。

第二节　梅花鹿人工授精的繁殖技术

一、鹿人工授精的历史和现状

鹿的人工授精比家畜开展得晚。1960 年赵世臻等人由梅花鹿附睾取得精液输给马鹿，获得杂种后代。1961 年赵世臻等人在世界上第一个用发情母鹿作台鹿，假阴道采得梅花鹿精液，输给马鹿受胎率33%。国外，贝尔什奥（Biershwa）等人1968 年由鹿科动物采得精液，比我国晚 8 年，之后有许多人对白尾鹿、驯鹿、马鹿进行了采精和受精试验，并在马鹿上获得成功。1979 年，Cahkebhg 用保存 1 年的冻精给 16 头马鹿输精，获得 5 头仔鹿，受胎率31.3%。1976 年广州动物园和广东省科技试验工厂等取得鹿的电刺激采精成功；1977 年白庆余等人取得鹿精液安瓶冻存成功，并于 1979年采白城药材公司马鹿精液输给龙潭山鹿场马鹿，受胎率36%。1982 年赵世臻等人取得鹿精液颗粒冻存成功，受胎率分别为 42%（1982）、50%（1983）、62.5%（1984）。1988 年黑龙江农垦特产研究所赵裕方等人开展细管冻精与马鹿人工授精，受胎率80％以上；1994年武春田等、1996年黄仙璞用假台鹿假阴道采精成功；1998年魏海军首次用腹腔镜给梅花鹿输精，受胎率57％（4/7）；2000年魏海军、王玉和等又大批开展鹿同期发情输精。2000年哈尔滨特产研究所赵列平等人与新疆农二师33团蒋晓明合作，开展了马鹿胚胎移植试验工作，鲜胚移植受胎率达50.8％（受体同期发情）和71.4％（受体自然发情）。但是应当看到，鹿的人工授精还刚刚开始，人们的认识也逐渐提高，一方面认识到饲养良种鹿的重要性和迫切性，另一方面认识到人工授精是实现鹿良种繁育和养鹿获得高效益的必然手段。只要领导重视，组织得力，鹿的人工授精工作也和其他工作一样会得到快速发展。

二、应用人工授精和冷冻精液配种的目的意义

应用人工授精与冷冻精液进行鹿的品种培育和改良，可大幅度提高鹿和鹿产品的数量与质量，是发展养鹿业的重大措施。其好处在于：

（一）扩大精液供应范围

充分发挥优良种公鹿的作用。采用冷冻精液授精，按目前的技术水平，1只公鹿可配300～500只母鹿，虽比牛低了很多，但1个鹿场1只公鹿就可以完成配种任务。既提高了公鹿的利用率，也加快了育种进程。冷冻精液能长期保存，便于运输，不受种公鹿的寿命限制。

（二）便于早期后裔鉴定

判断种公鹿的遗传力。用冷冻精液配种，与配母鹿数量多，可以在短期内生出众多的后代，通过鉴定，可以早期判断公鹿个体的遗传力，经过鉴定确认为良种公鹿，就可以用作种鹿，否则作为生产用。而鹿的本交配种时间慢，周期长，实际上达不到早期鉴定种鹿遗传力的目的。

（三）可防止本交引起的传染性疾病的传播

鹿在本交情况下，由于公、母鹿生殖器官接触，容易感染传染性疾病，影响母鹿的受胎率。采用人工授精就可以防止传染性疾病的发生，从而保证了正常繁育。

（四）能有效进行鹿的种间杂交

梅花鹿与马鹿不仅体型相差大，生物学特性也不尽相同，在进行杂交配种时，大约只有 10% 的公马鹿肯与梅花鹿配种。梅花公鹿也不是全能配马鹿，即便能配，因体差关系，往往实现不了配种目的。因此，人工授精可以弥补本交困难，实现鹿的种间杂交育种的目的。以往的马、花鹿间杂交后裔生产力不理想。这是因为花、马鹿间肯交配的公鹿不多，能交配的又不是良种公鹿，以致影响到后裔的生产力。如果采用人工授精方法，用优秀的公鹿精液输精，其后裔生产水平一定会得到应有的提高。

（五）不同国家、不同地区的鹿可以配种

采取人工授精技术，在一定的条件下，可以通过输送精液的办法给异国、异地的母鹿配种，不受国家、地域远近的限制。

三、梅花鹿的采精

（一）器材的准备与消毒

采精、精液处理、输精所需要的器材主要有电采精器、电冰箱、恒温箱、高压灭菌器、液氮贮存器、水浴锅、显微镜、玻璃器皿等。

1. 玻璃器材

配制精液用的量筒、量杯、烧杯、漏斗、注射器、平皿、集精杯、玻璃棒等，先用碱水或苏打水充分洗净，再用开水冲洗 3 次，最后用蒸馏水冲洗 2 次。用纱布或毛巾包好，连同毛巾、稀释液、甘油、润滑剂、纱布、玻璃纸等放在锅内进行蒸汽消毒。沸腾持续 20 分钟，或在高压灭菌器内消毒。

2. 金属器材

镊子、剪刀等，先用碱水或苏打水洗刷，再用蒸馏水冲洗，用毛巾包好放在防尘柜内。使用前用酒精灯火焰消毒，或用 70% 酒精棉球消毒。

3. 胶质器材

假阴道、内胎、胶圈等，先用碱水或苏打水刷洗，然后用开水冲洗两三次，再用蒸馏水冲洗 2 次，放在防尘处晾干。用前再以 70% 酒精消毒，为防止因酒精挥发不尽影响精子活力，可用无菌的稀释液冲洗 2~3 次后再用。

4. 稀释液的消毒

消毒用间接蒸煮法，奶类为 5 ~ 10 分钟，糖类为 15 分钟。消毒时用硫酸纸或塑料薄膜将瓶口包扎好，以防水分蒸发后浓度改变。

5. 电采精器

事先检查各部件是否灵敏，电源是否充足，电压、电流是否稳定。

（二）采精操作

1. 电采精器

电采精是通过刺激输精管附近的神经末梢，使低级射精中枢兴奋，促使梅花鹿射精。电采精器由正弦波振荡器、放大器、探头及直流稳压电源组成。振荡器通过开关改变选频网络的电阻得到输出电压 0 ~ 20V（有效值），最大输出电流 1A，20 ~ 50Hz 固定频率的正弦波，正弦波放大后由输出端输出，由电压表和电流表显示出电压和电流读数，并有起保护作用的电容器，消耗功率不超过 50W。SLC - 1 型采精器用的是干电池，适用于无交流电鹿场。SLC - 2 型采精器采用交、直流两种电源，适用于各种条件下鹿的采精。

2. 电采精器使用方法

打开开关指示灯发亮，表示电源接通。旋动频率选择钮到所需频率，旋转"输出调节"旋钮，若电压表的读数与"输出调节"旋钮所指示的数字相符合，表示仪器正常（在空载情况下，电流表的读数为 0）。

（1）调节仪器　"输出调节"旋钮旋到"OV"位置，在输出插座接上探头，将探棒放在采精鹿直肠内适当位置，此时仪器即可工作。

（2）调节刺激时间　旋动"输出调节"旋钮到所需要的位置（一般开始低，然后升高），可随时掌握刺激时间，将旋钮扳回"OV"位置则刺激停止。

（3）反复刺激　间隔一定时间，再旋动"输出调节"旋钮，逐步升高电压，反复刺激，直到射精。

（4）采精完毕　关上电源，从直肠中取出直肠探棒，并将"输出旋钮"旋到"OV"位置。拔出电源插头。

3. 电采精器采精方法

鹿野性较强，采精前必须保定采精鹿，肌内注射眠乃宁或鹿眠宝2ml，5~7分钟鹿倒地，绑好四肢，就可采精。剪净尿道口附近的被毛，洗净擦干，阴筒内有污物，需用生理盐水冲洗擦干，用创布覆盖鹿躯体。用温肥皂水或1%~3%盐水灌肠排出蓄粪，将探棒插入直肠，深约15cm。接通电源，打开输出开关，先从第1档（3V）开始刺激，刺激5~6秒钟，间歇1~1.5秒钟，连续刺激，间歇6~8次之后升到第2档（6V）。刺激间歇法同前，至3档（9V）、4档（12V）等。当鹿在某个档次射精时即不再升档，直至射精完毕，有时也可再加1档，以加强刺激效果，使其射精充分。一般情况下，鹿在2~3档次射精。如果升至7档（14~20V）再不射精，可休息4~6分钟，调整探棒在直肠内的位置，再从1档重新开始刺激。一般成功率在90%~97%。集精杯用特制的曲颈集精杯，集精杯要在盛有35~37℃的广口瓶内保温，当阴茎勃起时将集精杯套在龟头上，射精完毕将集精杯送往检验室。也可用牛的玻璃集精杯分段接取精液。

四、精液品质检查

精液品质检查是判定公鹿配种能力的主要根据，精液品质好坏，除说明种公鹿利用价值外，还说明饲养管理水平，采精技术高低，也是确定稀释倍数的依据。检查精液要在室温条件下进行，显微镜载物台温度要控制在38~40℃，精液在稀释前要保存在37℃条件下。

（一）常规检查项目

1. 射精量

是公鹿一次射出的精液容量，与年龄、营养、运动、采精次数、采精方法及技术水平有关，电刺激采精1~2ml。

2. 色泽、气味为乳白色或淡白色，有些鹿精液略带微黄色，无味或微腥。土污色、黄色、有异味的精液不能使用。

3. 形状

好的精液在集精杯内呈云雾状，云雾状程度与精子密度、活力有关。

4. 活力

活力是精子运动能力，是精液品质的重要指标，在 38～40℃ 温度下，用 400～600 倍显微镜检查。显微镜下作直线前进运动精子占总数的 76%～87%，常温精液配种，直线前进运动精子占总数的 60% 即可应用。冻精解冻后直线前进运动精子占总数的 30% 以上即可用。

5. 密度检查

精子在显微镜视野中的密度可分为密、中、稀 3 种。"密"，10 亿个/ml 以上；"中"，3 亿～10 亿个/ml；"稀"，1 亿～3 亿个/ml。

（二）定期检查项目

1. 精子数

在显微镜下，用血细胞计算器计算比较准确。

2. 精子畸形率

畸形精子多，精液品质低，受胎率就低，畸形精子有巨型、短小、双头、双尾、头尾残缺、无尾、互相粘连及带有原生质颗粒等，正常鹿的精子畸形率应小于 20%。

畸形精子率（%）＝畸形精子数/计算精子总数 ×100

3. 精子死活检查

死精子细胞膜发生变化，易被染色，染色液为：伊红一苯胺黑溶液（含 5% 水溶性伊红、1% 苯胺黑溶液），死精子为红色，活精子不着色或是在头部的核环处呈淡红色，来鉴别精子的死活。

4. 精子顶体异常检查

精子顶体正常与否，与精子存活、受精能力密切相关。精子的异常顶体有：损伤、膨胀、松弛、脱落等。

5. 精子抗力测定

能作为输精用的精子抗力系数不低于 3 000。

6. 精子存活时间

精子在体外一定条件下存活时间越长，受精力也越强，据此可决定输精时间间隔的长短。所以，对精子存活时间检查是必需的，精子存活指数一般大于 13h。

7. 精液的酸碱度检查

如酸碱度改变，说明精液中混有异物如尿液、不良稀释液，或动物副性腺患病等，正常鹿精液的 pH 值为 6.6～7.3。

五、精液的稀释

（一）精液稀释目的

精液的稀释可以扩大精液的容量，增加配种数量；能为精子提供所需营养，中和（减少）副性腺分泌物对精子的有害作用；缓冲精液的酸碱度；给体外精子创造更加适宜的生存环境，增强其生命力，延长存活时间；便于长期保存和长途运输；最大限度地提高公鹿的利用率。

（二）制备精液稀释液配方要求

一要保证供给精液需要的营养，延长精子存活时间；二要与精液有相同的渗透压，对精子细胞膜不能起破坏作用；三要酸碱度适合精子需求，并有缓冲作用；四要能够减少甚至消除副性腺分泌物对精子的有害作用，精液一旦射出，副性腺分泌物不久失去对精子原来功效，如氯化物含量高，易使精子细胞膜膨胀；分泌物 pH 值较高（7.5～8.2），能促使精子活泼运动，很快降低其生活力；所带电荷易自表面消失；渗透压不能保持平衡等；五要成本低，制备容易，易于扩大推广。

（三）配制稀释液的操作要求

盛装稀释液的用具事先要彻底清洗干净、灭菌，使用前再用灭菌蒸馏水冲洗数遍。稀释用药品必须纯净，称量准确。稀释液要经过过滤，过滤时要用灭菌滤纸，稀释液要按操作步骤配制，当天配制当天用完。配制含卵黄的稀释液，需用新鲜鸡蛋，先将蛋壳擦净，用 70% 酒精棉消毒，打开蛋壳分离弃去蛋清，用注射器刺破卵黄膜吸取卵黄，按需要量在无菌条件下加入稀释液中（温度在 20～40℃），然后加入甘油和抗生素，如将卵黄用玻璃球或搅拌器粉碎更好。

（四）稀释倍数的确定

对原精液稀释的倍数，要依据精子的密度和活力来确定。但必须保证每个输精剂量所含直线前进运动精子数量达到要求，有效精子 1 500 万个以上。稀释倍数一般在 5 倍左右。

（五）稀释方法

采出精液后要立即稀释。稀释时需将精液与稀释液调整到同一温度，一般在 20～36℃，现在多使用冻精。甘油对精液冷冻保存起重要保护作用，但它对精子也存在毒性。为减少甘油对精子的毒害作用，多采用两次稀释。即采精后用不含甘油的第一稀释液稀释到最终稀释倍数的一半，经缓慢降温（不少于 60 分钟）到 4～5℃，再加入同等温度的含甘油的第二液。第二液加入方法有 1 次加入、多次加入和缓慢滴入等方法。甘油最终浓度为 5%～7%。

（六）精液稀释时的注意事项

稀释液的温度与精液的温度相等，稀释时应将稀释液倒入精液内，不应将精液倒入稀释液内。倒入时应沿集精杯管壁缓缓倒入，轻轻搅拌，使之混合均匀。

（七）细管冻精稀释液配方

人参多糖 20mg，Tris 1.94g，果糖 0.8g，柠檬酸 1.08g，卵黄 20ml，GSH 23mg，BSA 91mg，ATP 23mg，维生素 C 284mg，青霉素 40 万 IU，链霉素 20 万 IU，甘油 6ml，加蒸馏水定容到 100ml。

六、精液冷冻操作技术

（一）精液冷冻的理论依据

水的固态分为结晶态和玻璃态两种，精子冻结温度（冰点）是 -0.6℃，低于此温度就会结冰，水分子形成结晶造成局部高渗透压，致使精子脱水，原生质干涸。另外，由于体积增大等对精子造成机械性损伤，破坏细胞膜，导致精子死亡。精液在冷冻过程中，冰晶在 -0.6～-50℃ 时形成，其中 -15～-25℃ 对精子危害最大。为了避免产生冰结晶，必须快速通过此区，而形成玻璃化结晶。因此，冷冻速度越快效果越好。但直接把精子投入液氮中，又会对精子造成低温打击，造成休克。所谓玻璃化，是精子水分保持原来无次序排列，不形成冰晶，而呈坚硬、均匀的团块，原生质没有明显脱水，细胞不遭破坏，可以复苏。另外，保护物质甘油，能防止冷冻中精子形成结晶。由于甘油吸水性强，在冰晶过程中限制水分子晶格排列，使精子不发生脱水，并能缩短危险区。

（二）精液冷冻方法比较

冷冻精液有 3 种形式，即安瓶冷冻（因内部降温速度不均，影响冷冻效果等，现几乎不用）、颗粒冷冻（由于剂量不十分标准，易受微生物污染，标记困难，需解冻液稀释，现场操作不便，不便大量、长期地保存，颗粒表面裸露，互相摩擦，精子易脱落等，现在应用的已不多）和细管冷冻（1936 年前苏联米洛瓦诺夫首次发明，1950 年法国 R. Cassou 加以改进的技术，具有卫生条件好、容积小、可快速冷冻、精子损耗少、易标记和适于机械化生产等优点）。因此，现常用的是细管冷冻。细管是用无毒塑料（聚氯乙烯）制成，容量有 0.25ml 和 0.5ml 两种，管的一端填有棉塞和聚乙烯粉末，粉末遇水即固化自动封口，输精时又成为推送精液的活塞。另一端，在注入精液后，可以以聚乙烯粉末或钢球（或塑料珠）封口，也可用压闭法封口，要注意在封口处与精液间留有几毫米的空隙，以防止在冷冻过程因膨胀引起细管爆裂。

（三）精液细管冷冻技术

1. 平衡

平衡是指稀释液中的甘油与精子在 2～5℃条件下互相作用的时间，使甘油对精子起保护作用的目的。将稀释好的装精液的容器用 8 层纱布包好，放在同温度水杯中，放在 2～5℃冰箱内，经 1 小时可达到降温目的，再将甘油加入精液中混匀，分别吸入细管中进行分装，封口，细管精液在分装前要用打印机作好标记，如公鹿品种、生产日期等。在 2～5℃冰箱内继续平衡 2～4 小时。

2. 冷冻

将平衡后精液细管铺在铜网上，将铜网置于距液氮面 3～4cm 处，网面温度约为 –120℃，盖上容器盖，冷冻 8～10 分钟，然后浸入液氮中。抽样解冻精子活力 0.3 以上者为合格，装入纱布袋中，在液氮中保存。

3. 贮存

冷冻精液是在液氮中贮存的，要经常定期检查，防止液氮面低于液氮罐的 1/3，要及时补充。为防止温度变化对精液品质的影响，取精液动作要迅速，尽量减少在空气中存留的时间。从贮存容器中取冷冻精液时，精液细管不应超过液氮器颈部，以避免因温度回升造成精液解冻率下降。

4. 精液解冻

冷冻精液在解冻过程中会影响精子活力，所以要注意解冻温度和操作技术。细管精液在解冻时将封口端向上、棉塞端向下投入 40℃ 左右的温水中，待细管颜色一变立即取出用于输精。解冻后的精液应立即取样检查活力，凡在 0.3 以上者方可应用。解冻精液中的精子存活时间较短，应距输精前 1 小时之内用完，才能保证有较高的受胎率。

七、精液的运输

（一）鲜精液运输的操作

要求鲜精运输的应采精后立即进行精液品质检查，活力不低于 0.6 的方可运输。运输精液分装在灭菌的玻璃试管内或硬质玻璃瓶内，精液盛满、加盖，不要有震荡余地。塞子要加一层玻璃纸、塞严，并加以标记。将精液瓶用纱布或棉花包好，放在广口暖水瓶内，精液瓶外也要用棉花等塞好，防止震荡破碎，广口瓶盖严，不要翻倒。

（二）鲜精液运输时的保存条件

精子在 0℃ 时进入休眠状态，可以延长寿命，但由 37℃ 降到 0℃ 应当有个渐进过程，不然会影响精子生命力，甚至造成死亡。运输 1~2 小时不用降温，3~5 小时保存在 8~10℃，6~8 小时保存在 4~9℃，6~15 小时保存在 0~5℃。运输时可将精液瓶用毛巾或干纱布包裹 3~4 层，装入塑料袋内，投入装冰水或冰块的保温瓶内即可运输。

（三）冻精运输

需用液氮罐，运输罐有 10L 和 5L 的，还有更小的，近途运输也可用保温瓶装液氮运输。

八、母鹿的同期发情

（一）母鹿同期发情的意义

1. 便于鹿人工授精技术的推广和应用

长期以来，鹿的繁殖一直采用自然繁殖方法，近年来采取的人工授精技术对低产鹿群改良起到了良好的作用。但由于鹿是季节性多次发情动物，发情期长，在近 3 个月的发情期中又很分散，以及母鹿发情征状不如牛等明显，难于判断，严重阻碍了人工授精技术的推广应用。同期发情技术，则可以使人工授精工作成批地、集中地、定时地进行，甚至可以不做发情鉴定，达到省时、省力、省事目的，可以有效地推动人工授精技术在养鹿场户中推广应用，迅速提高鹿的品质，推动养鹿业的发展。

2. 便于合理组织大规模养鹿生产和科学化的饲养管理

同期发情技术在养鹿生产上可以根据生产计划分批分期进行，便于配种工作的开展，可以使母鹿妊娠、分娩相对集中，产下的仔鹿月龄也较整齐，仔鹿断乳、培育阶段做到同期化，产仔期相应提前，杜绝晚仔，有利于组织大规模的养鹿生产和科学的饲养管理。

3. 同期发情是鹿胚胎移植工作的基础

在鹿的胚胎移植工作中，要求供给胚胎的母鹿和接受胚胎的母鹿达到同期发情，这样母鹿生殖器官才能处于相同的生理状态，移植的胚胎才能正常发育，因此，鲜活胚胎移植，供、受体母鹿同期发情是必要条件。

4. 提高母鹿繁殖率减少不孕

同期发情不但适用于周期性发情的母鹿，也能使处于乏情期母鹿出现正常发情周期。如采用孕激素处理进行同期发情，可以使多数因卵巢静止而乏情的母鹿发情，而采用前列腺素处理同期发情，可使因持久黄体存在长期不发情的母鹿黄体溶解，恢复其繁殖能力。

总之，由于鹿的胚胎移植技术具有上述许多优点，在养鹿业上应用前景广阔。但目前国内外对鹿的同期发情技术研究得很不够，特别是在技术上如激素组合、激素使用时间、激素用量、给药途径等方面还有很多问题。因此，研究和完善鹿的同期发情技术并使其在养鹿生产中广泛应用，具有十分重要意义。

（二）同期发情的机理

同期发情也叫同步发情，是以人工合成的激素制剂，模拟鹿体内激素对卵巢的作用，使母鹿卵泡发育和排卵同期化。实现母鹿发情同期化有两条途径：一是延长母鹿的黄体作用，而抑制卵泡的生长和发育，然后停药，使卵泡成熟并排卵，即先避孕后排卵；二是中断黄体，然后使卵泡发育排卵。延长黄体，抑制卵泡发育的药物主要有孕酮、甲孕酮、炔诺酮、氟孕酮、甲地孕酮、18-甲基炔诺酮、16-次甲基甲地孕酮等。促进黄体退化的药物有前列腺素。促进卵泡发育的药物有孕马血清（PMSG）和人绒毛膜促性腺激素（CHCG）、促卵泡素（FSH）、促黄体素（LH）和促黄体释放激素（LHRH）等。

（三）同期发情的基本方法和步骤

促使鹿同期发情较常用阴道栓塞、口服避孕制剂或埋植，然后注射孕马血清促性腺素，也可采用前列腺素子宫注射或肌内注射。

1. 阴道栓塞法

最简单和常用的是将一块柔软的泡沫塑料或海绵块（其大小依鹿体而定，一般直径 8cm，厚 2cm），拴上细线，线的一端引于阴门外，以便处理结束时取出。泡沫塑料经严格消毒，再浸入孕激素制剂的溶液中（一般为植物油容器罐），用长柄钳送至靠近子宫颈的阴道深处，一般在 9~12d 后取出，在取出的当天肌注孕马血清促性腺激素 800~1 000 国际单位，2~4d 内多数母鹿表现同期发情。这种方法的优点是一次用药即可，但有时栓塞脱落，若能保持 90% 以上不脱落，便可以得到较为理想的同期发情效果。药物种类和参考用量为：18-甲炔诺酮 80~130mg，甲孕酮 100~180mg，甲地孕酮 130~180mg，孕酮 300~800mg。近年国外设计一种硅胶环，叫 CI-DR（塞嗒），是一个硅胶的三叉型，前面两叉有弹性，约铅笔粗细，长 3~5cm，内含一定量的孕激素剂，放入阴道不易脱出，另叉较短，拴线便于取出，用于同期发情安全可靠。只是费用较高，每只鹿需 40 元左右。孕激素处理分短期（9～12d）和长期（12～18d）两种。长期处理发情同期率较高，但受孕率偏低。短期处理发情同期率较低，受胎率接近于正常水平。目前常用短期处理，在开始实行肌注 3～5mg 雌二醇和 50～250mg 孕酮或相应的其他孕激素制剂，可提高发情同期化程度。

2. 口服孕激素类药物

其作法是，将一定剂量的孕激素类药物均匀混合在饲料内，连续饲喂一定天数后，同时停喂，在几天内能使大多数母鹿同期发情。只是鹿大群饲养，饲料采食不均匀，对同期发情有所影响。

3. 埋植法

就是把一定剂量的孕激素装在有微孔的塑管中或吸附在硅橡胶棒中，或制成专用的埋植复合物，利用特制的套管针、埋植器具，将埋植物埋植在母鹿的耳背或颈侧，经一定时间取出，同时注射孕马血清促性腺激素 400～800 国际单位，2～4d 即表现发情。

4. 前列腺素法

是在母鹿发情周期第 5～8d（黄体功能期）将前列腺素注入子宫、子宫颈或肌肉中，因前列腺素有溶解黄体作用，致使母鹿发情。因前列腺素只能溶解功能黄体，5d 前的新生黄体不被溶解，会有少数鹿无反应，尚需做第二次处理。

总之，不管用何种方法，用何种激素处理，均需密切注意观察母鹿表现和及时输精。如发情时间集中，可不必检查，即可做定时输精，定时输精可在孕激素处理结束后第 2～3d 或第 2～4d 两天各输精 1 次。同期发情处理后，虽然大多数母鹿能正常发情和排卵，但可能有部分母鹿无明显发情症状和性行为表现，到第二次自然发情时会一切正常。因此，对同期发情母鹿，不但要抓紧输精工作，更要注意部分母鹿下个发情期的发情与输精工作。

九、母鹿发情鉴定

母鹿发情鉴定是鹿人工授精的关键技术之一。可用观察外阴变化、卵巢触摸等进行检察，但该法实施较为困难。因此，常使用试情公鹿来鉴别发情母鹿。试情方法有以下几种。

（一）带试情布的公鹿试情

给试情公鹿戴上兜肚，不让阴茎出来，爬跨时不能交配。即把公鹿胸、腹部都兜起来。这种试情布长 75cm 左右，宽 30cm 左右，前后端呈楔形，拴 6 条绳，前端一个绳结在颈部，防止试情布后移，中间两条绳结在胸部，后边两条绳结在后腰部，最后边一条绳通过腹股沟部结在腰绳上，防止试情布前移。最后用一绳将颈绳，胸绳、腰绳及尾绳在背部连接起来，防止胸腰绳前后移动。带这样试情布的公鹿可以长期放在母鹿群内，经常进行观察即可，但发现试情公鹿不称职时，要即时更换。

（二）试情公鹿不作任何处理放在母鹿群内试情

这种试情方法是定时将试情公鹿放在母鹿群内，一般早晨 5—6 时，17—18 时，也有的中午 11 时也试情一次。试情之后，马上将公鹿赶出母鹿群。要求严加看管，尤其是多个母鹿发情时更要看住试情公鹿，防止交配。该法优点是可以随时更换试情公鹿，缺点是由于看管不严，易交配。

（三）阴茎移位公鹿试情

用手术方法将公鹿阴茎向左或右移位 45°，这样公鹿在爬跨时不能交配，所以始终保持旺盛的交配欲。可以长期放入母鹿群内，经常观察即可。存在的问题是，有的阴茎移位的公鹿交配欲并不强。

（四）输精管结扎公鹿试情

用手术方法将公鹿输精管结扎，用这样的公鹿试情虽然能交配，但不能受孕。其缺点是公鹿交配之后需片刻歇息，影响继续寻找发情母鹿，一旦公鹿试情能力减弱时，也不好更换。

此外，还有人提出将试情公鹿颈下戴一个装颜料的试情装置，当公鹿爬跨母鹿时，在母鹿臀脊部染色，很适用带试情布公鹿、阴茎移位公鹿、输精管结扎公鹿夜间试情。

十、输精

（一）输精时间及部位

母鹿排卵后，卵子在输卵管壶腹部遇到活力旺盛的精子，就能有较高的受胎率。但目前鹿发情后何时排卵，卵子、精子到达受精部位的时间还不清楚，依据现有的经验认为，母鹿发情后 12~14 小时输精为好。也有人认为，母鹿发情后不再接受公鹿爬跨之时输精，受胎率最高。韩欢胜 2015 年报道，发情盛期的 I 期到 III 期受胎率分别是 83.3%、86.5%、79.1%，受胎率明显高于整个发情期输精总的受胎率 71.5%。梅花鹿输精部位目前只能做到子宫体内输精，而鹿的子宫体很小，只有 3cm，所以输精器不能插得太深，深则插到子宫角内，如输精到无排卵的一侧子宫角，则会造成空怀。有条件的可用直把输精法解决。贾海明 2009 年证明，腹腔镜子宫内鲜精输精的受胎率达到 86.67%，极显著高于子宫颈口鲜精输精的受胎率 36.84%；腹腔镜子宫内冻精输精的受胎率达到 85.71%，极显著高于子宫颈口冻精输精的受胎率 32.00%。诱导发情的最佳输精时间是在撤栓后的 48 小时和 54 小时，输精的受胎率可以分别达到 80% 和 91.43%。

（二）输精准备工作

主要准备好解冻液、输精器、8 号或 9 号封闭针头、腹腔镜、保定器以及与精液接触的器具等，并要按规定进行消毒。保定：用眠乃宁、鹿眠宝保定、起升保定架。开膣器：梅花鹿用开膣器过去使用羊的开膣器；1994 年赵世臻首次改用玻璃管式开膣器，玻璃管长 22~23cm，外径 2.9~3.2cm，管壁厚 0.2cm；也有人用塑料管做开膣器。输精器具：细管精液，用牛或羊用凯苏输精器（枪）。鲜精液，羊用注射器式的输精器。

（三）输精操作

1. 开膣器输精

先将精液解冻，放入输精枪内备用。母鹿保定稳妥后，外阴消毒，一手握涂有少量滑润剂的开膣器，一手掰开阴唇，将开膣器向斜上方由阴唇插入，后转向下方推进，打开光源，看准粉红色的子宫颈，将输精器对准子宫颈口（子宫颈呈瓣状，发情初期为粉红色，发情旺期和后期呈粉白色，阴道内的黏液发情初期稀薄透明，pH 值 6.5~7.0，中后期变浊白黏稠，pH 值 7.0~8.0，此时输精较易受孕）向里推进。因子宫颈壁褶的阻挡推进有些困难，可转动输精器或调整方向，稍用捻力，进入宫体时能听到"噗"

的一声。这时再推进1cm即可注入精液。一般80%的母鹿可做到子宫内输精。输精后抽出开腔器等，清洗消毒备用。将母鹿送到鹿舍解除麻醉。

2. 直肠握颈输精

梅花鹿也可如牛那样采取直肠握颈输精，效果最好，但必须手小（手呈锥形，最大周径不超过19cm）才能伸入到直肠内，输精员要经过严格的技术培训。

3. 腹腔镜输精

用试情法鉴定母鹿发情后，在输精前应禁食禁水12小时，以减少胃肠内容物容积，便于找到子官角和卵巢。将发情母鹿麻醉后固定在保定架上，鹿呈头低、臀高仰卧姿势，将乳房前部腹部的被毛剪净，以便观察乳静脉所在部位。并将剪毛区擦洗、消毒；起升保定架后部，使鹿头部低下，以使腹腔内脏前移；在乳房前10～12cm、腹中线一侧4～5cm处插入气腹针，并向腹腔内充气，以增加腹腔内压，将脏器压向前部，增大腹腔空间；充气应利用干冰产生二氧化碳气体，但在实践中多有不便，可以用普通的打气桶向腹腔充气，但需要在气桶和气腹针之间放置两层浸过消毒液的纱布，以防止感染。在乳房前10～12cm，腹中线另侧3～4cm处，用套管针刺穿腹壁，穿透腹膜即可，取出套管针芯，将内窥镜由套管内插入腹腔。穿刺应注意避开乳静脉，如刺破小血管出血时，可用止血钳止血。内窥镜进入腹腔后，借助窥视管寻找子宫角，子宫角一般在膀胱前，呈浅粉白色，较硬，如找卵巢时则可沿子宫角向前延伸，找到输卵管及输卵管伞，即可看见卵巢，如蚕豆大小，白色，有时卵巢被伞包围，可用气腹针轻轻拨开伞，即可见到卵巢，有时还能看见排卵窝。找到子宫角后，用注射器吸取精液，装上8号封闭针头，从腹腔镜附近对准子宫角方向刺入腹腔，当视野中观察到针头时，将针头刺入子宫角。如该侧正好是卵巢排卵的一侧，注入精液即可。如看不到排卵情况，用同样方法，将精液注入到另侧子宫角。输精后母鹿术部用碘酊消毒，并撒布消炎粉。目前，用腹腔镜法输精，母鹿受精率在50%～86%，随着繁育技术的发展，受胎率还会提高。

4. 输精量及输精次数

目前的电刺激采精，原精液量为1～1.5ml，做5倍稀释后为5～7.5ml。

则每毫升含精子1.5亿~2亿个，鲜精输精可输0.2~1ml。冻精输精现在使用0.25ml细管，每管含直线前进运动精子1 500万个，每次输1支。鹿现在多实行一次输精。

5. 提高鹿人工授精、受胎率的技术要点

原精不合格不冻，冻后不合格不贮，解冻不合格不输；精液保存好，输精时机好，输精部位好；严格全面培训，严格质量管理，严格输精操作；输精要讲卫生、认真消毒；输精时要适深、慢送、轻注、缓出；记录要完整详细；精液分发要在液氮中进行，操作敏捷，罐内勿缺液氮；做好输精母鹿的饲养管理。

第三节　鹿胚胎移植繁殖技术

一、胚胎移植目的意义

胚胎移植也称受精卵移植，或简称卵移植。它的含义是将一只良种母畜配种后的早期胚胎取出，移植到另一同种生殖状态相同的母畜体内，使之继续发育成新的个体，所以也叫人工受胎或借腹怀胎。提供胚胎的个体称为供体，接受胚胎的个体为受体。胚胎移植实际上是生产胚胎的供体和养育胚胎的受体分工合作共同完成繁殖后代的工作。胚胎移植主要是充分利用优秀母鹿的繁殖潜力，通过超数排卵处理，一只优秀供体母鹿每个发情周期可比平时多获得几倍、十几倍的早期胚胎，经移植给受体母鹿可产下更多的优秀后代；其次是加快了鹿的育种进度，通过胚胎移植可以大幅度增加优秀公、母鹿的后代，扩大良种鹿群；还可以获得更多的具有高产性能的同胞和半同胞，在公鹿的选择和利用上会极大地缩短后裔测定的时间，从而加快了育种繁育速度。但目前对母鹿的基因和遗传力、后裔鉴定工作做的很不够。没有最优秀的母鹿，胚胎移植就失去意义。所以目前鹿的胚胎移植远没有人工授精重要。

二、供体、受体的选择

（一）供体母鹿的选择

供体母鹿必须有优秀的遗传力，必须在各方面鉴定为优秀的个体，有较高的育种价值，在繁殖上没缺陷，无难产史，无病，尤其是无布氏杆菌病、结核病、副结核病及生殖器官疾病；要求体况适中，发情周期正常，年龄要求在 5～9 岁。

（二）受体母鹿的选择

一只供体母鹿需数只受体母鹿，要求受体母鹿繁殖性能好，健康无病，价格低廉，非优良品种鹿，年龄不超过 10 岁，受体母鹿自然发情时与供体母鹿大体相同，并要隔离饲养。

三、供体母鹿的超数排卵

鹿是单胎动物，通常一个发情期排 1 个卵子，超数排卵是使母鹿在一个发情内，用外源促性腺激素处理，使母鹿卵巢内有多个卵泡同时发育，同时排出多个具有受精能力的卵子，这一技术即为超数排卵，简称"超排"。超排方法一般是：在发情周期内任何一天，皮下或肌内注射孕马血清促性腺激素，48 小时后再注射前列腺素 F2α，在注射前列腺素后 48 小时一般都能达到同期发情。发情之后，8 小时输精 1 次，12～14 小时再输精 1 次。此外，也可注射促卵泡素 + 前列腺素 F2α，或促卵泡素 + 前列腺素 F2α + 促黄体素。为了使供体鹿同期超排，可皮下埋植孕激素，7d 后注射孕马血清促性腺激素，同时注射前列腺素类似物，第 9d 取出埋植物，发情时输精。

四、胚胎收集

胚胎收集也叫采卵，有手术方法和非手术方法。手术法收集胚胎时，在乳房前腹中线部或鼠鼷部常规切口，将子宫角引到切口外进行。

（一）输卵管冲卵法

将冲卵管一端接平皿，一端由输卵管伞部喇叭口插入，然后用注射器在子宫角与输卵管接合部注入冲卵液。此时用手轻捏子宫角，卵则由冲卵管流入平皿内。

（二）子宫冲卵法

用肠钳子夹住子宫角分叉处，然后向子宫角注入冲卵液，当子宫角膨胀时，在子宫角基部插入收卵针头，卵子同冲卵液会回流到烧杯内，此法用冲卵液多，回收率不高。

（三）冲卵管法

将冲卵管插入子宫，使气球在子宫角分叉处，冲卵管尖端靠近子宫角前端，先注入气体，然后灌液，冲完一侧后再冲另一侧。

五、胚胎鉴定与分级

胚胎鉴定在 20～40 倍显微镜下，观察受精卵形态，色泽，分裂球的大小、均匀度、细胞密度、与透明带的间隙以及变性情况等。凡卵子的卵黄未形成分裂球及细胞团的，均视为未受精卵。

依据受精卵发育程度，将胚胎分为：①桑椹胚，发情后 5～6d 回收；②致密桑椹胚，6～7d；③早期囊胚，7～8d；④囊胚，7～8d；⑤扩大囊胚，8～9d；⑥孵育胚9～11d。凡在发情后 6～8d 回收的 16 细胞受精卵，均列为非正常发育卵，不能用于移植或冷冻保存。

六、胚胎移植

（一）胚胎移植的器械

目前家畜胚胎移植尚无商品化的移卵用专业工具，所用的移卵管和吸卵管多半是自制的，最简单的一种是用直径0.6～0.8cm 的玻璃管拉成的前端弯曲或直的、内径0.1～0.5cm 的吸管，前部要尖锐，后部安装一个橡皮吸球，即可用来进行输卵管移卵。移卵时，先需用一钝针头在子宫壁上刺一个小孔，然后插入移卵管，将卵子注入子宫。也有采取套管移卵办法，即取一个 12 号针头，将其插注射器的接头除去，同时将其针头磨平，变成一个小的金属导管，接上一段细的硅胶管与吸管，也可用于移植操作。

（二）移植适宜时间

胚胎移植到受体体内，要求胚胎的发育必须和子宫的生理状态相一致。这既要考虑到供体鹿和受体鹿同期发情问题，又要考虑到胚胎发育与子宫发育关系问题。而子宫的发育是根据黄体的类型特征来判断的。实际上供体鹿提供的卵子是激素处理后超排的，与单个卵子排出时间不完全相同，因此，不能只考虑发情同期化。在移卵前要对受体鹿进行仔细检查，如果黄体发育达到所要求的程度，即使与发情后的天数不吻合也可以移植，反之就不能移植。一般在发情后 7d 移植。当然，有条件的可以用腹腔镜检查受体鹿黄体的数量和发育程度，以及所处的位置。这样，可不必拉出子宫检查。

（三）移植操作

卵移植分为输卵管移植和子宫移植两种。原则上由输卵管获得的胚胎，由伞部移入输卵管中，由子宫获得的胚胎，应当移到子宫体前 1/3 处。吸胚时，先用吸管吸一段营养液，再吸 1 个小气泡，然后再吸胚胎，吸胚胎后再吸 1 个小气泡，最后吸一段营养液。这样可以防止在移动吸管时胚胎丢失。输卵管内移植，往往因输卵管系膜的牵连形成弯曲，不利于输卵。输卵前要使输卵管处于平直状态，以便能看到牵出的输卵管部分处于输卵管膜的正上面，并能看见喇叭口的一侧。此时，可以将移卵管前端插入输卵管，把带有胚胎的保存液输入输卵管内。输卵后还要再镜检移卵管，看是否还有胚胎，若没有，说明已移入，将器官复位，做腹壁缝合。子宫内移卵时，是将胚胎吸入移卵管后，再将移卵管插入子宫角，当移卵管进入子宫腔时，会有插空的手感，此时稍向移卵管加压，则移卵管内液体会发生流动。如不动，说明没插入子宫腔，可调整移卵管方向和深浅度后再注入。

（四）供体和受体母鹿的术后观察

对术后供体和受体，不但要注意它们的健康情况，而且还要留心观察它们在预定时间是否发情。若发情，供体在下次发情时可以照常配种，或者再作供体收集胚胎。一般希望供体母鹿发情，但受体母鹿却相反。如果术后发情，说明未受孕，移植失败。失败的原因是胚胎移植后死去或在移植过程中丢失，或者移植的胚胎本身有缺陷。如果受体未发情，则需要进一步观察，在适当时机进行妊娠检查。如果已确定妊娠，则需加强饲养管理，保证妊鹿健康，使之顺利完成整个妊期，直至产出胎儿。

第四节　鹿的妊娠和分娩

一、妊娠

母鹿妊娠后发情停止，新陈代谢变得旺盛，食欲增加，消化能力提高，体重增加，毛色光润，性情变得温驯，行动谨慎，沉静安稳。到翌年 3～4 月，在母鹿空腹时，除了个别太肥胖者外可观察到左侧肷窝不凹陷或凹陷不明显，90% 以上为妊娠。妊娠期是从受精卵开始到胎儿正常产出的一段时间。梅花鹿的妊娠期为 229d±6d（怀公仔比怀母仔平均多 3d，怀双胎比单胎约少 5d）；人工授精鹿的妊娠期均短于本交鹿。

二、分娩

（一）分娩季节（产仔期）

正常的产仔日期一般为 5 月至 7 月初，产仔旺期为 5 月 15 日到 6 月 15 日，至少有 80% 以上的妊娠母鹿产仔。母鹿产仔，应在 5 月下旬和 6 月上旬基本上集中产完最为有利。如果产仔期延迟到 7 月至 8 月初，正值盛夏多雨季节，一旦卫生情况不良，由于初生仔鹿抵抗力弱，发病率高，影响生长发育。

（二）预产期的推算公式

主要根据配种日期和妊娠天数推算。梅花鹿为月减 4，日减 13。采用这些简便公式推算预产期的准确率可达 90% 左右。

（三）母鹿分娩征候

乳房膨大，膨大期一般为 26d±6d，个别的有 15d 或 40d 左右的。分娩前 2～7d 喜欢舐食精料渣，而迟迟不愿离开饲槽，到临产前 1～2d 时少食或绝食。好遛圈，其中个别母鹿边遛边鸣叫。塌肷和塌臀。频频舐臀部、背部和乳头，频尿，阴道口淌出蛋清样黏液。寻觅分娩地点，站立和爬卧反复进行，排出淡黄色羊水泡并安稳地撕破它，个别初产鹿和恶癖鹿在产下羊水泡时惊恐万状，被毛逆立、泪窝开张、瞪眼，急切转圈甩掉它。

（四）正常产位和产程

母鹿正常产仔大部分为头位分娩，胎儿的两前肢先入产道，露于阴门口之外，头伏于两前肢的腕关节之上娩出；部分尾位分娩的也为正常产。母鹿的正常产程经产鹿为 0.5～2.0 小时，初产母鹿为 3～4 小时；正常尾位分娩为 6～8 小时。

（五）分娩母鹿的监护

分娩前的准备工作：对产仔圈进行彻底清扫消毒；在鹿舍一侧设仔鹿保护栏，并铺好干燥洁净的垫草等，为仔鹿创造安静、舒适的栖息和生活环境；备好牛奶、羊奶（最好有初乳）；备好鹿难产助产、防治仔鹿疾病等各种有关设备、药物、器具和物品；准备好产仔记录表等。

（六）产仔期的工作

注意看护产仔圈的母仔鹿，对初生仔鹿及时剪耳号、称重，认真填写产仔记录（包括产仔的序号、产仔日期、经产母鹿号、产仔只数、仔鹿性别和耳号、初生重等）。遇到阴雨天或夜间产仔，或遇到恶癖鹿，采用小圈产仔的方法，能提高仔鹿成活率；母鹿集中产仔期产仔圈不足时，如天气晴朗，温驯经产母鹿可以任其在圈舍中自由选择地点进行分娩；在产仔群很大时，有条件的鹿场可按分娩日期前后、乳房发育的大小，集中饲养，分批产仔，这样仔鹿产龄大致相同，不至于出现被大龄仔鹿抢奶的情况，有利于仔鹿同步发育。遇到难产母鹿要及时助产；遇到扒咬初生仔鹿的恶癖母鹿要及时拨出，隔离饲养或淘汰；遇到被遗弃仔鹿和弱小仔鹿时，要找保姆鹿代养，或进行人工哺乳。

三、提高梅花鹿的繁殖力技术

1. 母鹿的繁殖力

梅花鹿维持正常繁殖机能、生育后代的能力称为繁殖力，主要表现为母鹿的妊娠率（受胎率）。母鹿的繁殖力包括受配率、妊娠率（受胎率）、产仔率、成活率、繁殖成活率。其计算式如下：

受配率（％）＝受配母鹿只数/参配母鹿只数×100

妊娠率（％）＝产仔母鹿只数（包括流产、死胎等母鹿只数）/受配母鹿只数×100

产仔率（％）＝产仔母鹿只数/受配母鹿只数×100

成活率（％）＝成活仔鹿只数/产仔鹿只数×100

繁殖成活率（％）＝离乳分群时成活仔鹿只数/参配母鹿只数×100

一般正常情况下，梅花鹿的繁殖成活率为80％左右。

2. 人参对梅花鹿精液品质及产仔率的影响

作者为了考察人参对梅花鹿精液品质及产仔率的影响，将繁殖准备期的健康雄性梅花鹿 32 头随机分为 4 个处理（T1～T4），每个处理 8 头，T1～T4 为基础精料中分别添加人参 0、0.4、0.8、1.6g/kg。结果表明：日粮中添加人参，显著提高了梅花鹿的采精液量、精子活力、精子抗力、精子密度、精子存活时间、精子存活指数（$P < 0.05$）；显著降低了精子畸形率（$P < 0.05$）；对精液 pH 值的影响没有显著差异（$P > 0.05$）；提高了采精成功率和产仔率；精液云雾状 T3 处理组最明显，精液色泽均为乳白色。梅花鹿精料中添加人参 0.8g/kg 时，对提高梅花鹿精液品质和产仔率效果最好，有利于鹿的繁育。

3. 一种含人参多糖的梅花鹿细管冻精稀释液配方及应用方法

一种含人参多糖的梅花鹿细管冻精稀释液配方及应用方法，由以下步骤完成。该稀释液配方为：人参多糖 20mg，Tris1.94g，果糖 0.8g，柠檬酸 1.08g，卵黄 20ml，GSH 23mg，BSA 91mg，ATP 23mg，维生素 C 284mg，青霉素 40 万国际单位，链霉素 20 万国际单位，甘油 6ml，加蒸馏水定容到 100ml。磁力搅拌，0.22μm 滤过灭菌冷藏。根据活力在 0.8 以上的梅花鹿精子密度确定稀释倍数，将精液与等温的的稀释液在降温前 1 次混匀（甘油终浓度保证在 3％以上）。在 0℃冰箱中水浴降温平衡 5 小时。在冰箱中将平衡好的精液吸入 0.25ml 细管，聚乙烯醇粉封口，置于液氮面约 2cm 处，冷冻 5 分钟，投入液氮中。抽样并在 37℃的水浴锅中解冻 20 秒，镜检，活力 0.35 以上的精液标记装入纱布袋保存。

（1）梅花鹿细管冻精稀释液配方 以人参多糖20mg，Tris 1.94g，果糖0.8g，柠檬酸1.08g，卵黄20ml，GSH 23mg，BSA 91mg，ATP 23mg，维生素C 284mg，青霉素40万国际单位，链霉素20万国际单位，甘油6ml为原料构成。

（2）梅花鹿细管冻精稀释液制备 按上述（1）配方，准确称量或量取各原料，加去离子水定容到100ml，磁力搅拌均匀，0.22微米滤过灭菌冷藏。

（3）细管冻精制备 将新采集的活力在0.8以上的梅花鹿精子，根据密度确定稀释倍数，与等温的的稀释液在降温前1次混匀（甘油终浓度保证在3%以上）。在0℃冰箱中水浴降温平衡5小时。在冰箱中将平衡好的精液吸入0.25ml细管，聚乙烯醇粉封口，置于液氮面约2cm处，冷冻5分钟，投入液氮中。抽样并在37℃的水浴锅中解冻20秒，镜检，活力0.35以上的精液标记装入纱布袋保存，即为梅花鹿细管冻精。该稀释液有利于梅花鹿精液的冷冻和低温保存，对提高梅花鹿人工授精的繁殖力有着重要的意义，对开发人参的新用途，也有着重要的价值。含人参多糖的梅花鹿细管冻精稀释液生产方法简单、生产成本低，便于推广应用。

第三章

梅花鹿的营养需要技术

梅花鹿为了维持自身的生命活动以及正常的生长、生产（长茸）、繁殖、运动和维持健康等，需要不断地从外界获取养分。鹿所需要的养分概括起来可分为六大类：蛋白质、脂肪、碳水化合物、矿物质、维生素和水。这些营养物质在鹿体内各自发挥作用，缺一不可。

第一节 梅花鹿蛋白质的营养

蛋白质是一切生命活动的物质基础，是养鹿生产中不可缺少的重要营养物质。鹿食入的饲料中蛋白质经过消化吸收，再在体内重新合成鹿体组织，例如各种器官以及皮、毛、鹿茸等。另外，精液的生成、精子和卵子的形成，各种消化液、激素、酶、乳汁等分泌物也都需要蛋白质。

一、梅花鹿蛋白质的消化代谢

梅花鹿的蛋白质营养主要是微生物蛋白质的营养，其瘤胃中含有大量的微生物和纤毛虫。当饲料进入瘤胃后，蛋白质由细菌分解为肽、氨基酸和氨；这三种物质一部分在细菌作用下合成菌体蛋白质，另有一部分氨被胃壁吸收，经血液转送至肝脏合成尿素，尿素中的一部分进入肾脏，随尿掖排出体外，另一部分被运送到唾液腺，随分泌出的唾液被吞咽进入瘤胃，尿素在瘤胃中受细菌的作用分解产生氨，再被细菌利用合成菌体蛋白，没有被利用的氨再次被胃壁吸收，送入肝脏合成尿素，周而复始，循环不已，这种现象称为瘤胃中的氮素循环。这样一方面它可以减少食入蛋白质的浪费和损耗；另一方面，又可使食入的蛋白质尽量转化成为菌体蛋白，以供动物体利用。而瘤胃中的纤毛原虫则将植物性蛋白质转变为自身的体蛋白质，即变成动物性蛋白质，这一点与细菌是不相同的，纤毛原虫没有利用氨化物中氮的能力。这些纤毛原虫在进入瓣胃时已被分解，即被动物机体所吸收，改善了饲料蛋白质的营养价值。饲料中蛋白质在瘤胃内绝大部分转化为菌体蛋白质，未被转化的饲料蛋白质为过瘤胃蛋白，在瘤胃中没有被转化的蛋白质与瘤胃细菌和纤毛虫一起转移到真胃，受到胃液中胃蛋白酶和盐酸的作用分解为蛋白胨，经过一段时间的消化后，食糜进入十二指肠。食糜中的蛋白胨被肠蛋白酶所消化变为氨基酸。所有的氨基酸最后被肠壁吸收，由血液运送至肝脏，合成动物的体蛋白质。在胃肠中未被吸收的蛋白质随粪便排出体外。

二、蛋白质对梅花鹿的营养作用

（一）蛋白质是鹿体组织和体细胞的重要组成成分

鹿的肌肉、神经、结缔组织、皮肤和血液等主要是由蛋白质构成的。如球蛋白、白蛋白分别是构成鹿体组织和体液的成分，血红蛋白、血清蛋白分别是由蛋白质与铁、铜络合而成。蛋白质与油脂形成油脂蛋白，存在于细胞核、血液、乳汁中，卵磷脂蛋白是其中之一。鹿体表的各种保护组织如被毛和蹄等，均由角质蛋白与成胶蛋白所构成。蛋白质也是鹿体内的酶、激素、抗体、肌肉、乳和鹿茸等产品的组成成分。梅花鹿机体中的蛋白质经 6~7 个月，就会有半数为新的蛋白质所更替。因此，即使对非生产鹿也应供给适当量的蛋白质。

（二）蛋白质在鹿体内通过氧化可供给机体热量

在鹿体内当供应热能的碳水化合物及脂肪缺乏时，蛋白质在体内可经分解、氧化释放热能，以供机体所需。如鹿从日粮中获取的蛋白质较多，多余的蛋白质可以在肝脏、血液及肌肉中贮存一定数量，或转化为脂肪贮存于体内，以备营养不足时重新分解，供给鹿的热能所需。

（三）日粮中蛋白质不足或者过量对鹿的影响

当饲料蛋白质不足时，鹿体内不能形成足够的血红蛋白和血细胞蛋白，因而可导致贫血症，并使血液中免疫抗体减少，以致使鹿的抗病能力下降；种公鹿精子数量减少，畸形精子数量增多，精液品质降低，母鹿发情及性周期异常，不易受孕，即使受孕，也会出现胎儿发育不良，甚至产生怪胎、死胎、弱胎等；哺乳母鹿泌乳量减少，幼鹿生长发育受阻；成年鹿体重减轻，产茸量下降。但日粮中蛋白质过量同样对鹿有不良影响，不仅造成蛋白质的浪费，而且长期饲喂过量的蛋白质将引起机体代谢紊乱，造成肝脏和肾脏因负担过重而遭受损害，产生蛋白质中毒等。因此，应根据鹿的不同生理状态及生产能力，供给合理的蛋白质水平，这样才能保证鹿的健康，提高饲粮中营养物质的利用率，降低饲养成本，增加生产效益。

第二节　梅花鹿碳水化合物的营养

碳水化合物包括无氮浸出物（淀粉、糖等）和粗纤维（纤维素、半纤维素及木质素等）两大类。它约占植物性饲料总干物质重量的 3/4，而动物体内仅有少量存在，其主要形态为血液中的葡萄糖，肝脏与肌肉中的糖原和乳中的乳糖。

一、梅花鹿碳水化合物的消化代谢

鹿的瘤胃是消化饲料中碳水化合物，尤其是粗纤维的主要器官。瘤胃内的微生物区系中包括分解淀粉、糖类和分解乳酸为琥珀酸的细菌区系，以及分解纤维素、蛋白质及合成蛋白质等类的细菌。纤维素分解菌中以厌氧杆菌属最为重要，能分解纤维素、纤维二糖及果胶等产生挥发性脂肪酸，挥发性脂肪酸是瘤胃内纤维素和其他糖类分解的最终产物。

鹿采食碳水化合物，粗纤维进入瘤胃后，瘤胃细菌分泌的纤维素酶将纤维素和半纤维素分解为低级挥发性脂肪酸，即乙酸、丙酸和丁酸。以上三种挥发性脂肪酸，通过三羧酸循环形成 ATP（三磷酸腺苷）产生热能，以供动物体利用。每 1 分子的乙酸通过三羧酸循环后，可在鹿体内贮积 10 个 ATP。丙酸被吸收后送到肝脏，为合成葡萄糖的原料。葡萄糖由肝脏输出供应全身，亦可合成糖原贮存于肝脏和肌肉中，以供动物体急需所用。丙酸变为葡萄糖后通过三羧酸循环，可在鹿体内形成 18 个 ATP。丁酸能分解成为乙酸，也可与乙酰辅酶 A 缩合形成较高级的脂肪酸，1 分子的丁酸在生理氧化中可产生 26 个 ATP。瘤胃中未被分解的纤维性物质进入小肠后变化不大，到盲肠与结肠后受细菌的作用，发酵分解为挥发性脂肪酸及二氧化碳，后者的一部分变为甲烷，未转化的二氧化碳和甲烷由肠道排出体外。挥发性脂肪酸被肠壁吸收进入肝脏参与体内代谢。最终未被消化的纤维性物质随粪便排出体外。

鹿口腔分泌的唾液量最多，但淀粉酶的含量很少，而且活性也弱。因此，饲料中的淀粉在口腔中几乎不被消化。进入瘤胃后的淀粉、单糖和双糖受细菌的作用，发酵分解为挥发性脂肪酸与二氧化碳。鹿胃中未被消化的淀粉与糖转移至小肠，受小肠内胰淀粉酶的作用变为麦芽糖。麦芽糖受胰麦芽糖酶与肠麦芽糖酶的作用分解为葡萄糖。蔗糖（双糖）受肠蔗糖酶的作用变为葡萄糖与果糖，果糖又可变为葡萄糖。葡萄糖被肠壁吸收，参与体内代谢。葡萄糖在代谢过程中随血液进入肝脏形成肝糖原，贮存其中。肌肉中也含有大量的糖原。根据需要，肝脏又可将肝糖原分解为葡萄糖返回血液，运往到需要糖的地方。肝细胞中有肝糖原酶，可使肝糖原分解为葡萄糖。肝糖原的分解过程受两种激素的调节。一种是肾上腺素，另一种是胰岛素。这两种激素的相互作用，可保持血糖含量的稳定。肝细胞将来自血液的葡萄糖重新合成为肝糖原，作为贮备物质沉积于肝脏中。肌肉中的糖原是工作所需的热能来源，可以重新分解为葡萄糖，进一步经乳酸分解为二氧化碳和水，同时释放出热能供动物体利用。当肝脏和肌肉中贮存的糖原已达到满足限度，而血液中的葡萄糖含量增加到一定量时；过多的葡萄糖将被送到脂肪组织及细胞中合成脂肪，贮存于体内。在小肠中未被消化的淀粉进入盲肠与结肠，受细菌的作用产生挥发性脂肪酸参与体内的代谢。最终未被消化的淀粉，随粪便排出体外。

二、碳水化合物对梅花鹿的营养作用

(一) 构成体组织的重要成分

核糖和脱氧核糖是细胞中核酸的组成成分。葡萄糖同蛋白质能合成糖蛋白。糖蛋白主要存在于软骨、结缔组织、肝脏、肾脏和血液中。唾液和内脏器官所分泌的黏蛋白也属于糖蛋白。脑、神经组织和神经节中的苷脂均由半乳糖和其他脂类所形成。

(二) 动物体内热能的主要来源

动物为了生存需要进行一系列的运动。如肌肉的运动以及体内各种器官的正常活动，包括心脏的跳动、肺的呼吸、胃的蠕动及血液循环等，以上活动均需热能供应。这些热能的来源，主要依靠饲料中的碳水化合物供给。

(三) 形成体脂、乳脂和乳糖的原料

鹿采食的碳水化合物，经消化吸收，除一部分氧化供给动物机体活动所需要的热能之外，多余部分则转变为体脂肪。碳水化合物也是泌乳期动物形成乳脂、乳糖和某些氨基酸的原料。60%～70%的乳脂是以碳水化合物作为原料合成的。葡萄糖是形成乳糖的重要先体物质；谷氨酸是由碳水化合物代谢的中间产物和氨基酸合成的。

(四) 碳水化合物不足对鹿有不利影响

在鹿的实际饲养中，如果饲料中碳水化合物供应不足，不能满足鹿维持生活需要时，鹿就开始动用体内的贮备物质，首先是糖原和体脂肪，仍有不足时，则利用蛋白质代替碳水化合物，以供应所需的热能。在这种情况下，动物就会出现身体消瘦、体重减轻以及生产力下降等现象。

(五) 粗纤维对鹿的作用与影响

粗纤维是植物细胞壁的主要成分，对于鹿是不可缺少的物质。粗纤维不易消化，吸水量大，能增加鹿的饱感；粗纤维对鹿的肠黏膜有一种刺激作用，可促进胃肠蠕动，有利于消化和促进粪便的排出；粗纤维表面粗糙，可

吸附肠道内容物中的营养物质和消化酶，并吸收游离水与结合水，形成有利于营养物质酶解的环境；粗纤维在鹿瘤胃及盲肠中经发酵产生的挥发性脂肪酸，是供给动物体能量的重要来源。

第三节　梅花鹿脂肪的营养

饲料与动物体均含有脂肪，根据其结构的不同，可分为真脂肪与类脂肪两大类。真脂肪由脂肪和甘油结合而成；类脂肪由脂肪酸、甘油及其他含氮物质等结合而成。根据脂肪含氢原子的多少，又分为饱和脂肪酸与不饱和脂肪酸两类。在常温状态下，植物脂肪中含有较多的不饱和脂肪酸，一般为液体；而鹿体脂肪则含有较多的饱和脂肪酸，一般为固体。

一、梅花鹿脂肪的消化代谢

鹿用植物性饲料中含有饱和及不饱和的脂肪酸，而主要是含不饱和脂肪酸。鹿每天从饲料中采食大量的不饱和脂肪酸，饲料中脂肪和类脂肪在瘤胃中受细菌的作用发生水解，产生甘油和各种脂肪酸，其中包括饱和脂肪酸及不饱和脂肪酸。不饱和脂肪酸在瘤胃中经过氢化作用，变为饱和脂肪酸，进入小肠后被消化吸收，随血液运送到组织中形成体脂肪。

（一）体脂肪的合成

饲料中的碳水化合物、蛋白质和脂肪，除供给鹿维持生命活动及生产的需要外，如有多余时，均可转变为体脂肪。饲料中的碳水化合物在鹿消化道内经过消化酶及瘤胃和盲肠中细菌的作用，最后转变为葡萄糖为肠壁所吸收，然后经过代谢使葡萄糖变为甘油和脂肪酸，再结合形成脂肪。饲料蛋白质在体内经酶的消化与脱氨基作用，将蛋白质分解为含氮部分及不含氮部分。多余的不含氮部分转变为糖，而糖被微生物分解产生挥发性脂肪酸，通过缩合作用，合成短链脂肪酸，然后形成脂肪。饲料中的脂肪在小肠内受到胆汁、胰脂肪酶和肠脂肪酶的作用，分解为甘油和脂肪酸，然后被肠壁直接吸收沉积于动物脂肪组织中，变为体脂肪。

（二）乳脂的合成

饲料中的碳水化合物被鹿采食进入瘤胃后，被瘤胃细菌分解为低级挥发性脂肪酸，即乙酸、丙酸和丁酸。丁酸可分解为乙酸。乙酸被吸收后通过血液送到乳腺，用以合成乳脂中的一系列短链脂肪酸。乳腺中短链脂肪酸的合成是通过乙酸的缩合作用进行的。1个乙酸分子与1个辅酶A结合变为乙酰辅酶A，与另一个乙酸分子缩合变为丁酸。丁酸与另1个乙酰辅酶A缩合变为己酸。如此递进，在每一次缩合中递进1个乙酰辅酶A，这样就形成了一系列的短链脂肪酸，乙酸亦可在脂肪组织细胞内转变为甘油脂。饲料中的脂肪在一定程度上可以进入乳中，脂肪的某些组成部分，可不经变化地用以形成乳脂。因此，鹿日粮中的脂肪含量不宜过高。一般以不超过混合料的4%为宜。

二、脂肪对梅花鹿的营养作用

（一）构成动物体细胞与体组织的重要成分

脂肪是动物细胞的重要组成成分，如细胞质的主要成分为磷脂；细胞膜是由蛋白质和脂肪组成的；血液中红细胞膜的脂肪主要由脑磷脂及神经磷脂构成。细胞脂肪与贮存脂肪不同，它有恒定的与特有的成分，在任何情况下不受饲料脂肪的影响。细胞脂肪多属类脂肪。脂肪是动物体组织的重要组成成分，如肌肉组织中含有真脂肪、磷脂及胆固醇；肝脏组织中含有脂肪酸和磷脂；肺、肾脏和皮肤组织中均含有真脂肪、脂肪酸、磷脂及胆固醇。动物体的一切细胞与组织中均含有脂肪。

（二）动物热能的重要来源

饲料脂肪被机体消化后，可氧化产热，供动物体利用，多余时也可转化为体脂肪贮存。动物生命活动所需的热能中，约有30%由脂肪氧化供应。脂肪在体内氧化释放的热能，比同一重量的碳水化合物或蛋白质高2.25倍。体脂肪所占体积小而含热量高，是动物体最理想的热能贮备物质。

（三）必需脂肪酸的来源

鹿体内不能合成，必须由饲料中供应的脂肪酸，如18碳二烯酸（亚麻油酸）、18 碳三烯酸（次亚麻油酸）、20 碳四烯酸（花生油酸）都是必需脂肪酸。幼鹿日粮中需含有一定量的必需脂肪酸，而成年鹿不易缺乏。

（四）脂溶性维生素的溶剂

动物摄取饲料中的维生素 A、维生素 D、维生素 E、维生素 K 后，必须溶解于脂肪中才能被消化、吸收和利用。在日粮中缺乏脂肪的情况下，维生素 A、维生素 D、维生素 E、维生素 K 不被溶解，因而发生脂溶性维生素的代谢障碍，导致维生素营养缺乏症。

（五）动物产品的组成成分

鹿的产品肉、茸、血、胎中均含有一定量的脂肪。鹿肉中含有 2% ~ 3% 的脂肪；鹿茸中含有 2.2% ~ 3.6% 的脂肪。当日粮中缺乏脂肪时，动物产品的形成就会受到很大的影响。

（六）具有保暖和保护的作用

在冬季，动物皮下脂肪具有一定的保暖作用。动物肾脏、肠等周围的脂肪层，对这些器官具有保护作用，可使其免受震动及损伤。

第四节　梅花鹿矿物质的营养

矿物质在鹿体内广泛存在，并广泛参与体细胞内的代谢过程。它不仅是构成鹿体组织器官的原料，也是维持细胞与体液平衡、构成辅基和辅酶不可缺少的物质。当机体完全缺乏生命所必需的某种元素时，可使鹿致死；但某种元素的过量，又可引起机体内代谢的紊乱。对鹿生命所必需的矿物元素，按其在饲料中的浓度可划分为常量元素和微量元素两大类。

一、常量元素

（一）钙和磷

1. 钙、磷在体内的分布

主要分布于骨骼和牙齿中，其余存在于软组织及体液中。鹿体内矿物质总重量中有 65% ~ 70% 是钙和磷的化合物。骨骼和牙齿中的钙占全身所有钙的99%左右，磷占全身所有磷的80%左右。成年健康鹿骨骼中约含30%的灰分，灰分中含钙36.5%，磷17.0%，钙、磷比例约为2∶1。

2. 钙、磷的作用

钙除作为骨骼和牙齿的构成成分外，对维持神经和肌肉组织的正常功能起着重要的作用。血浆中钙离子浓度高于正常水平时，抑制神经和肌肉的兴奋性；反之，神经和肌肉的兴奋性增强。凝血酶原激活物催化凝血酶原转变为凝血酶，必须在钙离子的参与下才能进行。磷除与钙共同构成骨骼和牙齿外，主要以磷酸根形式参与许多物质的代谢过程。例如，参与氧化磷酸化过程，形成高能含磷化合物，在高能磷酸键中贮存能量，以供动物体利用；磷和核糖核酸、脱氧核糖核酸及许多辅酶的合成有关；磷脂和蛋白质结合成细胞膜的组成成分。另外，还参与糖代谢，并是血液中重要缓冲物质磷酸氢钙和磷酸二氢钙的成分。

3. 影响钙、磷吸收的因素

钙、磷的吸收利用率受多种因素的影响，如钙、磷的比例、肠内的 pH 值、维生素 D 的供应情况等。

（1）钙、磷的比例要适当　如果钙过多，将使饲料中的磷酸根更多地与钙结合产生沉淀，降低钙的吸收率；如磷酸根过多，也会有同样的结果。一般来说，鹿饲料中钙、磷含量保持在（1~2）∶1 较为适宜。

（2）维生素 D 的供应要充足　维生素 D 可以降低肠内的 pH 值，有利于钙的吸收。

（3）日粮中脂肪供应量要适宜　日粮中脂肪过多，可与钙形成一种钙化肥皂，而影响钙的吸收。

（4）日粮中所含草酸或草酸盐要少　钙与草酸形成不溶解的草酸钙沉淀，从而不利于钙的吸收。

4. 钙、磷的来源

植物性饲料中以豆科牧草含钙量最丰富，矿物质饲料可用石粉、贝壳粉、蛋壳粉和碳酸钙等作为钙的来源；植物性饲料中禾谷类籽实及其副产品中的含磷量十分丰富，动物性饲料中以鱼粉和血粉等含磷量最高，矿物质饲料可用骨粉、磷酸一氢钙和磷酸二氢钙等作为磷的来源。我国农业部2001年已经发出通知，禁止在反刍动物饲料中添加和使用骨粉、血粉等动物性饲料产品。

5. 钙、磷缺乏或过量的后果

幼鹿饲粮中钙、磷不足时可导致佝偻病，佝偻病是一种慢性病，发病初期表现为食欲不振，精神委顿，逐渐消瘦，被毛蓬乱，喜卧而不愿站立与活动，运动发生障碍。随着病程的发展，逐渐出现骨骼发育不良与变软，骨端未骨化的组织变得粗大，脊柱和胸骨弯曲变形。

成年鹿饲粮中钙、磷不足时可导致骨软症或骨质疏松症。其症状为：背与腰部呈弓形，头部轻微上举，前后肢强直性收缩，站立不稳。随着病程的日趋严重，胸骨和肋骨软化变形，胸腔内陷并变得狭窄，实质器官因受到压迫而产生呼吸困难。四肢骨质疏松、软化，蹄下陷。下颌与下颈增厚，颈部活动困难。躺卧时，颈部弯曲，头向后仰。

成年鹿日粮中缺磷时，其症状表现为食欲不振或废食，异嗜癖比缺钙时更为严重。病鹿啃食毛、骨等异物，因营养不良而迅速消瘦。公鹿产茸量降低，母鹿发情异常，屡配不孕。采食低磷日粮的哺乳母鹿，血液中无机磷低于正常水平，导致泌乳量下降。

（二）钠和氯

1. 钠和氯在体内的分布

钠在动物体内主要分布于体液中，并多以氯化钠的形式存在于体内。血液中含钠量最高，其次为肾脏、骨骼、皮肤、肺和脑，被毛中钠的含量最少。以干物质计算，被毛中的含钠量为血液中含钠量的1/9。血液中钠集中于血清中，浓度十分稳定。氯在细胞内外均有分布，但主要分布于体细胞外液中，约占体内总氯量的85%，含量不稳定。

2. 钠、氯的作用

钠在保持体内的酸碱平衡、维持体液正常的渗透压和调节体液容量方面起重要作用，同时对心肌的活动亦有调节作用。钠离子和其他离子一起参与维持神经和肌肉的正常兴奋性。此外，在钠与钾的相互作用中，参与神经组织冲动的传递过程。以重碳酸盐形式和唾液一起排出的钠离子，对鹿瘤胃、网胃和瓣胃中产生的过量酸有抑制作用，为瘤胃微生物活动创造了适宜的环境条件。氯和钠协同维持细胞外液的渗透压。参与胃酸的形成，保证胃蛋白酶作用所必需的 pH 值。氯在唾液腺中与 α – 淀粉酶形成活性的复合物，有利于 α – 淀粉酶的作用。

3. 钠、氯的来源

大多数饲料含钠、氯量都较少，禾谷类籽实和油饼（粕）类饲料含钠、氯量亦甚低。食盐中含钠量约 36.7%，是动物补充钠的主要来源。通过补饲食盐，能同时为动物补充钠和氯两种元素。

4. 钠、氯不足或过量的后果

成年鹿日粮中长期缺少食盐，可导致食欲降低，精神不振，营养不良，被毛脱落和生产力下降等。生长鹿日粮中长期食盐不足，表现为生长停滞，饲料利用率降低，死亡率提高。钠和氯严重过量时会造成饮水量增加，腹泻和中毒。

（三）镁

1. 镁在体内的分布

镁在动物体内分布很广，约有 70% 的镁存在于骨骼中，其余的镁分布于软组织细胞内。正常反刍动物的血液中，每 100ml 平均约含镁 2.5mg。血液中所含的镁约有 75% 在红细胞内，25% 在血浆中。血浆中的镁约 87% 呈游离状态，其余与蛋白质结合或以磷酸盐、柠檬酸盐的形式存在。

2. 镁的作用

镁是构成骨骼和牙齿的成分之一，为骨骼正常发育所必需；在机体中起着活化各种酶的作用，镁作为焦磷酸酶、胆碱脂酶和 ATP 酶等的活化剂，在糖与蛋白质代谢过程中起着重要的作用；镁有维持神经与肌肉正常机能的作用，低镁时可使神经肌肉的兴奋性提高，高镁时抑制；镁还参与促使 ATP 高能键断裂，释放出的热能为机体所利用。

3. 镁的来源

大多数饲料均含有适量的镁，能满足动物对镁的需要，所以一般情况下动物不会发生缺乏。青饲料以幼嫩时含镁最丰富；含钙量高的饲料含镁量也高。棉籽饼和亚麻籽饼含镁特别丰富。块根与块茎饲料中的镁含量与禾谷类饲料接近，但茎叶中镁的含量较高。缺镁时，可在日粮中补充硫酸镁、碳酸镁和氧化镁等。

4. 镁不足或过量的后果

镁缺乏可使鹿血液中的含镁量降低，同时产生痉挛症。病鹿神经过敏，震颤，面部肌肉痉挛，步态不稳与惊厥。日粮中含镁量过高时，采食量降低并引起腹泻。另外，过量的镁还可影响钙的沉积。

（四）钾

1. 钾在体内的分布

在动物体内各细胞和软组织中都含钾，特别是肌肉、红细胞、白细胞、肝脏及脑中钾的含量均较多；在皮肤、骨骼、血液与淋巴液中钾的含量较少。体内的含钾量与年龄和性别有关。幼鹿高于成年鹿，公鹿高于母鹿。

2. 钾的作用

钾在维持体液的酸碱平衡和维持细胞内正常的渗透压方面起重要作用；钾还参与糖和蛋白质的代谢过程；另外，钾还有维持神经和肌肉组织正常兴奋性的作用，适度提高钾离子的浓度时，神经和肌肉的兴奋性增强，降低钾离子浓度，兴奋性就受到抑制。

3. 钾的来源

鹿常用饲料中的含钾量占摄取干物质量的5%左右，远远超过动物的生理需要。一般饲料均能满足鹿对钾的需要，所以不必额外添加。

4. 钾不足或过量的后果

长期饲喂缺钾饲料时，动物心电图异常，食欲下降，生长停滞，肌肉衰弱，异嗜等。过量食入钾将影响镁的吸收和代谢。

（五）硫

1. 硫在体内的分布

动物体内的硫主要分布于含硫氨基酸（蛋氨酸、胱氨酸和半胱氨酸等）中；硫胺素、生物素和胰岛素中亦含有硫；体内的含硫物质还有黏多糖、硫酸软骨素、硫酸黏液素和谷胱甘肽等。所有体蛋白质中均有含硫氨基酸，因而硫分布于机体的各个细胞。

2. 硫的作用

硫在鹿瘤胃中是合成含硫氨基酸所必需的元素。硫的作用主要是通过含硫有机物质来进行的，如含硫氨基酸合成体蛋白质、被毛和许多激素；硫胺素参与碳水化合物的代谢过程，并增进胃肠道的蠕动和胃液的分泌，有助于营养物质的消化与利用；硫作为黏多糖的成分参与胶原组织的代谢。

3. 硫的来源

植物性饲料中的含硫量差异很大。禾谷类籽实及块根块茎饲料含硫量均较少。菜籽饼（粕）中含硫量丰富，各种蛋白质饲料是动物硫的重要来源。鹿可以通过瘤胃内微生物的作用，利用无机硫合成含硫氨基酸。

4. 硫不足的后果

长期饲喂含蛋白质很低的饲料或日粮结构不合理时，就容易出现硫的缺乏症状。硫供应不足可使黏多糖的合成受阻，导致上皮组织干燥和过度角质化。硫严重缺乏时，鹿食欲减退或丧失，掉毛，并因体质虚弱而死亡。

二、微量元素

（一）铁

1. 铁在体内的分布

动物体内的铁 60% ~ 70% 存在于血液的血红素中，约有 20% 的铁与蛋白质结合形成铁蛋白，贮存于肝脏、脾脏、骨髓及其他组织中。铁蛋白亦是含铁血黄素的组成成分。铁还是多种细胞色素酶和氧化酶的组成成分。

2. 铁的作用

铁是形成血红素及肌红蛋白必不可缺的组成成分；铁作为氧的载体保证体组织内氧的正常运输；铁作为多种细胞色素酶及氧化酶的组成成分，在细胞内生物氧化过程中起重要作用；此外，铁对棉籽饼中所含的棉酚具有一定的脱毒作用。

3. 铁的来源

大部分饲料中的含铁量都超过动物的需要量。幼嫩青绿饲料含铁丰富，尤其是叶部更为丰富。豆科青饲料中铁的含量比禾本科约高 50%。动物性饲料中，以血粉和鱼粉的含铁量最为丰富。奶和块根类饲料含铁量较少。如果日粮中铁不足时，可用硫酸亚铁、氯化铁等来补充。

4. 铁不足或过量的后果

梅花鹿血液中的红细胞处于不断更新代谢过程中，由血红素中释放出来的铁机体可以重新利用于合成血红素，因此，成年健康鹿很少缺铁。鹿在患寄生虫病、长期腹泻以及饲料中锌过量等异常状态时会出现缺铁症状。幼鹿如果仅吃母乳，可能会出现缺铁性贫血，其症状是肌红蛋白和血红素减少而使肌肉的颜色变得浅淡，皮肤和黏膜苍白，精神委顿。典型的缺铁症状除贫血外，肝脏中含铁量显著低于正常水平，有时还伴有腹泻现象。

（二）铜

1. 铜在体内的分布

梅花鹿体内以肝脏、脑、肾脏、心脏和被毛等中的含铜量最高；其次，胰脏、脾脏、肌肉、皮肤和骨骼中也含有较多的铜。幼鹿体组织中的含铜量高于成年鹿。初生时肝脏中储备有大量的铜。机体内一切细胞中都含有铜，但以肝脏内铜的含量最高，是体内铜的主要贮存库。

2. 铜的作用

铜有催化血红素和红细胞形成的作用，缺铜时将影响铁从网状内皮系统和肝细胞中释放出来进入血液，不利于铁的利用；铜是多种酶的成分和激活剂，它是细胞色素氧化酶、酪氨酸酶、过氧化物歧化酶和抗坏血酸氧化酶的组成成分；铜促进血清中的钙、磷在软骨基质上的沉积，使骨骼正常发育；铜还参与维持神经及血管的正常功能。

3. 铜的来源

大多数饲料中均含有一定量的铜。植物性蛋白质饲料中以大豆饼粕中的含铜量较高。豆科牧草中的铜含量高于禾本科牧草。禾谷类籽实（除玉米外）及其副产品中含有丰富的铜。幼嫩植物性饲料及稿秆类饲料中含铜量较低。当鹿缺铜时，可直接补饲硫酸铜。

4. 铜缺乏或过量的后果

缺铜时肝脏和血红素中铜的含量降低，导致动物患贫血症；使参与色素形成的含铜酪氨酸酶活性降低，引起动物有色被毛褪色；被毛因角蛋白的合成受阻而生长缓慢，毛质变脆。成年鹿缺铜时常患骨质疏松症，幼鹿发生佝偻病；缺铜还可使鹿中枢神经（脑和脊椎）系统受到损害，特别是幼龄鹿常患后肢痉挛，共济失调；缺铜时，损害动脉血管的弹性，引起心肌纤维变性，并出现突然死亡的现象。过量采食含铜量高的饲料，将使肝脏中铜的蓄积显著增加，大量铜转移入血液中使红细胞溶解，出现血红蛋白尿和黄疸，并使组织坏死，动物迅速死亡。

（三）钴

1. 钴在体内的分布

钴在动物体内分布很广，分布于所有的组织器官中，其中，以肾脏、肝脏、脾脏及胰腺中含量最高。鹿从饲料中摄入的钴主要贮存于肝脏中。肝脏中的钴多存在于维生素 B_{12} 中。血液中含钴量较少。

2. 钴的作用

钴的主要作用是作为维生素 B_{12} 的组成成分。维生素 B_{12} 的分子量中，大约含有 4.5% 的钴。此外，钴可活化磷酸葡萄糖变位酶和精氨酸酶等，这些酶类与蛋白质及碳水化合物的代谢有关。对血细胞的发育和成熟也有促进作用。

3. 钴的来源

大多数饲料中均含有少量的钴。一般豆科牧草含钴量高于禾本科。动物性饲料中含钴丰富，每千克干物质中钴含量可达 0.8～1.6mg。反刍动物每千克饲料干物质中含钴为 0.08mg 就能满足需要。

4. 钴不足或过量的后果

鹿长期采食低钴饲料，可导致瘤胃中微生物数量减少，使某些营养物质的合成受阻，瘤胃中微生物合成维生素 B_{12} 数量减少，从而出现鹿缺钴症。钴缺乏主要表现为贫血，食欲不良，精神委顿，幼鹿生长停滞，成年鹿消瘦。鹿摄入的钴量过高时，会出现食欲减退和贫血。

（四）硒

1. 硒在体内的分布

硒存在于动物体所有的体细胞内，肝脏、肾脏和肌肉中含硒量较高，但其含量受进食硒量的影响很大。

2. 硒的作用

硒是谷胱甘肽过氧化物酶的主要成分，能防止过氧化物氧化细胞内膜、线粒体上的类脂物，因此硒在保护细胞膜的完整性方面起着重要的作用；硒具有保护胰腺组织正常功能的作用；硒有助于维生素 E 的吸收和贮存，因此硒与维生素 E 具有相似的抗氧化作用。此外，试验证明，硒对幼年反刍动物的生长有刺激作用。

3. 硒的来源

饲料中的含硒量受土壤 pH 值影响很大。碱性土壤中的硒呈水溶性化合物，易被植物吸收，摄取该地区植物性饲料的动物易发生硒中毒；相反，酸性土壤中含硒量虽高，由于硒和铁等元素形成不易被植物吸收的化合物，这类地区的幼年动物因缺硒而易患白肌病。气温和降水量对植物饲料的含硒量也有影响，寒冷多雨的环境条件下生长的植物含硒量较低；干旱环境条件下生长的植物含硒量较高。禾谷类籽实饲料中的含硒量变动范围较大。在相同条件下，豆科饲草的含硒量高于禾本科饲草。预防和治疗硒的缺乏症，可用硒酸钠或亚硒酸钠溶液进行皮下注射。亦可将硒酸钠或亚硒酸钠制成矿物质添加剂进行补饲。我国黑龙江、吉林、内蒙古、青海、陕西、四川和西藏自治区（以下简称西藏）7 省（区）为缺硒区，其中以黑龙江最为严重，四川次之。

4. 硒不足或过量的后果

鹿饲料中缺硒可产生白肌病，患病动物步伐僵硬，行走和站立困难，弓背和全身出现麻痹症状等，尸体解剖发现横纹肌上有白色条纹；因肌肉球蛋白的合成受阻而使骨骼肌和心肌退化萎缩；幼鹿缺硒时，表现为食欲降低、消瘦、生长停滞；缺硒还可引起母鹿的繁殖机能紊乱，空怀或胚胎死亡。动物采食过量的硒可引起硒中毒，其中分为急性和慢性两种。急性中毒的症状是瞎眼、肌肉软弱、感觉迟钝、肺部充血、痉挛和瘫痪。急性硒中毒常因呼吸困难而窒息死亡。慢性硒中毒的动物心脏和肝脏机能受到损害，表现为消瘦和贫血，关节僵硬变形，蹄壳变形并脱落。患病动物食欲降低，行动困难，常因饥渴而死。

(五) 锌

1. 锌在体内的分布

机体所有组织和细胞中都含有锌，其中以肌肉、肝脏等组织器官中含锌量较高。血液中 75% 的锌存在于红细胞中，白细胞中约 3%，血浆中约 22%。成年公鹿前列腺的背侧部含锌量特别丰富，精液中也含有较多的锌。眼的脉络膜含锌量也特别丰富。

2. 锌的作用

锌在动物体内是多种酶的组成成分，如碳酸酐酶、碱性磷酸酶、多种脱氢酶和核糖核酸酶等。锌还是胰岛素的组成成分，参与碳水化合物、脂类和蛋白质的代谢。锌与毛发的生长、皮肤的健康和创伤的愈合有关。锌对维持动物正常代谢和繁殖有重要作用。

3. 锌的来源

植物性饲料中普遍都含有锌，其中以幼嫩青饲料的含锌量较高。在各种饲料中以块根、块茎类饲料含锌量最低。饲用酵母、糠麸、油饼（粕）、禾谷类的胚、动物性饲料是锌的主要来源。动物缺锌时，可补饲硫酸锌等。

4. 锌不足或过量的后果

动物缺锌时，最明显的症状是食欲降低，生长受阻，表皮细胞增厚与不全角化症。高钙日粮或日粮中具有抑制甲状腺活性的物质，则能加剧锌缺乏引起的不全角化症。锌的不足或缺乏，对动物的繁殖机能同样产生严重影响。日粮中含锌过量可使动物产生厌食现象，对铁、铜的吸收也不利，导致动物贫血和生长迟缓。反刍动物对过量锌的耐受性较差。高锌日粮对瘤胃微生物区系有害，造成瘤胃消化紊乱。

(六) 锰

1. 锰在体内的分布

锰分布于所有的体组织中，以肝脏、骨骼、脾脏、胰脏和脑下垂体中的含量最高。肝脏中锰的含量比较稳定，而骨骼和被毛中的含锰量则受摄入饲料中锰量的影响，当动物食入大量的锰时，被毛中的含锰量可超过肝脏的含量。血液及肌肉中的含锰量较低。

2. 锰的作用

锰参与骨骼基质中硫酸软骨素的形成，也是骨骼有机基质黏多糖的组成成分；锰作为某些酶的组成成分，参与碳水化合物、蛋白质和脂肪的代谢过程；锰与胆固醇的合成有关，从而影响鹿的繁殖。

3. 锰的来源

动物主要从植物性饲料中获得锰。在这些饲料中青粗饲料含锰丰富，禾谷类籽实及块根块茎饲料中含锰量较少，玉米含锰量更低。糠麸类饲料中含锰丰富，动物性饲料中含锰极微。鹿日粮中缺锰时，可补饲一定量的硫酸锰、氯化锰等。

4. 锰不足或过量的后果

日粮中长期含锰量不足时，可使骨骼发育受损，骨质松脆。仔鹿缺锰后因软骨组织增生而引起关节肿大，生长缓慢，性成熟推迟。母鹿严重缺锰时，发情不明显，妊娠初期易流产，死胎和弱仔率增加，仔鹿初生重小。过量的锰可降低食欲，影响钙、磷利用。严重过量时可导致动物体内铁贮存量减少，产生缺铁性贫血。

（七）碘

1. 碘在体内的分布

动物体内含碘量很少，但分布很广。体内总含碘量的 70% ~80% 都存在于甲状腺内。甲状腺中的碘是以无机碘化物、甲状腺素、二碘酪氨酸和甲状腺球蛋白存在的。碘还存在于胃、小肠、唾液腺、皮肤、乳腺、卵巢和胎盘中。血液中的碘是以无机和有机碘化物存在的。血液和乳中的含碘量很不稳定，当动物摄入大量的碘后，可使血液中的碘的含量提高约 100 倍，乳中的碘提高 10 倍左右。

2. 碘的作用

碘是甲状腺素和甲状腺活性化合物的组成成分，它对动物基础代谢率的调节具有重要作用。碘几乎参与体内所有物质代谢过程。

3. 碘的来源

植物性饲料是动物碘的主要来源。一般沿海地区植物的含碘量高于内陆地区。就植物本身而言，根部的含碘量高于茎秆，而茎秆中的含碘量为叶中的 15%～20%。海洋植物因能经过细胞膜直接吸收碘，故含碘量极其丰富。海带和海藻等是动物碘的良好来源。饲料在贮藏过程中碘的损失量较大。动物采食大量的十字花科植物、豌豆和某些种类的三叶草，因其中含有较多的能抑制碘吸收的氰酸盐，同样也可引起动物缺碘。动物缺碘时，碘化钠和碘化钾是碘的良好来源，也可补饲碘化食盐。

4. 碘不足的后果

动物缺碘最典型的症状是甲状腺增生、肿大，基础代谢率降低。幼鹿缺碘表现为甲状腺肿大、生长迟缓和骨架短小而形成侏儒症；成年鹿则表现为皮肤干燥、被毛变脆和性腺发育不良，并产生黏液性水肿。成年母鹿缺碘，发情紊乱，影响配种，胚胎早期死亡，胚胎被吸收，流产和分娩无毛弱仔；成年公鹿缺碘，精液品质下降，影响繁殖。

第五节　梅花鹿维生素的营养

维生素主要功能是调节动物体内各种生理机能的正常进行，对动物的健康、生长、繁殖和泌乳等都起着很重要的作用。饲料中维生素种类很多，其中，维生素 A、D、E、K 溶于脂肪，称脂溶性维生素；维生素 B 组和维生素 C 溶于水，称水溶性维生素。

一、脂溶性维生素

（一）维生素 A

维生素 A 又名视黄醇。维生素 A 为淡黄色结晶体，不溶于水而能溶于多种脂溶剂中。缺氧时对高温稳定，加热至 120～130℃时不发生化学变化，但有氧时能迅速分解，紫外线照射可使其破坏。

1. 胡萝卜素在体内的转化与利用

维生素 A 仅存在于动物体内，而植物体内不含维生素 A，但含有无活性的维生素 A 原（类胡萝卜素），其中以类胡萝卜素中的 α－胡萝卜素、β－胡萝卜素、γ－胡萝卜素及玉米黄素对动物有营养作用。一般青绿饲料中

90%的类胡萝卜素都为β-胡萝卜素，而玉米黄素主要存在于黄玉米中。梅花鹿消化吸收的胡萝卜素在小肠壁、肝脏和乳腺内经胡萝卜素酶的作用迅速转变为具有活性的维生素A。理论上每分子β-胡萝卜素能形成2分子的维生素A，但因胡萝卜素在肠道中的吸收不如维生素A效率高，故每分子β-胡萝卜素形成不超过1分子的维生素A。β-胡萝卜素在体内转变为维生素A的效率随摄入量的增加而下降。甲状腺机能减退时影响类胡萝卜素的转化。日粮中脂肪水平过低，影响β-胡萝卜素转变成维生素A的效率；日粮中蛋白质水平过低，影响维生素A在肝脏中的贮存。维生素A 75%~90%贮存于肝脏中，其余贮存在脂肪内。

2. 维生素A的作用

维生素A的主要作用是保护上皮组织结构的完整和健全，促进结缔组织中黏多糖的合成，维护细胞膜和细胞器膜（线粒体、溶酶体等）结构的完整；维持正常的视觉、骨骼正常生长和神经系统的正常机能等。此外，维生素A还调节体内蛋白质、脂肪和碳水化合物的代谢。

3. 维生素A和胡萝卜素的来源

动物的肝脏、脂肪中含有丰富的维生素A。乳脂和蛋黄等也含有维生素A。动物性饲料中，鱼粉是维生素A的良好来源，而脱脂乳、瘦肉、肉粉、肉骨粉等维生素A的含量很少。胡萝卜素主要存在于植物性饲料中，幼嫩多叶的青绿饲料和胡萝卜中含有极为丰富的胡萝卜素；南瓜、黄心甘薯和黄心萝卜等也含有较多数量的类胡萝卜素；禾谷类籽实（黄玉米除外）、甜菜及干粗饲料中的胡萝卜素含量贫乏。

4. 维生素A缺乏症

长期饲喂维生素A或胡萝卜素不足的日粮，延缓视网膜中视紫质的再生作用，影响动物对弱光刺激的感受而产生夜盲症；维生素A不足，使多种黏多糖的合成受阻，引起上皮组织增生、干燥和过度角质化，易发生细菌感染并产生一系列的继发病，如干眼病或失明、肺炎、下痢、尿道结石、流产与死胎等；影响体内蛋白质的合成及骨组织的正常发育；母鹿性周期异常，公鹿精液品质下降；还可引起神经系统的机能障碍，如生长鹿产生共济运动失调、肢体麻痹和痉挛等。

（二）维生素 D

维生素 D 属类固醇衍生物，其中，维生素 D_2、维生素 D_3 对动物具有主要营养作用。维生素 D_2、维生素 D_3 均为白色或黄色粉末，溶于油及有机溶剂中，能被氧迅速破坏。

1. 维生素 D 在体内的转变

植物及酵母中无活性的维生素 D_2 原（麦角固醇），经紫外线照射转变为维生素 D_2；动物皮肤中无活性的 D_3 原（7 - 脱氢胆固醇），经日光中紫外线照射转变为维生素 D_3。维生素 D 在体内必须转变为具有活性的物质才能发挥其作用。进入动物体内的维生素 D，在肝脏被氧化成为 1 - 羟维生素 D_3，再进入肾脏进一步氧化成为 1，25 - 二羟维生素 D_3，然后通过血液运送至肠道和骨骼等组织中发挥生理作用。动物体内的维生素 D 主要贮存于肝脏内，部分存在于血液中，维生素 D_3 可直接贮存于动物的皮肤内，其量为肝脏和血液中维生素 D_3 含量的 2～3 倍。动物缺乏维生素 D_3 时，首先动用血液中贮存的维生素 D_3，当血液中维生素 D_3 枯竭时，机体就动用肝脏中贮存的维生素 D。

2. 维生素 D 的作用

维生素 D 能维持血液中钙离子的正常浓度；它与甲状旁腺一起，使钙和磷从骨骼中释出；降低肠道 pH 值，激活肠上皮细胞的运输体系，以增加钙、磷的吸收；调节肾脏对钙、磷的排泄；使血钙与血磷的浓度增加，保证骨骼的正常钙化过程。

3. 维生素 D 的来源

在自然界中维生素 D 的分布有限，但维生素 D 原分布很普遍。植物中不含维生素 D，但植物刈割后经日光中紫外线照射，可使大量的麦角固醇转变成维生素 D_2，故天然干燥的比人工干燥的青干饲料维生素 D_2 含量高。维生素 D 的另一个来源是动物体的皮下、胆汁和血液中所含的 7 - 脱氢胆固醇，经日光中紫外线照射后即可转变为维生素 D_3。动物性饲料中以鱼肝油和肝粉中的含量最丰富。此外，工业上合成的维生素 D，也是主要来源。

4. 维生素 D 缺乏症

维生素 D 长期供应不足或缺乏，可导致机体矿物质代谢紊乱。影响生长动物骨骼的正常发育，常表现为佝偻病，生长停滞；对成年动物，特别是妊娠及哺乳动物则引起骨软症或骨质疏松症。

（三）维生素 E

维生素 E 又名生育酚，天然存在的有 α、β、γ 和 δ 四种，其中，以 α-生育酚分布较广，活性最强。维生素 E 为淡黄色油状物，对热和酸稳定，对碱不稳定，易被氧化。它与维生素 A 或不饱和脂肪酸等易被氧化的物质同时存在时，可保护维生素 A 及不饱和脂肪酸不受氧化，因此，维生素 E 可作为这些物质的抗氧化剂。

1. 维生素 E 的作用

动物体内的维生素 E 主要作为生物催化剂。给缺乏维生素 E 的动物补饲维生素 E 时，则能改善氧的利用而促使组织细胞呼吸过程恢复正常；防止易氧化物质在饲料、消化道及内源代谢中的氧化作用；保护富含脂质的细胞膜不被破坏；对黄曲霉素、亚硝基化合物等具有抗毒作用；调节前列腺素及某些蛋白质的合成；维持肌肉、血管及中枢神经系统正常功能。

2. 维生素 E 的来源

各种饲料中都含有一定量的维生素 E，禾谷类籽实饲料每千克干物质中含 α-生育酚 10～40mg。青绿饲料中维生素 E 的含量比禾本科籽实高 10 倍以上。青绿饲料自然干燥时，维生素 E 损失量可达 90% 左右，人工干燥或青贮时损失较少。蛋白质饲料中维生素 E 的含量较少。

在正常饲养条件下，反刍动物从基础日粮中能获得足够量的维生素 E，并由于饲料中的不饱和脂肪酸在瘤胃中受到加氢作用变成饱和脂肪酸，故对维生素 E 的需要量较少。

3. 维生素 E 缺乏症

幼鹿维生素 E 不足能引起肌肉营养不良而患白肌病，缺硒时能促进症状的出现，因骨骼肌变性而使后躯运动机能障碍；维生素 E 缺乏还会影响鹿的繁殖机能，公鹿睾丸生殖上皮变性，精子形成受阻，精液品质不良，正常精子数量减少；母鹿受胎率下降，即便能够受胎，发生胎儿死亡、产弱仔或胎儿被吸收的可能性也很大。

（四）维生素 K

维生素 K 在体内的作用主要是催化肝脏中凝血酶原以及凝血活素的合成。维生素 K 不足时，限制凝血酶原的合成而使凝血时间延长，伤口不易愈合。各种饲料中均含有一定量的维生素 K，鹿瘤胃微生物也能合成部分维生素 K，所以，正常情况下，鹿不易出现维生素 K 缺乏症。

二、水溶性维生素

水溶性维生素主要有维生素 B 组和维生素 C。维生素 B 组中主要包括维生素 B_1（硫胺素）、维生素 B_2（核黄素）、烟酸、吡哆醇、泛酸、叶酸、维生素 B_{12} 等。B 组维生素主要作为细胞酶的辅酶催化蛋白质、脂肪和碳水化合物代谢中的各种反应。健康成年鹿瘤胃微生物合成的 B 组维生素通常超过机体需要量，不需要由饲料提供。仔鹿瘤胃发育尚未完全时不能合成 B 组维生素，需要由饲料中供给。维生素 C 又称抗坏血酸，在体内主要参与蛋白质及糖类代谢、细胞间质的形成、细胞呼吸作用等过程。鹿体内能合成足够数量的抗坏血酸，故不易缺乏。

第六节　梅花鹿水的营养

水是梅花鹿的重要组成部分，成年梅花鹿体内含水量 55% ~ 60%，血液中含水量 80%，幼年梅花鹿含水量 65% ~ 70%。在组成梅花鹿所有化学成分中以水的含量为最高。梅花鹿体内水分的含量随年龄的增长和体脂肪的沉积而下降。水是生命代谢过程中所必需的。

一、水对梅花鹿的作用

机体内的水称为体液，是在水中溶解了许多无机物和有机物的一种液体。水是组成体液的主要成分，对梅花鹿的正常物质代谢具有特殊的作用。

（一）保持组织形态

梅花鹿体内的水大部分和亲水胶体结合。在蛋白质胶体中的水，直接参与构成活的细胞与组织，因水有强大的表面张力，使细胞充实坚固，并具有一定的弹性与硬度，能使组织具有一定的形态。

（二）参与运输及代谢

水是一种重要的溶剂，饲料中营养物质进入机体内的消化、吸收和运输均须溶解在水中才能正常进行；营养物质代谢所产生的粪和尿也必须有水才能排泄至体外。

（三）调节体温

水对体温的调节起着重要的作用。梅花鹿代谢过程中产生的热通过体液交换和血液循环，水能将体内产生的热经体表皮肤或肺部呼气中散发。同时，水具有很高的蒸发热，蒸发少量的汗水就能散发出大量的热。当环境温度下降时，机体使血管收缩，降低皮肤中的血液流量，减少体表热的散失，以保持体温的相对稳定。

（四）水是一种润滑剂

梅花鹿在活动时，各骨骼间要发生硬摩擦，但关节腔内的润滑剂能使转动时减少摩擦；唾液能使饲料容易吞咽；动物发情时性腺分泌的黏液便于配种。

二、水的来源

（一）饮水

饮水是鹿获取水分的主要来源。供给的饮水必须保证清洁卫生，污染后的水源不适宜作为鹿的饮用水。

（二）饲料水

饲料中所含的水也是机体水的主要来源。各种饲料中的含水量为10%～95%。饮水和饲料水均为外源水，经肠黏膜吸收进入血液，然后输送到身体的各组织器官。

（三）代谢水

动物在代谢过程中，体组织有机物质的合成或分解均要产生水，这种水称为代谢水。动物体内代谢水的形成量很有限，反刍动物的代谢水仅能满足机体需水量的5%～10%，所以并不能满足维持正常生理功能的需要，必须要由饲料或饮水来补充。

三、饮水不足对鹿的影响

水是细胞原生质的主要成分，梅花鹿缺水就不能发挥其正常的生理功能。特殊情况下，梅花鹿若失去体内的全部肝糖原及贮积的脂肪，甚至失去50%的蛋白质，对其生命都不会构成严重威胁，但在动物体内只要失水10%，就会导致代谢紊乱，失水20%生命活动就会受到严重影响。鹿长期饮水不足，会使食欲丧失，消化作用减缓，抗病力降低；幼鹿生长发育迟缓，哺乳母鹿产奶量下降；严重影响生产性能的发挥。

第七节　梅花鹿营养的需要量

一、梅花鹿饲粮适宜营养水平的研究

梅花鹿饲粮适宜钙水平

1. 日粮钙水平对梅花鹿血液某些生化指标的影响

采用单钙因子4个水平（分别为：0.74%、0.92%、1.09%、1.27%）的日粮设计，将选出的37头健康和上年产茸量相近的6岁梅花鹿随机分配到4个日粮处理组中（1组为10头，其他三组各为9头），进行饲养试验，另选4头健康、生茸正常的6岁生茸期梅花鹿，同样接受4个钙水平日粮（同饲养试验）处理，分别放入4个特制的消化代谢笼中，按4×4拉丁方设计进行钙平衡试验。试验结果表明，4个日粮钙水平处理对血清的钙、磷、尿素氮含量和碱性磷酸酶（AKP）活性，均无显著影响（$P > 0.05$）。

2. 日粮钙水平对生茸期梅花鹿营养消化代谢的影响

采用4个钙水平，研究生茸期6岁雄性梅花鹿对营养物质消化代谢的影

响。试验结果表明，4 个日粮钙水平处理对能量、蛋白质、干物质、脂肪的消化率及能量、蛋白质的代谢率等指标的影响，各组间差异不显著（$P > 0.05$），日粮钙水平超过 0.74% 时，不利于梅花鹿对营养物质的消化代谢，因此，在生产中不宜添加过多的钙饲料。

3. 日粮钙水平对 6 岁梅花鹿产茸性能的影响

采用 4 个钙水平（分别为：0.74%、0.92%、1.09%、1.27%）日粮单因子完全随机试验设计，将选出的 37 头健康和上年产茸量相近的 6 岁梅花鹿随机分配到 4 个日粮处理组中（1 组为 10 头，其他 3 组各为 9 头），进行饲养试验。试验结果表明：钙水平及钙磷比分别为 0.74%、1.54 的日粮处理对产茸性能（茸重、茸日增重、茸鲜干比、茸密度、茸的饲料转化率等）的影响效果较好，但各组间差异不显著（$P > 0.05$），在生产中不宜添加过多的钙饲料。

4. 不同钙水平饲粮对梅花鹿瘤胃内主要消化代谢参数的影响

选用 4 头装有永久性瘤胃瘘管的成年梅花公鹿，用 4 种不同钙水平的日粮，按 4×4 拉丁方试验设计，对瘤胃内 pH 值、纤毛虫数、原虫蛋白浓度、氨态氮（$NH_3 - N$）浓度进行了测定分析。结果表明，不同钙水平饲粮对瘤胃 pH 值影响显著（$P < 0.05$），对纤毛虫数、原虫蛋白浓度及 $NH_3 - N$ 浓度影响较小（$P > 0.05$），由以上指标为依据，所得日粮适宜钙水平为 0.74%。

5. 6 岁梅花鹿生茸期饲粮适宜钙水平的研究

选 4 头健康、生茸正常的 6 岁生茸期梅花鹿，分别放入 4 个特制的消化代谢笼中，接受 4 个钙水平（Ⅰ：0.74%、Ⅱ：0.92%、Ⅲ：1.09%、Ⅳ：1.27%）的饲粮处理，按 4×4 拉丁方设计进行钙平衡试验。试验结果表明：4 个饲粮钙水平处理对钙的消化率和代谢率的影响，均以第Ⅰ组效果较好，但各组间差异不显著（$P > 0.05$）；而对磷、氟的消化率和代谢率影响显著（$P < 0.05$），这些指标均随钙水平提高而降低；对血清钙、磷、羟脯氨酸（HPY）的含量、碱性磷酸酶（AKP）活性和尿羟脯氨酸含量的影响各组间差异均不显著（$P > 0.05$）；综合上述结果，在本试验设计范围内，6 岁梅花鹿生茸期饲粮适宜钙水平为 0.74%，钙磷比为 1.54 : 1。

6. 梅花鹿血清羟脯氨酸、碱性磷酸酶活性年周期变化及其相互关系

血清的羟脯氨酸含量和碱性磷酸酶活性变化，生茸期均极显著地高于非生茸期（$P < 0.01$）。血清的羟脯氨酸含量（X）和碱性磷酸酶活性（Y）在年周期变化上呈极显著正相关（$P < 0.01$），其回归方程为 $Y = 5.34X + 13.26$（$r = 0.55$，$n = 25$）。可见，鹿血清羟脯氨酸含量受光周期和鹿生理时期所制约，在非生茸期和短日照条件下，鹿血清羟脯氨酸含量降低。在生茸期和长日照条件下，血清羟脯氨酸含量升高，说明在生茸期机体骨骼降解程度大，反映了鹿茸长期需要动用部分机体骨骼里的营养物质成分转化为鹿茸成分，以满足鹿茸生长对营养物质的需要。机体骨骼需在生茸后期修复，所以在生茸期和生茸后期应补充与骨骼生长有关的营养物质（如钙磷矿物元素等），以预防骨营养不良病的发生和茸生长的减慢。梅花鹿血清碱性磷酸酶活性变化亦受光周期和鹿生理时期所制约，在生茸期和长日照条件下，碱性磷酸酶活性升高，在非生茸期和短日照条件下则降低，进一步验证了血清碱性磷酸酶活性与鹿茸生长有直接关系，血清碱性磷酸酶参与鹿茸的生长。说明在生茸期仅靠日粮中供给钙磷等营养物质是不够的，避免不了要从机体骨骼中动用这部分营养物质，就如同奶牛泌乳期和蛋鸡产蛋期一样。血清碱性磷酸酶活性、羟脯氨酸含量均受性激素的控制，在鹿茸生长的周期中，处于性激素的第一个高峰时，血清碱性磷酸酶活性、羟脯氨酸含量均升高，在处于性激素的第二个高峰时，血清碱性磷酸酶活性、羟脯氨酸含量均降低。

二、梅花鹿饲粮适宜精粗比的研究

梅花鹿在野生状态下主要以树枝叶和野草为食，而在家养状态下，其饲料种类则发生了很大的变化。特别是在农区的圈养鹿，主要以农作物秸秆及其青贮为主要粗饲料，另补充部分精饲料。在鹿茸等鹿产品价格昂贵的情况下，人们常常盲目补充精饲料，导致饲粮精粗比过高，不但不会提高生产性能，长期高精粗比饲粮饲喂，反而使鹿耐粗饲性能退化，造成有的鹿过料、消化不良和饲料成本加大、浪费粮食等弊病，甚至发生酸中毒等营养代谢病。作者以饲粮精粗比对梅花鹿采食量和瘤胃液主要消化代谢参数（pH值、NH_3-N 浓度、纤毛虫数量）的影响以及各指标动态变化规律为依据，

得出梅花鹿饲粮适宜的精粗比为 0.47：0.53。

三、梅花鹿营养需要量

1. 梅花鹿公鹿营养需要量（表 3 - 1）

表 3 - 1　梅花鹿公鹿营养需要量

项目	公鹿休闲期	种公鹿配种期	公鹿育成期	头锯公鹿生茸期	二锯公鹿生茸期	三锯以上公鹿生茸期
精料量（kg/日·头）	0.5～1.0	1.0～1.2	0.2～1.2	1.2～1.4	1.3～1.5	1.6～1.80
日粮中 GE 适宜水平（MJ/kg）	16.5～17.0	16.5～17	17～17.5	17～17.5	16.5～17.0	16.5～17.0
每日每头鹿 NE 需要量（MJ）	4.5～9.0	9.0～10.5	2.5～10.5	10.5～11.5	14.5～15.5	18.5～19.5
日粮中 CP 适宜水平（%）	12～15	17～19	20～21	19～20	17～18	16～17
每日每头鹿 DCP 需要量（g）	210～240	230～260	160～260	290～320	330～360	340～370
日粮中 Ca 适宜水平（%）	0.55～0.60	0.60～0.65	0.60～0.65	0.65～0.70	0.70～0.75	0.75～0.80
每日每头鹿 Ca 需要量（g）	8.5～9.5	9.5～10.5	6.5～10.5	10.5～11.5	11.5～12.5	12.5～13.5
日粮中 P 适宜水平（%）	0.45～0.50	0.45～0.50	0.45～0.50	0.50～0.55	0.50～0.55	0.50～0.55
每日每头鹿 p 需要量（g）	6.0～7.0	7.0～8.0	4.0～8.0	7.0～8.0	8.0～9.0	9.0～11.0
精料中 NaCl 适宜水平（%）	0.5～1.0	1.0～1.5	0.5～1.0	0.5～1.0	0.5～1.0	0.5～1.0
每日每头鹿 NaCl 需要量（g）	9～14	15～20	2～12	12～17	15～20	18～23
精料中 Mg 适宜水平（%）	0.10～0.12	0.10～0.12	0.10～0.12	0.12～0.15	0.12～0.15	0.12～0.15
每日每头鹿 Mg 需要量（g）	0.5～1.0	1.0～1.2	0.2～1.2	1.5～1.8	1.8～2.2	2.2～2.8
精料中 S 适宜水平（%）	0.20～0.25	0.20～0.25	0.25～0.30	0.25～0.30	0.25～0.30	0.25～0.30
每日每头鹿 S 需要量（g）	2.8～3.2	3.2～3.6	3.6～4.0	0.6～3.2	4.9～5.5	5.8～6.4
精料中 Fe 适宜水平（mg/kg）	50～55	55～60	30～40	60～65	65～70	70～75
每日每头鹿 Fe 需要量（mg）	25～55	55～72	6～48	72～91	84.5～105	102～135
精料中 Cu 适宜水平（mg/kg）	6～7	7～8	8～10	15～20	20～25	25～30
每日每头鹿 Cu 需要量（mg）	3.0～7.0	7.0～9.6	1.6～12	18～28	26～32.5	40～54
精料中 Mn 适宜水平（mg/kg）	35～40	40～45	45～50	50～55	55～60	60～75
每日每头鹿 Mn 需要量（mg）	18～40	40～54	9～60	60～77	71.5～80	96～135
精料中 Zn 适宜水平（mg/kg）	30～35	25～30	35～40	45～50	50～55	55～60
每日每头鹿 Zn 需要量（mg）	15～35	25～36	7～48	54～70	65～82.5	88～108
精料中 Se 适宜水平（mg/kg）	0.1～0.15	0.15～0.2	0.20～0.25	0.15～0.20	0.15～0.20	0.15～0.20
每日每头鹿 Se 需要量（mg）	0.05～0.15	0.15～0.24	0.04～0.30	0.18～0.28	0.20～0.30	0.24～0.36

（续表）

项目	公鹿休闲期	种公鹿配种期	公鹿育成期	头锯公鹿生茸期	二锯公鹿生茸期	三锯以上公鹿生茸期
精料中 Co 适宜水平（mg/kg）	0.25～0.35	0.2～0.3	0.3～0.4	0.70～0.75	0.75～0.80	0.80～0.85
每日每头鹿 Co 需要量（mg）	0.13～0.35	0.20～0.36	0.06～0.48	0.84～1.05	0.97～1.2	1.28～1.53
精料中 I 适宜水平（mg/kg）	0.25～0.30	0.20～0.25	0.3～0.35	0.25～0.30	0.3～0.4	0.4～0.5
每日每头鹿 I 需要量（mg）	0.13～0.30	0.20～0.30	0.06～0.42	0.30～0.42	0.39～0.6	0.64～0.8
每日每头鹿 VA 需要量（IU）	8 000～9 000	10 000～12 000	3 200～4 500	7 000～8 000	8 000～9 000	9 000～10 000
每日每头鹿 VD 需要量（IU）	700～800	900～1 000	500～800	800～900	900～1 000	1 000～1 100
每日每头鹿 VE 需要量（IU）	80～100	140～160	50～80	120～140	140～160	160～180
精料中 VB$_1$ 适宜水平（mg/kg）	5～10	10～15	5～10	10～15	10～15	10～15
精料中 VB$_2$ 适宜水平（mg/kg）	5～10	10～15	5～10	10～15	10～15	10～15
精料中 VB$_{12}$ 适宜水平（μg/kg）	20～25	20～25	25～30	20～25	20～25	20～25

2. 梅花鹿母鹿营养需要量（表 3 - 2）

表 3 - 2　梅花鹿母鹿营养需要量

项目	配种期	妊娠期	哺乳期	育成期
精料量（kg/日·头）	0.6～0.8	0.8～1.0	1.0～1.2	0.2～0.8
日粮中 GE 适宜水平（MJ/kg）	15.5～16	15.5～16	16～16.5	16～16.5
每日每头鹿 NE 需要量（MJ）	8.0～9.0	8.5～10.5	10.3～12.5	5.5～7.5
日粮中 CP 适宜水平（%）	17～19	14～16	16～17	20～21
每日每头鹿 DCP 需要量（g）	130～160	160～190	200～270	130～220
日粮中 Ca 适宜水平（%）	0.50～0.55	0.55～0.60	0.60～0.65	0.65～0.70
每日每头鹿 Ca 需要量（g）	5.5～6.5	6.5～7.5	7.5～8.5	5.0～8.0
日粮中 P 适宜水平（%）	0.40～0.45	0.45～0.48	0.48～0.52	0.52～0.54
每日每头鹿 p 需要量（g）	3.5～4.5	4.5～5.5	5.5～6.5	3.0～5.5
精料中 NaCl 适宜水平（%）	0.5～1.0	0.5～1.0	0.5～1.0	0.5～1.0
每日每头鹿 NaCl 需要量（g）	6～7.5	7.5～10	10～12.5	2～7.5
精料中 Mg 适宜水平（%）	0.15～0.2	0.10～0.15	0.15～0.2	0.10～0.2
每日每头鹿 Mg 需要量（g）	0.9～1.2	0.8～1.0	1.5～1.8	0.2～0.8
精料中 S 适宜水平（%）	0.25～0.3	0.20～0.25	0.25～0.3	0.25～0.3
每日每头鹿 S 需要量（g）	1.8～2.2	2.2～2.6	2.6～3.0	0.6～2.2

（续表）

项目	配种期	妊娠期	哺乳期	育成期
精料中 Fe 适宜水平（mg/kg）	50～55	55～60	60～65	50～55
每日每头鹿 Fe 需要量（mg）	30～44	44～60	60～65	10～44
精料中 Cu 适宜水平（mg/kg）	6～7	7～8	8～10	8～9
每日每头鹿 Cu 需要量（mg）	3.6～5.6	5.6～8.0	8.0～12	1.6～7.2
精料中 Mn 适宜水平（mg/kg）	35～40	40～45	45～50	35～40
每日每头鹿 Mn 需要量（mg）	21～32	32～45	45～60	7～32
精料中 Zn 适宜水平（mg/kg）	30～35	25～30	35～40	25～30
每日每头鹿 Zn 需要量（mg）	18～28	20～30	35～48	5～24
精料中 Se 适宜水平（mg/kg）	0.1～0.15	0.15～0.2	0.20～0.25	0.15～0.20
每日每头鹿 Se 需要量（mg）	0.06～0.12	0.12～0.2	0.2～0.25	0.03～0.16
精料中 Co 适宜水平（mg/kg）	0.25～0.35	0.2～0.3	0.3～0.4	0.25～0.35
每日每头鹿 Co 需要量（mg）	0.15～0.28	0.16～0.30	0.3～0.48	0.05～0.28
精料中 I 适宜水平（mg/kg）	0.25～0.30	0.20～0.25	0.30～0.35	0.25～0.30
每日每头鹿 I 需要量（mg）	0.15～0.24	0.16～0.25	0.3～0.42	0.15～0.24
每日每头鹿 VA 需要量（IU）	12 000～14 000	10 000～12 000	8 000～10 000	2 400～3 200
每日每头鹿 VD 需要量（IU）	1 000～1 200	1 000～1 400	800～1 000	200～500
每日每头鹿 VE 需要量（IU）	100～120	80～100	100～120	40～50
精料中 VB_1 适宜水平（mg/kg）	5～10	5～10	10～15	5～10
精料中 VB_2 适宜水平（mg/kg）	5～10	5～10	10～15	5～10
精料中 VB_{12} 适宜水平（μg/kg）	20～25	20～25	25～30	20～25

第四章

梅花鹿的饲料利用技术

第一节 梅花鹿常用精饲料

一、能量饲料

（一）能量饲料的种类及一般营养特性

能量饲料包括谷物籽实类、糠麸类、块根块茎类、糟渣类等。即指每千克绝干物质中消化能含量在 10.5MJ 以上，粗纤维含量低于 180g，粗蛋白含量低于 200g 的饲料。其特点是能值含量高，粗纤维、蛋白质和必需氨基酸含量低，钙、维生素 A、维生素 D 缺乏。

1. 谷物籽实、糠麸类

谷物籽实基本都属于禾本科植物种子，含有丰富的无氮浸出物，占干物质的 70% ~ 80%，其中，淀粉占 80% ~ 90%。但其蛋白质含量低，干物质中仅在 8% 左右，一些必需氨基酸含量低，特别是赖氨酸和蛋氨酸明显不足，需要补充蛋白质饲料加以平衡。钙在谷物中含量一般低于 0.1%，而磷的含量却为 0.30% 以上，在饲料中必须添加钙矿物质元素来调节钙磷的平衡。谷物籽实类饲料亦非常缺乏维生素 A 和维生素 D，但 B 族维生素含量却十分丰富。

（1）玉米　其能量一般每千克干物质高于16MJ，玉米适口性好，且种植面积广，产量高，所以是比较普遍应用的精饲料之一，居谷物籽实的首位。但玉米的粗蛋白含量偏低、质量较差，蛋白质约为8%，赖氨酸、蛋氨酸、色氨酸缺乏，需给予补充。

（2）高粱　无氮浸出物为81.6%，其产热量大，消化率高，高粱粗脂肪也高于玉米、小麦、燕麦等，粗蛋白质含量介于各种谷物之间（为9.4%）。其含单宁较高，有预防腹泻的作用，但鹿采食过多，易发生单宁中毒。另外，高粱的钙、磷含量比例也不理想。

（3）大麦　无氮浸出物含量多，可消化养分高于燕麦，梅花鹿可大量喂大麦，喂时稍加粉碎即可。粗蛋白质含量比较高，约为12%，同时其质量也较好，赖氨酸含量在0.52%以上。

（4）燕麦　燕麦的粗纤维含量高达10.9%，其脂肪含量很低，约为4.4%，其无氮浸出物含量在主要的几种谷物饲料中为最低（67.6%），但是其突出优点是粗蛋白质含量高，为13.2%，大大高于一般的谷物，且其钙、磷比在几种主要的谷物中为最佳，所以燕麦也宜作为梅花鹿精饲料之一。

（5）小麦麸　蛋白质含量较高，可达12.5%~17%，B族维生素丰富，核黄素与硫胺素含量分别是每千克3.55mg和8.8mg。麦麸质地松软，适口性好，且密度较小，适合填充鹿瘤胃容积，不仅在能量上满足需要，更让其有饱腹之感。但麦麸中钙、磷比极不平衡，干物质中钙含量为0.16%，而磷含量为1.31%，麦麸用做饲料时应特别注意补充钙，以调整钙、磷平衡。

（6）稻糠　干物质中粗灰分含量一般是11.9%，粗纤维为13.7%，粗蛋白质含量为13.8%左右，粗脂肪含量可达14.4%，由于其脂肪组成中很大比例为不饱和脂肪酸，所以不耐贮存，易氧化酸败，另外米糠所含的钙、磷比例也很不平衡，所以使用时应注意钙的补充。

2. 块根、块茎及瓜类饲料

块根、块茎及瓜类饲科包括胡萝卜、甘薯、木薯、饲用甜菜、马铃薯、菊芋块茎、南瓜等。根茎、瓜类最大特点是水分含量高，达75%~90%，相对干物质含量少，但从干物质的营养价值来看，它们都归属于能量饲料，其干物质中粗纤维含量较低，有些为 2.1% ~ 3.24%，有些为 8% ~ 12.5%，无氮浸出物含量达 67.5% ~ 88.1%，且大多为易消化的糖分、淀粉或聚戊糖，所以消化能较高，每千克干物质含 13 ~ 15MJ 的消化能。但大量采食该类饲料后，易发生瘤胃臌胀，饲喂时应控制采食量。新鲜根茎、瓜类饲料的能量营养价值，按干物质计各种类间差异较小，而按鲜重计则能量相差较大。该类饲料的缺点是蛋白质含量低，如甘薯、木薯的粗蛋白质分别只有 4.5% 和 3.3%，且其中相当大的比例是属于非蛋白质的含氮物质。其优点是某些维生素含量丰富，如南瓜中核黄素含量可达 13.1mg/kg，甘薯和南瓜中均含有胡萝卜素，特别是胡萝卜中的胡萝卜素的含量很高，此外块根与块茎中钾盐含量丰富。

（1）甘薯 又名番薯、红苕、地瓜、山芋、红（白）薯等，是我国种植最广、产量最大的薯类作物，其块根富含淀粉。用作鹿饲料，无论是生喂还是熟喂鹿均爱吃，尤其是对抓膘和泌乳期间的鹿，有促进消化、蓄积体脂和增加泌乳量的作用。但黑斑甘薯（被甘薯黑斑病侵染的病薯）味苦，含有毒性酮，应禁止饲用。

（2）马铃薯 又名土豆、山药蛋等，其块茎干物质中 80% 为淀粉，可用作能量饲料。无氮浸出物消化率为 85%。马铃薯一般经熟制后饲喂效果好。日晒后变绿的块茎，因含有毒物质龙葵素，故禁止饲喂。

（3）木薯 又称树薯等。经过处理后的木薯淀粉，无氮浸出物含量可达 70%，可用作能量饲料，但其含蛋白质低，质量差，缺乏蛋氨酸、胱氨酸和色氨酸。

（4）胡萝卜 胡萝卜虽列入能量饲料，但因其鲜样中水分含量高、容积大，所以生产中并不依靠它来提供能量，主要是在冬季作为多汁饲料和胡萝卜素补充料。

（5）饲用甜菜 其干物质含量为 8% ~ 11%，含糖 5% ~ 11%，甜菜所含无氮浸出物主要是蔗糖，也含少量淀粉与果胶。但甜菜喂量不宜过多，刚收获的甜菜不宜马上饲喂，否则易引起下痢。

3. 糟渣类饲料

该类饲料是酿造、制糖、食品工业的副产品，其含水量高，约为60%～90%；干物质中粗纤维含量高，且变化幅度大，在4.9%～40.3%，高出原料数倍；能值较低；粗蛋白质较其原料中高出20%～30%，容积大，质地松软，有填充胃肠作用，使鹿有饱腹感，可促进胃肠蠕动和消化。

（1）酒糟　粗纤维含量高且因原料不同变化幅度较大，粗纤维占干物质的4.9%～37.5%，无氮浸出物含量低，为40%～50%，粗蛋白质含量高，在20%以上。可作为鹿的优良饲料，酒糟营养含量稳定，但不齐全，饲喂过多可引起便秘，所以饲喂时应与谷实、饼粕类、糠麸等搭配，并辅以贝粉、骨粉等及青绿饲料，饲喂量一般不超过20%，对妊娠后期母鹿应减量，以防止母鹿早产或流产。

（2）甜菜渣　是制糖副产品。其纤维含量较高，粗蛋白质含量较低，且干渣吸水量大，体积可膨胀3倍，因此饲喂前需加足够水，浸泡开方可饲喂。饲喂量不易过多。

（3）糖蜜　又称糖浆，主要成分为糖，糖含量为50%～60%，粗蛋白质约占干物质13.1%，灰分8%～9%。糖蜜不仅自身营养价值高，能量高且易消化，有甜味，可改善饲料味道，提高适口性。糖蜜可提高鹿的瘤胃微生物的活性，所以在饲喂非蛋白氮时，常在尿素中加糖蜜，制成氨化糖蜜。饲喂量可占饲料的3%～4%。

另外，啤酒糟、豆腐渣等，均可作为鹿的饲料。

4. 草籽树实类

草籽、树实营养价值一般较高，可代替部分谷实类或糠麸类饲料，以补充能量饲料的不足。常用的有稗、白草子、沙枣、野燕麦、苋菜、野山药、水稗子等。如橡子比玉米含淀粉量少15%左右，单宁约10%，而粗蛋白质、粗脂肪含量则相差无几，故可以作为较好的补充饲料。但橡子中含有单宁，鹿采食过多容易发生便秘。

（二）能量饲料的加工调制

1. 机械加工

（1）磨碎、压扁、制粒　大麦、燕麦及水稻等籽实的壳坚实，不易透水，如鹿咀嚼不完全进入胃肠时，不易被各种消化酶或微生物作用而整粒排出，影响消化吸收，所以在喂鹿前，要进行磨碎、压扁、制粒等加工调制。但不可磨得过细，否则粉状饲料的适口性反而变差，如麦粉内含谷蛋白较多，容易糊口，在胃肠里容易形成面团状物，很难消化，而磨得太粗则达不到粉碎的目的。对于鹿来说，粒度在 2~3mm 为宜。磨碎后保存时间不宜太长，所以最好现喂现粉碎。为了提高适口性，可以将饲料粉碎后压扁或制成颗粒，压扁或制成颗粒后还可节约饲料，便于贮存。

（2）湿润　鹿饲料粉碎后，一般粉尘较多，饲喂前必须使其湿润，粉料湿润后还可提高适口性，软化饲料，减少浪费。水料比为 1:1，气温高时 1 天料分 2 次湿润，气温低时 1 天料 1 次湿润即可。

（3）蒸煮与焙炒　蒸煮与焙炒可以使饲料中的淀粉部分转化为糊精而产生香味，提高饲料的适口性和消化率，在幼鹿上效果更好。

2. 发芽、糖化与发酵

在冬季缺乏青饲料的情况下，妊娠母鹿适当应用发芽、糖化与发酵饲料有较好效果。

（1）发芽　籽实发芽有长芽与短芽之分，长芽（6~8cm）以提供维生素为主要目的，短芽则利用其含有的各种酶，以供制作糖化饲料或用以促进食欲。能量饲料发芽方法：用做发芽的有新收获能量饲料大麦、小麦、青稞和稻谷等的谷粒。发芽时用几个木制的托盘，长为 1 米，宽为 0.5 米，边缘高约 6cm，盘底有若干小孔或小缝，这样的托盘可装谷粒 4kg 左右。再将托盘放在架子上，每层的距离应在 12cm 以上。架子应放在 20℃ 左右、阳光能照射到的室内。谷粒在发芽前，要在温暖的室内浸泡 48 小时，使其膨胀，然后均匀地撒在托盘内，厚度在 3cm 以下。上面盖以麻袋或秸秆，每天浇水 3 次。但不要浇水过多，以防烂根。经过 2 天左右时间，当谷粒刚长出幼芽时应去除麻袋或秸秆，并将木架移到阳光能照射到的地方。经过 1 周左右就可完成。

（2）糖化　饲料的糖化是为了改进饲料的适口性，增进食欲，提高饲料利用率。饲料的糖化可以采用加入麦芽的方法，或利用各种饲料本身的酶来进行。用于糖化的能量饲料，首先要粉碎，再装在容器内，厚度约为

30cm，然后将90℃的水倒入容器内，水料比为2.5∶1，搅拌均匀后即可静置不动，保持温度60~65℃，2~4小时即可完成。经糖化好的饲料，冷却到室温应马上饲喂，以防因放置过久而酸败。

（3）发酵　能量饲料发酵，是为了提供维生素、各种酶和酸，提高适口性，促进鹿消化功能。发酵饲料制作方法，每100kg粉碎的能量饲料中加入0.5~1.0kg酵母，将酵母先用温水稀释化开后，将30~40℃的温水150~200L倒入发酵箱中，再慢慢地加入稀释过的酵母，一边搅拌，一边倒入100kg的饲料，使搅拌均匀，以后每30分钟搅拌1次，经6~9小时就可完成。发酵环境温度应保持20~27℃。

二、蛋白质类饲料

（一）植物性蛋白质饲料

蛋白质饲料是粗蛋白质含量为20%及20%以上，粗纤维含量低于18%的豆类、饼粕类饲料等。蛋白质饲料不仅富含蛋白质，而且各种必需氨基酸均较谷实类多，蛋白质品质优良，其生物学价值高，可达70%以上，无氮浸出物含量低，占干物质27.9%~62.8%，维生素含量与谷实类相近。有些豆类籽实中脂肪含量高。能量价值与能量饲料差别不大。

1. 豆类

主要有大豆、黑豆、蚕豆、豌豆等。其突出的优点是：①蛋白质品质较好，赖氨酸含量较高，为1.08%~2.88%。②可消化蛋白质比谷实高3~4倍。其缺点是：①蛋氨酸含量不足，含0.07%~0.73%，蛋氨酸占蛋白质的比例过低。②豆类饲料在未熟化状态下含一些有害物质，如抗胰蛋白酶、抗甲状腺肿诱发因素、皂素与抗血凝集素等。这些物质如不经处理，会影响适口性、消化率及正常生理过程。③豆类中钙磷比例失调，还缺乏核黄素、维生素A、维生素D等，使用时应注意钙和维生素的添加。

（1）大豆　富含蛋白质和脂肪，干物质中粗蛋白质为30.6%~36%，脂肪为11.9%~19.7%，营养物质易消化，蛋白质的生物学价值优于其他植物蛋白质饲料，赖氨酸含量高达2.09%~2.56%，蛋氨酸含量少，为0.29%~0.73%。大豆含粗纤维少，且脂肪含量高，因此能值较高。大豆中钙磷比例不适宜，胡萝卜素和维生素 D、硫胺素、核黄素含量也不高，但优于谷物籽实。饲粮中大豆可占 20% 左右。

（2）蚕豆　是以蛋白质和淀粉为主要成分的豆科籽实。其脂肪含量低于大豆，但无氮浸出物含量高于大豆，为 47.3% ~ 57.5%，是大豆的 2 倍多，粗蛋白质占干物质的 23% ~ 31.2%，总营养价值与大豆相当，蚕豆在鹿饲粮中一般不超过 15%。

（3）豌豆　也是以蛋白质和淀粉为主要成分的豆类饲料。无氮浸出物含量高达 47.2% ~ 59.9%，干物质中蛋白质含量为 20.7% ~ 33.6%，因此能值较高，与谷物籽实相当，其蛋白质含量低于大豆，但氮的利用率高于大豆。营养价值与大豆基本相同。

2. 饼粕类饲料

该类饲料有大豆饼和豆粕、棉籽饼、菜籽饼、花生饼、芝麻饼、向日葵饼、亚麻籽饼等。其共同特点是油脂与蛋白质含量高，而无氮浸出物含量通常低于谷物，营养价值较高。

（1）豆饼和豆粕　大豆饼和豆粕是我国最常用的主要植物性蛋白质饲料。浸提豆粕较机榨豆饼适口性差，饲后有腹泻现象，经加热处理，不良作用即可消失。添加蛋氨酸与赖氨酸可提高其利用率。

（2）棉籽饼　是提取棉籽油后的副产品，一般含有 32% ~ 37% 的粗蛋白质。棉籽饼对鹿的利用价值很大，只要不过量或单独饲喂，就无毒害作用。仔鹿精料中棉籽饼可占 10%，成年鹿可占精料的 20% 左右。

（3）菜籽饼　油菜为十字花科植物，籽实含粗蛋白 20% 左右，榨油后籽实中油脂减少，粗蛋白相对增加到 30% 以上。菜籽饼含毒素较高，主要源于芥子甙，各种芥子甙在不同条件下水解，会生成异硫氰酸酯，严重影响适口性，经去毒处理后可保证饲喂安全。鹿对菜籽饼毒性不敏感，饲喂量可控制在 15% 左右，但也要同其他饲料共同使用，才能收到较好效果。

（4）花生饼　带壳花生饼含粗纤维 15% 以上，饲用价值低。国内一般都去壳榨油，去壳花生饼所含蛋白质、能量较高，花生饼饲用价值仅次于豆饼。花生饼本身无毒，但因贮存不当可产生黄曲霉，贮存时切忌发霉。

（5）亚麻籽饼　亚麻又叫胡麻，在我国东北和西北栽培较多。其种子榨油后的副产品即亚麻籽饼，是主要蛋白质饲料。因为赖氨酸等养分不足，所以亚麻籽饼应与其他蛋白质饲料混合饲喂。另外，还有葵花籽饼、芝麻籽饼等，都是鹿很好的植物性蛋白质饲料。

3. 加热和甲醛处理对大豆蛋白在梅花鹿瘤胃内动态降解的影响

采用尼龙袋技术，用3头装有永久性胃瘘管的成年梅花鹿公鹿，测定了加热（将大豆用慢火炒熟，再粉碎通过2.5mm筛孔）和甲醛（将浓度为36%甲醛，用自来水稀释20倍后，取蛋白质量的0.6%甲醛稀释液与其生大豆粉（过2.5mm筛孔）混合均匀，贮于密闭容器中48小时，然后充分晾干，使甲醛气味完全挥发后即可使用）处理对大豆蛋白质在鹿瘤胃内动态降解的影响。结果表明，加热和甲醛处理的大豆蛋白质在鹿瘤胃内动态降解率均显著或半显著低于未处理组（$P < 0.05$ 或 $P < 0.01$），甲醛处理组又极显著低于热处理组（$P < 0.01$）。

（二）动物性蛋白饲料

鱼粉

梅花鹿是珍贵的特种药用经济反刍动物。鱼粉作为优质蛋白质饲料，对鹿茸生长有促进作用，早在1980年，金丽山等人就有这方面的报道。近年来，应用鱼粉的鹿场越来越多，且增茸效果较好，其原因是：鱼粉不仅常规营养成分优于其他蛋白质饲料，而且在瘤胃中降解率较低，因而增加了进入小肠的可消化蛋白质数量，改善茸鹿氮沉积状况，充分发挥了茸鹿的遗传潜力。但在养鹿生产中，有的鹿场在使用时，尚存在不当之处。因此，就如何添加鱼粉作一简要说明，供养鹿业同行参考。

（1）要根据茸鹿的营养需要进行添加　在营养基拙条件合理的情况下，才能有效，也就是说要有合理的基础日粮配方。如1～5岁梅花鹿生茸期精料补充料的蛋能比应为54～42g/兆卡，1～5岁梅花鹿公鹿休闲期蛋能比应为46～36g/兆卡，母鹿妊娠和泌乳期精料补充料的蛋能比应为42～56g/兆卡。梅花鹿育成期精料补充料的蛋能比应为66g/兆卡。再如精粗比应为4：6等条件也应满足。

（2）要根据生产性能高低添加　对高产茸鹿为发挥其遗传潜力，应适量添加，但其在精料中添加量最多不应超过5%；而对中低产茸鹿则无必要添加鱼粉，以免造成浪费。

（3）要根据茸鹿不同的生物学时期而具体添加 在成年公鹿生茸期，种公鹿配种期，母鹿妊娠和哺乳期，仔鹿育成期添加。作者以不同鱼粉添加量饲粮对梅花鹿瘤胃液主要消化代谢生理参数 pH 值、$NH_3 - N$ 浓度、纤毛虫数量影响以及各生理参数动态变化规律为依据，得出梅花鹿饲粮中鱼粉的适宜添加量为 3%。

（4）在添加鱼粉时要考虑经济效益 鱼粉的价格较高，因而绝不能以鱼粉充当茸鹿日根的全部蛋白质饲料或占比例过大，使饲料成本过高。

（5）在添加鱼粉时，还要注意适口性的问题 茸鹿对鱼粉有一个适应过程，开始应少加，逐渐增加，否则会降低日粮适口性，影响采食量。

（6）添加鱼粉 应测定鱼粉（尤其是国产鱼粉）中的含盐量，同时要相应地降低食盐添加量，以防食盐中毒。

（三）非蛋白氮饲料

非蛋白氮是指尿素、缩二脲、氯化铵、多磷酸铵、氨水等一类非蛋白质态的含氮化合物的总称。鹿瘤胃中有大量的微生物，这些微生物分泌尿素酶，能将非蛋白氮分解成氨，再由微生物合成氨基酸而构成菌体蛋白，当瘤胃内容物到达真胃及肠道时被蛋白酶消化，从而被动物体吸收满足其蛋白质的需要。从瘤胃微生物发酵机理分析，非蛋白氮和豆饼类提供的氮素具有相当的营养功能，因此，可利用非蛋白氮代替部分植物和动物性蛋白质饲料，以提供合成微生物蛋白的氮源。

1. 非蛋白氮主要种类

非蛋白氮主要种类有尿素，含氮 46%；硫酸铵，含氮 20%~21%，含硫 25%~26%；硫酸氢铵，含氮 17%；氯化铵，含氮 25%；多磷酸铵，含氮 27%，含五氧化二磷 34.4%；液氨，含氮 82%；氨水，含氮 12%~17%；异丁基双脲，含氮 30.3%；脂肪酸尿素，含氮 34.5%；尿素磷酸盐，含氮 17.7%，含磷 19.6% 等。

（1）尿素 易溶于水，吸水性强，易结块，很难与固体饲料混合使用。将尿素加工成含氮 42% 的饲用尿素，使每粒尿素都有高岭土或其他非吸湿性物质包裹着，可避免尿素结块。尿素有很重的苦味，使用量大时，会影响采食量，将尿素与糖蜜混合则可改善适口性。一些豆类，尤其大豆的籽实有尿素酶，它能分解尿素，降低饲料适口性，易使鹿发生氨中毒，所以尿素不要与大豆等含尿素酶的饲料混合使用，但加热后的大豆等豆类饲料，因尿素酶被消除，可以与尿素同用。

（2）缩二脲　又名双缩脲，略溶于水，使用较安全可靠，氮的利用率高，适口性较尿素好，贮藏及加工性能好，也适用于制备青贮料时使用。缩二脲对鹿几乎是无毒的，其突出优点是在瘤胃氨释放缓和，与天然蛋白质饲料氨释放速度相近，有利于微生物的利用，从而提高了氮的利用率和使用的安全性。

（3）硫酸铵　易溶于水。它不仅是氮源，也是硫源，所以硫酸铵最好与尿素混合使用，其比例为（2~3）∶1。

（4）碳酸氢铵　易溶于水，不稳定，易分解为氨和二氧化碳及水，有氨味，适口性差。

（5）氯化铵　易溶于水，加热易分解为氨和氯化氢，一般含氮25%，蛋白质当量为136%。

（6）多磷酸铵　是一种高浓度的氮磷复合肥料。一般含氮27%，含五氧化二磷34.4%，易溶于水，可作为鹿饲料的氮源和磷源。

（7）液氨和氨水　液氨也称无水氨，含氮82%，氨水是氨的水溶液，氨味呛人，有毒害作用。需有特殊运输、贮存、喷洒设备。用氨水处理饲料，可以补充饲料中蛋白质不足和提高饲料品质。对青贮料、酸性糟渣、酒糟和秸秆饲料都可用氨水做氨化处理。即用3%的氨水与粉碎后的玉米秸或小麦秸按1∶1的比例混合，搅拌均匀，装入塑料口袋中，密封1周后即可饲用。

（8）异丁基双脲　是在中性或碱性条件下，用蛋白质乳化剂将异丁醛与尿素缩合而成。含氮量为30.3%。在瘤胃中释放速度比尿素慢得多，几乎与豆饼一样。

（9）脂肪酸尿素　是由脂肪酸和尿素形成的分子间化合物，为颗粒或粉状，不吸潮，不黏结，容易与饲料混合。脂肪酸尿素不但具有阻碍尿素分解的作用，而且所含脂肪又能供给微生物蛋白质合成所需的能量，是比较安全、效果较好的非蛋白氮饲料。

（10）尿素磷酸盐　是以磷酸和尿素为基本原料，在一定条件下反应制成的，含氮量为 17.7%，含磷量为 19.6%。尿素磷酸盐呈酸性，在瘤胃中释放氨的速度缓慢，不致发生氨中毒。并且在瘤胃液中具有较高的脱氢酶活性，因而强化了饲料中营养物质的吸收和利用。

（11）糖蜜脲　是化学合成的非蛋白氮液体饲料。缓解了氨的释放，避免了氨中毒。糖本身是碳水化合物，提供了微生物利用氨时所需的能源，又促进瘤胃微生物大量繁殖，因此，在低蛋白质的粗饲料中添加糖蜜脲，可收到良好的效果，可代替鹿蛋白质需要量的 30%。

2. 饲喂非蛋白氮的常用方法

有制成尿素精料喂给、做成青贮料、尿素砖、尿素秸秆压缩饲料、氨化秸秆饲料等方法。

（1）制成尿素精料　按尿素 20%，糖蜜 14%，秸秆粉 51%，磷酸氢钙 10.5%，碘化食盐 3.5%，添加剂 1% 的比例配合，再与其他能量饲料混合饲喂。

（2）做成青贮料　向青贮原料中加入 0.5% 的尿素、0.2% ~ 0.3% 的硫酸铵、0.5% ~ 0.6% 的氯化钴。

（3）尿素砖　40% 的尿素、47.5% 的食盐、10% 的糖蜜、2.5% 的磷酸钠和少量的钴制成尿素砖，供鹿舔食。

（4）尿素秸秆压缩饲料　70% 秸秆、12% 的谷物、13% 甜菜干粕和 5% 的尿素制成颗粒饲料或饼状饲料喂鹿。

（5）氨化秸秆饲料　氨是一种碱性物质，可起到碱化作用，进行氨解反应，提高秸秆含氮量和纤维素的利用率。消化率可提高 20% 左右，粗蛋白含量可提高 1.5 ~ 3 倍。①堆贮法。将秸秆堆成垛，用塑料薄膜密封，再注入氨化剂进行氨化处理的方法。塑料薄膜应无破损。堆垛场地应高燥、平坦、中部微凹，以贮氨水。堆垛场地用塑料薄膜铺底，薄膜四周留 45 ~ 75cm 的边，用于上下折叠压封。堆好秸秆，一般高 2.5m。盖上塑料薄膜，除上风头外，三面要用土压严，将注氨管从未封一面沿 0.5m 高度插入秸秆堆内，注入氨水量为秸秆重量的 10% ~ 12%。若用尿素处理，则配制浓度为2%的尿素溶液，然后分层、均匀、细雾喷洒在秸秆堆上，盖上塑料薄膜、压严，每层秸秆厚度为30～40cm，喷洒量为秸秆重量的20%。日间气温高于30℃时，需5～7d，20～30℃时需7～14d，10～20℃时需14～28d，0～10℃时需28～56d。②窖贮法。是将秸秆装入窖内用塑料薄膜盖严，再注入氨化剂进行氨化处理的方法。将秸秆粉碎或切短装入窖内，满窖后用塑料薄膜覆盖，留出上风头注氨口，其余周边用土封严，由注氨口注入，每100kg秸秆3kg氢氧化氨，或注入18%的氨水，秸秆与氨水量比为6：1。注氨后封严窖口。③缸贮法和袋贮法。缸贮法与窖贮法相同，适宜于氨水处理。袋贮法与堆贮法相同，但充氨后，口袋嘴要扎紧。

（6）糊化淀粉尿素　由20%～25%的配合料和50%的含钠黏土及20%～25%的尿素，经高温高压，制成3～5mm的尿素淀粉混合小块喂鹿。该方法缓释效果好，使用安全，淀粉又被糊化，适口性增强，不影响采食量。糊化淀粉尿素缓释料能起到明显的缓释作用，是鹿理想的非蛋白氮补充料。2mm以下不同粒度对糊化淀粉尿素缓释料在梅花鹿瘤胃内的降解率影响差异不显著（$P > 0.05$），而不同加工批次糊化淀粉尿素缓释料在梅花鹿瘤胃内的动态降解率差异显著（$P < 0.05$）。采用拉丁方设计，研究了梅花鹿饲粮糊化淀粉尿素氮水平对某些生化指标和营养物质消化代谢的影响。结果表明：饲粮糊化淀粉尿素氮水平对血氨含量、血糖含量、鹿尿量、鹿排尿素氮总量等指标的影响，各处理组间差异均不显著（$P > 0.05$）。而对梅花鹿血清尿素氮含量、尿中尿素氮含量影响显著（$P < 0.05$）。饲粮糊化淀粉尿素氮水平对能量、氮、干物质的消化率及能量、氮的代谢率等指标的影响，各处理组间差异均不显著（$P > 0.05$），饲粮糊化淀粉尿素氮水平达到0.75%（28.35g/d·头）对梅花鹿生化指标和营养物质消化代谢没有不良影响，6岁梅花鹿生茸期饲粮中添加0.75%的糊化淀粉尿素氮是安全的。

3. 影响非蛋白氮利用的因素

（1）瘤胃内微生物的合成能力　瘤胃内微生物的合成能力直接影响非蛋白氮利用，要提高瘤胃内微生物的合成能力，就要满足微生物所需的各种营养条件。微生物合成微生物蛋白时要有足够的易发酵能量饲料。蛋白质水平不宜过高，因为当日粮中有足够蛋白质时（超过12%），微生物首先利用天然饲料中的蛋白质，从而降低对非蛋白氮的利用率。蛋白质水平也不宜过低，微生物合成微生物蛋白时可溶性蛋白质必不可少。蛋白质稍不足时，非蛋白氮可代替部分蛋白质，日粮中蛋白质水平为9%～12%时，用尿素将蛋白质当量调到16%～18%效果较好。合成微生物蛋白时要有足够矿物质，特别是钴和硫（用于合成维生素 B_2 和含硫氨基酸的原料），氮硫的比例在（8～15）：1较好。

（2）非蛋白氮的分解速度　非蛋白氮的分解速度也影响非蛋白氮利用。瘤胃微生物蛋白质合成速度是非蛋白氮分解速度的1/10～1/4，影响了微生物蛋白质的合成，甚至中毒。抑制非蛋白氮分解速度，是提高微生物蛋白质的合成方法之一。主要采用重金属（铜、铁、锌）抑制酶活性和用分解缓慢的非蛋白氮（双缩脲、脂肪酸尿素、异丁基缩二脲）及保护剂（蜡、树脂、甜菜等包裹非蛋白氮）保护方法。

4. 非蛋白氮的用量

非蛋白氮数量过高不利于微生物的利用，一般不超过总氮需要量的1/3为宜，混合精料1%或占日粮的0.5%。

5. 中毒与防治

> **非蛋白氮使用注意事项**
>
> 3月龄以下的仔鹿禁用。尿素用量要由少到多，逐渐增加，使瘤胃微生物区系适应于尿素的添加。禁止与水共饮，以免直接进入真胃，最好加在混合精料内或同淀粉类饲料、食盐等矿物质饲料制成尿素矿物质饲料砖，供鹿舔食，或制作含尿素0.5%的玉米青贮。每天饲用的尿素总量分多次饲喂。不要与豆科的生籽饼和鲜茎秆一起喂。防止雨淋及潮湿，避免结块。鹿空腹时不能饲喂大量尿素。日粮结构不要变化太大，病弱鹿也不要喂非蛋白氮。还得均匀混合、限制用量，以提高适口性。

非蛋白氮饲喂过量，在瘤胃内形成大量的游离氨，pH值增大，氨进入血液的量增加，当超过肝脏转化氨的能力时，血氨浓度就会升高，每100ml超过1mg时，就会出现氨中毒。其症状为呼吸急促，肌肉震颤，出汗不止，动作失调。严重时，口吐白沫，一般在饲喂后15～40分钟内出现，如不及时治疗，0.5～2.5小时即死亡。治疗氨中毒最常用的方法是灌注15L凉水，

使瘤胃的温度降低，抑制尿素的溶解，使氨浓度下降。也可灌注 2L 稀释的 0.5% 醋酸或同一浓度的乳酸，最好再加入 1L 20% 的糖溶液。

（四）蛋白质饲料的加工与调制

1. 去毒处理

豆及豆饼粕类中存在抗胰蛋白酶、尿素酶、血细胞凝集素、皂角苷、甲状腺肿诱发因子等有害物质，需经去毒处理才可喂鹿。这些有毒物质经加热处理后可去毒，但在处理时要防止加热过度，以免造成赖氨酸等营养物质的损失，一般在 140～150℃以下 2.5 分钟，或 100℃、30 分钟处理效果较好。

2. 优质蛋白过瘤胃处理

鹿对氮的需要存在着鹿本身和其瘤胃微生物需要的动态平衡。对于高产鹿，仅瘤胃微生物蛋白不能满足其需要，还必须由日粮提供足够的过瘤胃蛋白。豆及豆饼粕类是茸鹿常用的优质蛋白质饲料，因其在鹿瘤胃内降解率过高，而在通常条件下微生物利用非蛋白氮合成微生物蛋白量是一定的，故天然大豆蛋白质不能有效地被鹿利用，造成蛋白质资源的浪费。因此，加强大豆蛋白质在瘤胃内的保护，进而增加进入小肠蛋白质的数量，具有重要意义。热处理和甲醛处理都可以抑制微生物对大豆蛋白降解，而且热处理还可以去除大豆中的抗胰蛋白酶和尿素酶的活性，进一步提高了大豆的营养价值。甲醛处理保护大豆蛋白的方法是，将浓度为 36% 甲醛，用自来水稀释 20 倍后，取蛋白质量的 0.6% 甲醛稀释液与其生大豆粉（过 2.5mm 筛孔）混合均匀，贮于密闭容器中 48 小时，然后充分晾干，使甲醛气味完全挥发后即可使用。

3. 根据梅花鹿蛋白质新体系进行添加非蛋白氮

关于梅花鹿的蛋白质需要及饲料的蛋白质营养价值，世界各国长期以来均采用粗蛋白质（CP）或可消化蛋白质（DCP）体系。但随着对梅花鹿营养研究的不断深入，特别是近 20 年的研究，发现粗蛋白质体系没有反映出饲料蛋白质在瘤胃中的降解率和瘤胃微生物蛋白质的合成量，所以无法知道进入小肠的总蛋白质或氨基酸，因此旧体系不能准确地指导各种生产水平的饲养，造成饲料蛋白质的浪费或不能发挥生产能力。瘤胃微生物蛋白质合成量的估测是国内外新蛋白质体系的重要组成部分。瘤胃微生物的生长依赖于由日粮提供的可利用能和氮源，所以目前国际上所采用的估测方法，都是根据瘤胃中可利用或降解氮转化为微生物蛋白的效率去确定。

（1）用可利用能估测瘤胃微生物蛋白质合成量 MCP　用每千克瘤胃可发酵有机物质 FOM 产生的瘤胃微生物蛋白克数（MCPg/FOMkg）比较稳定，平均为 168.9MCPg/FOMkg。在目前尚无条件将所有饲料都进行 FOM 评定时，亦可将 FOM 换算成饲料瘤胃可消化有机物 DOM，其平均值为 FOM = DOMX0.85，常规饲料为 144MCPg/DOMkg，糊化淀粉尿素饲料为 139MCPg/DOMkg。

（2）用瘤胃可降解蛋白 RDP 估测的瘤胃微生物蛋白质合成量 MCP 瘤胃微生物对常规日粮降解氮的利用率（MN/RDN）与瘤胃中日粮降解氮和可利用能之比（RDNg/DOMkg）呈对数回归关系：

MNg/RDNg = 3.2869 − 0.7368lnX

式中，X 为 RDNg/DOMkg；MN 为微生物氮，RDN 为瘤胃日粮降解氮，DOM 为可消化有机物质。常规日粮 MN/RDN 可按 0.9 计算，处理的尿素日粮可按 0.8 计算，普通尿素按 0.7 计算。

（3）能氮平衡　瘤胃中可利用能或降解氮的量较高，故当单独用可利用能或降解氮去估测瘤胃微生物蛋白质合成量时，会发生两者所估测结果不一致，这是由瘤胃中的能和氮的不平衡所致。因此，我们提出了瘤胃能氮平衡的观点和应用方法，即瘤胃能氮平衡 = 用可利用能估测的 MCP − 用 RDP 估测的 MCP = DOM × 144 − RDP × 0.9。式中 DOM 为饲料瘤胃可降解有机物；RDP 为饲料瘤胃可降解蛋白，DOM，RDP 评定方法见尼龙袋法，也可查营养价值表，0.9 为 RDP 转化为 MCP 的平均效率。如能氮平衡的结果为零，则表明平衡良好；如为正值，则说明能量有多余，这时应增加 RDP；如为负值，则表明应增加能量，使达到日粮的平衡，避免能量或降解氮的浪费。

（4）根据能氮平衡添加尿素

梅花鹿尿素的有效用量 ESU（g）= 瘤胃能氮平衡 ÷（2.8 × 0.8）

其中，2.8 为尿素的粗蛋白质当量，0.8 为尿素氮被瘤胃微生物利用的合理日粮效率。例如，梅花鹿日粮的能氮平衡为 + 100gMCP，则：ESU =

28 ÷ （2.8×0.8）＝12.5（g），表明该日粮当加 12.5g 尿素时比较合理。如果瘤胃能氮平衡为负值，则饲喂尿素无效，应添加能量饲料。

第二节　梅花鹿常用粗饲料

一、粗饲料的种类及其一般营养特性

粗饲料是指体积大、难消化、可利用营养少、干物质中粗纤维含量在 18% 以上的一类饲料。容重相对较小，粗纤维含量高，但因鹿是反刍动物，所以能很好地消化利用。粗饲料适口性不如精饲料，但其容重小，同样质量的粗饲料，较精饲料更易使鹿产生饱腹感，所以相对精饲料而言，粗饲料也有自身优点，是养鹿业不可缺少的一类重要饲料。粗饲料主要包括树枝叶类、青干草类、农副产品类、青绿饲料类。

（一）树枝叶类

林区的树木嫩枝叶、落叶，除少数不能饲用外，多数都适宜做鹿粗饲料。有的优质嫩枝叶还是鹿很好的蛋白质和维生素来源。如柞树、洋槐、穗槐等树叶，按干物质计粗蛋白质含量都高于 20%。树木的嫩枝叶不但可为鹿提供粗饲料，割取后还可达到树木通风、透光的目的，促进树木的生长，但长期过量割取，可影响树木的生长，破坏森林，破坏环境，所以树木的嫩枝叶不足时，提倡用牧草及农副产品代替。适宜用做鹿饲料的树种还有杨、柳、榛、桦、椴、桃、梨、楸、胡枝子以及松等数百种针、阔叶树种，这些树种的叶及嫩枝条鹿都喜食，且消化率高。柳、桦、榛等青叶中胡萝卜素含量可达 270mg/kg，松针叶中含有丰富的维生素 C、维生素 D、维生素 E 及钴胺素等，并含有铁等微量元素。树木的干黄落叶收集后，一样适于做鹿的饲料，落叶中营养成分不高，主要以粗纤维为主，但其容重小，鹿采食后有饱腹感，且因鹿为反刍动物，对落叶的消化率很高，所以树木的干黄落叶也是鹿很好的饲料来源。树叶一般在春季时营养价值较好，特别是蛋白质含量为全年最高，但在夏秋季节粗脂肪和粗纤维含量上升，无氮浸出物变化不大。有的树叶含有单宁，有涩味，但对鹿影响不大，且少量的单宁可起到收敛健胃的作用。

（二）青干草类饲料

青干草类饲料指青饲料在未结籽实以前，刈割下来经晒干或用其他干制方法制成，制干后仍保留一定的青绿颜色，故叫青干草，干制青饲料主要是为了保存青饲料的营养成分，便于平稳供应，以代替青饲料供应不受季节性限制，青饲料干制后会比青饲料和青贮饲料提高维生素 D 含量，对于冬季育成鹿和妊娠母鹿大有益处。

（三）农副产品类

稿秕饲料是稿秆和秕壳的简称，稿秆指的是秸秆和叶，秕即秕谷。稿秕来源于谷类作物，如小麦、大麦、黑麦、稻谷、燕麦等，也包括豆秸等其他农作物秸秆、荚皮。总的来说稿秕的可消化蛋白较低，粗纤维含量高，因此稿秕不是优质饲料，其主要用途在于填充和稀释高浓度精料，其对鹿是必需的粗饲料。

1. 秸秆类

主要有稻草、玉米秸、麦秸、豆秸、谷草、高粱秸等。

（1）玉米秸　玉米秸具有光滑的外皮，质地坚硬，鹿对玉米秸粗纤维的消化率为65%左右，对无氮浸出物的消化率为60%左右。为了提高其饲用价值，可只把玉米秸的上部作饲料。玉米秸青绿时胡萝卜素含量较多，一般为 3～7mg/kg。生长期短的春播玉米秸，比生长期长的春播玉米粗纤维少，易消化，同一株玉米，上部比下部营养价值高，叶片较茎秆营养价值高，易消化，鹿较喜食，玉米梢的营养价值稍优于玉米芯，和玉米包叶营养价值相仿。青玉米梢营养价值优于玉米秸，产量也很高，因其含一定糖分，所以鹿较喜食，且粗纤维含量不是很高，所以消化率很高，割青梢后玉米穗的干燥率高于不割青梢的玉米，由于割青梢改善了果穗后期的通风和光照条件，反而提高了实际产量，又为鹿提供了优良的饲料，对于贪青晚熟品种玉米，早期割梢，提高了果穗干燥率，从而提高了果穗实际产量。由于饲喂需要或因生产季节的限制，未等玉米成熟即行青刈，成为青刈玉米。青刈玉米青嫩多汁，适口性好，适于作鹿的青饲料，青刈玉米可鲜喂，也可制成干草或青贮供冬春饲喂，其鲜草中粗蛋白质和粗纤维的消化率分别为 65% 和 67%，而粗脂肪和无氮浸出物的消化率分别高达 72% 和 73%，为优质饲料。

（2）稻草　稻草是我国南方主要粗饲料，其营养价值低于麦秸、谷草等，可作鹿的粗饲料，消化率约为 51%。稻草中含粗蛋白 3%～5%，粗脂肪为 1% 左右，消化能低于 8.4MJ/kg，其灰分含量较高，但钙磷比例小，尤其缺钙，所以饲喂稻草时应补充钙，稻草经氨化处理后，氮的消化率可提高 20%～35%；用烧碱处理的稻草，其消化能可提高 15%～30%。

（3）麦秸　小麦是我国仅次于水稻、玉米占第三位的粮食作物，其秸秆量在麦类秸秆中也最多，因麦秸难消化，是质量较差的粗饲料。但麦秸含有很高的粗纤维，经粉碎氨化、碱化加工处理后，仍可适于鹿的饲喂。从营养价值和粗蛋白的质量来看，大麦秸要好于小麦秸，春播小麦优于秋播小麦。另外，燕麦秸也是较好的饲料。

（4）豆秸　是大豆、豌豆、豇豆等豆科作物成熟后的副产品。主要是茎及少量的干枯黄叶，维生素已分解，蛋白质减少，茎已经木质化，但与禾本科秸秆比较，豆科秸秆的粗蛋白质与消化率都较高。一般来说，风干大豆秸对鹿的消化能为 7MJ/kg，所以大豆秸等豆科秸秆特别适于喂鹿，尤其是豆秸上往往带有豆荚，营养价值有所提高。此外，青刈大豆茎叶，营养价值接近紫花苜蓿，所以也可密植大豆，以提供蛋白质饲料。

（5）谷草　粟的秸秆通称谷草，是营养价值丰富的粗饲料，其可消化粗蛋白、可消化总养分均高于麦秸、稻草等，是比较优质的禾本科秸秆，谷草的产量亦很高，北方地区 5 月下旬播种的粟，每公顷可产干谷草 4 500kg以上，若青刈则可产干草 7 500kg 左右，特别是开始抽穗时收割的干草，含粗蛋白 9%～10%，粗脂肪 2%～3%，质地柔软，适口性好。

2. 秕壳类

秕壳类是农作物籽实脱壳后的副产品，包括谷壳、高粱壳、豆荚、花生壳、棉籽壳、秕壳等，除花生壳、稻壳外，荚壳营养成分一般高于其秸秆。尤以豆荚中的大豆荚最具代表性，是一种比较好的粗饲料。豆荚含无氮浸出物 12%～50%，粗纤维 53%～40%，粗蛋白 5%～10%，饲用价值较好，适于鹿的利用。稻壳饲用价值较低，一般不用作喂鹿，但经碱化、氨化等特殊处理，也可少量饲喂，棉籽壳含少量棉酚，饲喂时可搭配青绿饲料和其他饲料等，饲喂价值也较高，用来饲喂鹿时，为防止棉酚中毒，不宜连续饲喂。

（四）青绿饲料

青饲料种类繁多，但均属植物性饲料，包括天然牧草、栽培牧草、蔬菜类饲料等。富含叶绿素，含水量大于 60%。能量低，含有酶、激素、有机酸，有助于消化。青饲料与精饲料和粗饲料相比，青饲料中含有优质的蛋白质，一般赖氨酸较多，所以优于谷物籽实蛋白质，青饲料能为鹿提供维生素来源，特别是胡萝卜素，可达 50～80mg/kg。青饲料中矿物质含量约占鲜重的 1.5%～2.5%，特别是钙、磷比例适宜，所以以青饲料为主的动物不易缺钙，这在养鹿业中尤为重要。

1. 天然牧草

我国天然草场面积很大，生长着优良的牧草，这些牧草适宜发展传统畜牧业，同样适于发展养鹿。牧草干物质中无氮浸出物含量为 40%～50%；粗蛋白含量稍有差异，禾本科牧草粗纤维含量约为 25%，含钙多于磷。因此，总的来看，豆科牧草的营养价值较高；禾本科牧草粗纤维含量高，但适口性较好，也是优良的牧草；菊科牧草往往有特殊香味，动物不喜采食。

2. 栽培牧草与青饲作物

（1）豆科牧草　豆科牧草在我国有 2000 年的栽培历史，是优质青饲料，主要有紫花苜蓿、紫云英、苕子、蚕豆苗、大豆苗等。栽培豆科牧草对鹿非常适宜，其特点是营养价值高，适口性好，特别是干物质中蛋白质含量高，且消化率一般在 78% 以上。其缺点是早春草质幼嫩，鹿如贪青多采食，易发生瘤胃臌胀。

（2）禾本科牧草　专门栽培作为青饲和放牧的禾本科牧草，在国内有青饲玉米、青饲高粱、小麦草、苏丹草、燕麦、大麦等。广泛栽培可解决鹿的粗饲料来源问题。

（3）蔬菜类饲料　此类饲料包括叶菜类、根茎瓜类的茎叶如甘蓝、白菜、甘薯藤、胡萝卜茎叶，其中尤以甘薯藤最为突出。甘薯藤作为鹿的粗饲料是非常有潜力的，除干、鲜饲喂外，还可通过青贮方法加工。

（4）饲用青饲料应注意以下 4 个问题 ①防止亚硝酸盐中毒。②防止氢氰酸和氰化物中毒，主要是由马铃薯幼芽、高粱苗、玉米苗等所含的氰甙在鹿的瘤胃中转化而来。③防止草木樨中毒，主要由牧草霉败时产生的双香豆素所致。④防止残留农药中毒。

二、粗饲料的加工与调制

充分利用粗饲料，减少精料用量，是降低养鹿饲养成本的有效途径之一。同时，粗饲料过腹还田，可提高土壤肥力，降低种植业生产成本，减少环境污染，促进农牧业良性循环，具有明显的生态效益。要有效地利用粗饲料养鹿，则掌握粗饲料加工技术十分必要。

（一）青干饲料的调制与贮存

干草是家养鹿舍饲的主要饲料，制备大量的优质干草，是保证全年饲料的均衡供给、稳步发展养鹿业的一个重要措施。调制青干饲料，可以抑制绿色植物体内的酶和微生物的活动，长期保存青饲料中的养分，合理调制的干草，营养价值远比秸秆高得多；优质青干草要求含水量在 17% 以下，不混杂有毒有害物质，色绿而有干草特有的芳香味，含叶量丰富。

1. 晒制干草的方法

（1）田间干燥法 可根据当地的气候、牧草生长、人力及设备等条件的不同，而采用平铺晒草、小堆晒草，或者两者结合等方式进行，以能更多地长期保存青饲料中的养分为原则。具体做法是，青草刈割以后，即可在原地或另选地势较高处将青草摊开暴晒，每隔数小时，可根据当时气候及牧草含水情况适当翻晒，以加速水分的蒸发，估计水分已降低到 50% 左右时，可把青草耙集成高约 1m 的小堆，继续逐渐风干，如遇下雨，则小堆外层盖好塑料布，以防雨水冲淋，待天气晴朗时，再倒堆翻晒，直到干燥为止。田间干燥法的优点是，初期干燥快，可减少因植物细胞呼吸造成的养分损失；后期接触阳光暴晒的面积小，能更好地保存青草中的胡萝卜素；在堆内干燥，可适当发酵，形成脂类物质，使干草具有特殊的香味；茎叶干燥的速度较一致，可减少叶片嫩枝的损失；便于覆盖，以防雨水冲淋。

（2）架上晒草法 在雨多地区或逢阴雨季节晒草，宜采用架上晒草法晒草。草架的形式多样，有独木架、角堆架、棚架、长架等，可用木、竹、金属制成，以轻便坚固能拆开为佳。在架上堆放的青草，要堆放成圆锥形或屋脊形，要堆得蓬松些，厚度不超过 70～80cm，离地面要有 20～30cm，堆中要留有通道，外层要平整并保持一定的倾斜度，以便排水，在架上干燥时间需 1～3 周，根据天气情况而定。架上晒草法比田间干燥法养分损失减少 10%。

2. 干草的贮存

（1）草棚堆存　在气候潮湿、干草需用量不大的鹿场，为了取用方便，应建造简易的棚舍贮存干草。草棚堆存，只需建一个防雨雪的顶棚和一个防潮的底垫即可。干草贮存时，应使棚顶与干草保持一定距离，以便通风散热。

（2）露天长方形草垛　在干草数量多时，宜采用长方形草垛，该方法暴露面少，养分的损失也相对较少。露天长方形草垛应选在鹿舍附近，地势稍高些，草堆方向应与当地冬季主风方向平行，堆底宽 3.5～4.5m，堆肩宽 4～5m，顶高 5～6.5m，堆长不少于 8m。应从两边开始往里一层一层地堆积，分层踩实，中间部分稍稍隆起，堆积至肩高时使全堆取平，然后往里收缩，最后堆积成 45 度倾斜的屋脊形草顶，以使雨水顺利下流，不致进入草堆内。

（3）露天圆形草垛　干草数量不多又较细小，宜采用圆形草垛。和露天长方形草垛比，该方法暴露面大，养分的损失也相对较多。但在干草含水量较高的情况下，由于圆堆蒸发面积大，发生霉烂的危险性较少。露天圆形草垛也应选在鹿舍附近、地势稍高的地方，堆底直径 3.0～4.5m，堆肩直径 3.5～5.5m，顶高 5～6.5m。应从四周开始，把边缘先堆齐，然后往中间填充，中间部分稍稍隆起，往里一层一层地堆积，分层踩实，堆积至肩高时使全堆取平，然后往里收缩，最后堆积成 45 度倾斜的圆锥形草顶，再把四周的乱草耙齐，以使雨水顺利下流，不致进入草堆内。

（二）粗饲料青贮的调制方法

1. 青贮原理

在厌氧环境下，使乳酸菌大量繁殖，将饲料中的淀粉和可溶性糖变成乳酸，当乳酸积累到一定浓度时，便抑制了微生物的继续繁殖，即可把青贮料的养分长时间保存下来。

2. 青贮条件

原料要有一定的含糖量（如含糖多的玉米秸和禾本科青草等较适宜作青贮原料，含糖量至少 1% ~ 1.5%）、含水量（65% ~ 75%）、适宜温度（19 ~ 37℃），并需厌氧环境（将原料切碎 2 ~ 5cm、逐层压实，以排出空气，短时间内青贮完）。

3. 青贮优点

（1）营养丰富　一般秸秆晒干后，养分损失 20% ~ 30%，而青贮后仅损失 3% ~ 10%。尤其能保存维生素。由于乳酸菌的作用，菌体蛋白含量比青贮前提高 20% ~ 30%。

（2）适口性好、消化率高　在青贮过程中经微生物发酵，产生大量芳香族化合物，有芳香味，适口性好。与晒干的秸秆比，消化率有所提高。

（3）可长期保存　一般青贮秸秆保存一年不影响质量，管理得当，保存多年也不霉坏。

（4）可预防家畜中毒　玉米、高粱产生的氢氰酸，可由微生物分解，同时抑制亚硝酸盐的合成。

（5）青贮秸秆所占空间比干秸秆小　青贮秸秆容量 450 ~ 750kg/m³（含干物质 150kg），而干秸秆容量 70kg/m³（含干物质 60kg）。

（6）安全可减少火灾，还可消灭秸秆中的病菌、虫卵，减少对家畜的危害。

4. 秸秆特殊青贮

（1）加酸青贮　加无机酸或缓冲液，可使 pH 值迅速降至 3.3 ~ 3.5，抑制腐败菌、霉菌的活动，达到长期保存的目的 1 000kg。青贮原料中加人 85% 的甲酸 2.5kg。

（2）加甲醛青贮　甲醛能抑制青贮过程的各种腐败菌微生物活动，消化率比一般青贮提高 20%。按青贮料重量的 0.1% ~ 0.66% 添加浓度为 5% 的甲醛溶液。

（3）接种乳酸菌青贮　抑制其他有害微生物的作用。1 000kg 青贮原料中加入乳酸菌剂 450g。

（4）高蛋白青贮　添加非蛋白氮，利用微生物合成菌体蛋白，可提高可消化蛋白含量。青贮原料中加入尿素、硫酸铵或氨水混合物 0.3% ~ 0.5%。

（5）加酶制剂青贮　酶制剂可使部分多糖水解成单糖，淀粉酶、糊精酶、纤维素酶、半纤维素酶有利于乳酸菌发酵。按青贮料重量的 0.01% ~ 0.25% 添加酶制剂。

（6）加盐青贮　可促进细胞渗出液汁，有利于乳酸菌的发酵。按青贮料重量的 0.2% ~ 0.5% 添加。

（三）干粗饲料氮化处理技术

氨是一种碱性物质，可起到碱化作用，进行氨解反应，提高干粗饲料中纤维素的利用率，还可提高含氮量。消化率可提高 20% 左右，氮可提高 1.5 ~ 3 倍。

（四）干粗饲料碱化处理技术

用生物学上允许的碱及其混合物处理干粗饲料，可以破坏木质素与纤维素的联系，并提高干粗饲料中的含氮物质和潜在的碱度，从而提高干粗饲料营养价值。

1. 石灰水浸泡

100kg 秸秆加 3kg 生石灰（或 9kg 熟石灰），0.5 ~ 1kg 食盐和 150kg 水，保持 12 ~ 24 小时，然后，用清水冲洗过量的残留碱。此法费劳力，耗水多，污染环境，水溶性营养物质也受损失。

2. 干粗饲料干法生产颗粒技术

向切碎的秸秆中加入 25% 的氨溶液，或 15% 的氢氧化钠、尿素溶液，制成颗粒。要限量饲喂，梅花鹿 1 ~ 2kg，马鹿 1.5 ~ 2.5kg，但费用高。

3. 干粗饲料微生物发酵技术

利用各种真菌、霉菌均可以降低木质素，提高饲料消化率和营养价值。较常用的有白腐真菌、纤维素毛壳菌、解脂假丝酵母、牡蛎蘑菇的真菌等，能产生分解木质素的过氧化物酶，但要求的条件高，效果不稳定。

第二节　梅花鹿常用粗饲料

第三节　梅花鹿常用矿物质饲料

一、梅花鹿常用食盐

食盐即氯化钠，是钠和氯的供给源，为了补充这两种物质，必须喂给鹿食盐。食盐刺激唾液的分泌，促进其他消化酶的消化能力，并且可改善饲料的味道，增进鹿的食欲作用，为机体维持体细胞的正常渗透压所必需。用植物性的饲料喂鹿，钠比氯更容易缺乏，有时用硫酸钠、碳酸钠代替一部分。在缺碘地区，可用加碘食盐一起补充碘，食盐要求碘含量≥0.007%，食盐干物质≥98.5%，钠≥39.2%，氯≥60.61%。

二、梅花鹿常用钙饲料

（一）碳酸钙

一般以优质石灰石粉碎制成，也有的将石灰石烧成氧化钙，加水制成石灰乳，使二氧化碳与其反应生成碳酸钙饲料。本品为淡灰到灰白色，无味、无吸湿性。该产品要求含碳酸钙≥95%，含钙≥38%，水分≤1.0%，盐酸不溶物≤0.2%，重金属≤0.003%，砷≤0.000 2%，钡盐≤0.005%，细度在30~50微米。鹿用碳酸钙饲料粒度应≥0.30毫米（60目），粒度越细，吸收率越高。

（二）贝壳及蛋壳粉

贝壳及蛋壳粉饲料，是分别用新鲜贝壳及蛋壳经烘干后粉碎制成的。一般含钙≥24.4%。应用该产品时要注意是否有污染。

（三）硫酸钙

本品俗称石膏，颜色多呈灰黄色或灰白色，淡灰黄色，无味。要求该产品中含钙≥20.3%，含硫≥16.7%，铅≤1.6mg/kg，砷≤0.3mg/kg，氟≤51mg/kg。

（四）其他钙饲料

主要有氯化钙、乳酸钙、白云石、葡萄糖酸钙、方解石、白垩石等。

三、梅花鹿常用磷饲料

（一）磷酸钙类饲料

1. 磷酸二氢钙饲料

白色结晶性粉末，磷酸二氢钙的 70% 可在水中溶解，其水溶液呈弱酸性，不溶于酒精。饲料级磷酸二氢钙应达到下列标准：磷 $\geq 22\%$，钙 $\geq 15\% \sim 18\%$，氟 $\leq 0.18\%$，铅 $\leq 0.003\%$，砷 $\leq 0.0002\%$，细度要求 95% 的磷酸二氢钙添加剂饲料能通过 4 500μm 试验筛。

2. 磷酸氢钙饲料

白色结晶性粉末，在水、稀盐酸、柠檬酸中溶解，饲料级磷酸氢钙饲料标准，干燥减重 $\leq 2.2\%$，磷 $\geq 16.5\%$，钙 $\geq 21\%$，氟 $\leq 0.18\%$，铅 $\leq 0.003\%$，砷 $\leq 0.0002\%$，细度要求 95% 的磷酸二氢钙添加剂饲料能通过 4 500μm 试验筛。

（二）磷酸钠类饲料

1. 磷酸二氢钠饲料

白色粒状或白色粉末，可溶于水，吸湿性大。磷酸二氢钠饲料，磷含量不低于 23%，钠不低于 19.13%。使用该添加剂时，要考虑钠的需要量，以防钠过量。

2. 磷酸氢二钠饲料

无色透明的单斜晶形结晶，在空气中其结晶水不稳定，可溶于水，而不溶于酒精，水溶液呈碱性。磷酸氢二钠饲料，磷 $\geq 21.6\%$，钠 $\geq 31.6\%$，氟 $\leq 0.125\%$，铅 $\leq 50mg/kg$，砷 $\leq 12mg/kg$。使用该饲料时，也要考虑钠的需要量，以防钠过量。

3. 磷酸钠饲料

无色或白色六方晶形结晶，可溶于水，而不溶于酒精，水溶液呈强碱性。

（三）磷酸铵类饲料

有磷酸二氢铵和磷酸氢二铵，均为白色结晶性粉末。磷酸二氢铵饲料，磷≥24.4%，氮≥11.6%，氟≤0.15%，水分≤2.5%，粒度在3~5mm。本品给鹿既可提供磷源，同时又提供非蛋白氮氮源，本品所提供的氮，换算成蛋白质量后，不可超过日粮的2%。磷酸二氢铵饲料易吸潮结块，应贮存在干燥处。

四、梅花鹿常用镁饲料

（一）硫酸镁

为无色柱状或针状结晶，无臭，有苦味，无潮解性。该产品标准为，硫酸镁（$MgSO_4 \cdot 7H_2O$）含量≥90%，硫酸镁（以镁计）≥9.7%，砷≤0.0002%，重金属≤0.001%，氯化物（以氯计）≤0.014%，该产品细度要求95%以上通过孔径400μm试验筛。因本品具有轻泄作用，应限制用量，特别是对于仔鹿。

（二）氧化镁

灰白或灰黄色的细粒状，稍具吸水性，应贮藏于干燥场所。氧化镁含镁55%，用于鹿效果较好。

五、梅花鹿常用硫饲料

（一）硫酸钾

含硫17.5%，含钾43%，无色或粉红色，无臭，无吸湿性。提供硫的同时也提供钾源。

（二）硫酸铵

无色透明的斜方结晶，或者粒状结晶。可溶于水。可提供硫和氮源，贮存于干燥条件下。补充的硫量不宜超过日粮干物质的0.05%。另外，蛋氨酸和硫酸钠也可提供硫。

第四节 梅花鹿常用添加剂类饲料

一、梅花鹿常用营养性添加剂

(一) 维生素类添加剂饲料

维生素添加剂主要有维生素 A 添加剂、维生素 D 添加剂、维生素 E 添加剂、维生素 K 添加剂和维生素 B_1 添加剂、维生素 B_2 添加剂、维生素 B_6 添加剂、维生素 PP 添加剂、氯化胆碱添加剂、泛酸钙添加剂、生物素添加剂、叶酸添加剂和维生素 B_{12} 添加剂等。

(二) 梅花鹿常用微量元素类添加剂

1. 铜盐添加剂饲料

(1) 硫酸铜 分无水盐和有水盐两种。有水硫酸铜为蓝色粉状结晶，无臭，易溶于水。无水硫酸铜为白色结晶性粉末，无臭，易溶于水。饲料级硫酸铜 ($CuSO_4 \cdot 5H_2O$) 含量 ≥98.5%，硫酸铜 (以铜计) 含量 ≥25.06%，砷 ≤0.000 4%，重金属 ≤0.001%，水不溶物 ≤0.2%，该产品细度要求95%以上通过孔径800μm试验筛。贮藏不应有结块。本品易促进不稳定的脂肪氧化而造成酸败，同时破坏维生素。

(2) 氧化铜 为黑或褐色的粉末，无臭，不具吸水性。纯度要求含氧化铜95%以上，含铜75%以上。99%通过800μm筛。

(3) 碳酸铜 为淡绿或深绿色的细粉末，无臭，不具吸水性。纯度要求含碳酸铜95%以上，含铜55%以上。90%可通过325标准筛。

2. 铁盐添加剂饲料

通常用硫酸亚铁，分子式为 $FeSO_4 \cdot nH_2O$ (n＝1 或 7)。硫酸亚铁一水化合物为灰白色粉末，七水化合物为绿色或黄色结晶性粉末，两者易溶于水。一水和七水硫酸亚铁含量分别为 ≥91% 和 ≥98%，铁含量分别为 ≥30% 和 ≥19.68%，砷 ≤0.000 2%，重金属 ≤0.002%，水不溶物 ≤0.2%，该产品细度要求95%以上通过孔径180μm试验筛。七水硫酸亚铁稳定性好，但若暴露于空气和水气中，亚铁会变成三价铁，降低利用率，颜色愈趋褐色，三价铁含量越高，破坏越严重。在添加剂预混料中若有氧化锰时，避免使用七水硫酸亚铁。

3. 锰盐添加剂

主要用硫酸锰，该产品为白色带红色粉末，无臭，可溶于水，具有一定的稳定性。饲料级硫酸锰（$MnSO_4 \cdot H_2O$）含量≥98%，锰含量≥31.8%，砷含量≤0.000 5%，重金属含量≤0.001%，水不溶物含量≤0.05%，该产品细度要求95%以上通过孔径250μm筛。

4. 锌盐添加剂饲料

（1）硫酸锌 饲料用硫酸锌一般为一水盐，也有七水盐，一水盐硫酸锌为乳黄色至白色粉末，七水盐为无色结晶或白色结晶粉末，两者均稍有药味，溶于水。一水和七水硫酸锌含量分别为≥94.7%和≥97.3%，锌含量分别为≥34.5%和≥22.0%，砷含量≤0.000 5%，重金属含量分别≤0.002%和≤0.001%，水不溶物≤0.05%，两种产品细度分别要求95%以上通过孔径250μm和800μm试验筛。水中溶解度越高越好，杂质越少。

（2）氧化锌 分子式为ZnO，白色粉末，不具潮解性，稳定性好。饲料添加剂氧化锌应达到下列标准：氧化锌含量≥95%，锌含量76.3%，铅含量≤0.005%，镉含量≤0.001%，砷含量≤0.001%，细度要求95%以上通过150μm试验筛。

5. 碘添加剂饲料

碘化钾，该产品为白色结晶性粉末，无臭，具有苦味及咸味。碘化钾添加剂饲料要求碘含量≥75.7%，砷含量≤0.000 2%，重金属含量≤0.001%，钡含量≤0.001%，水分含量≤1%，该产品细度要求95%以上通过孔径800μm筛。碘化钾易潮解，稳定性差，与其他金属盐类无法相溶，所释放的游离碘对维生素均构成威胁，故尽可能少用该品，鹿用加碘盐后更不用添加本品。

6. 硒盐添加剂饲料

亚硒酸钠添加剂饲料，该产品为白色稍带粉红色粉末。溶于水，饲料级亚硒酸钠（Na_2SeO_3）含量应≥98%，硒含量≥44.7%，干燥减量≤1.0%，溶解试验结果为全溶并清澈透明，硒酸盐及硫酸盐含量≤0.03%，水分含量≤2%，汞含量≤0.000 5%，铅含量≤0.08%。该产品为高毒添加剂饲料，在日粮中的用量不应超过3～5mg/kg，并且要与饲料混合均匀。

7. 钴盐添加剂饲料

氯化钴添加剂饲料，为红色或紫红色结晶，有潮解性，易溶于水和醇。饲料级氯化钴（$COCl_2 \cdot 6H_2O$）含量应≥96.8%，钴含量≥24.0%，水不溶物≤0.03%，砷含量≤0.000 5%，铅含量≤0.001%，该产品细度要求95%以上通过孔径800μm试验筛。该产品为高毒添加剂饲料，在日粮中的用量不应超过需要量，并且要与饲料混合均匀。

（三）氨基酸添加剂饲料

1. 蛋氨酸添加剂饲料

为白色与淡黄色片状或粉末状晶体，易溶于水。饲料级蛋氨酸纯度应≥98.5%，重金属≤0.002%，砷含量≤0.000 2%，水含量≤0.5%，氯化物≤0.2%。

2. 赖氨酸添加剂饲料

为白色与淡褐色粉末状，易溶于水，稍有异味。饲料级赖氨酸纯度应≥98.5%，水含量≤1%，重金属≤0.003%，砷含量≤0.000 2%，铵盐≤0.04%，灼烧残渣≤0.3%。

二、非营养性添加剂

（一）中药添加剂饲料

1. 理气消食、助脾健胃类

主要有陈皮、神曲、麦芽、枳实、山楂等。

2. 活血化瘀、促进代谢类

主要有红花、益母草、当归、鸡血藤、桃仁等。

3. 补气壮阳、滋阴养血类

主要有人参、西洋参、党参、黄芪、当归、何首乌、五加皮等。

4. 清热解毒、杀菌抗病类

主要有金银花、连翘、荆芥、柴胡、野菊花、麦饭食等。

5. 安神定惊类

主要有松针、远志、五味子、酸枣仁、柏子仁等。

6. 驱虫除积类

主要有槟榔、贯众、使君子、百部、硫黄等。

（二）酶制剂

纤维素酶，该品可使纤维素链开裂，使饲料中纤维素易消化。市售的纤维素酶，一般都混有少量的软化酶、半纤维素酶、淀粉酶和蛋白酶等，以增强纤维素酶的作用。在仔鹿和育成鹿饲料中添加效果更好。购买时要注意酶的活性和有效期。

（三）微生态制剂

微生态制剂也称益生素、促生素、生菌剂、活菌制剂等。它是一种可通过改善肠道菌群平衡而对动物施加有利影响的活微生物饲料添加剂。国内市场上的微生态制剂主要以乳酸杆菌、双歧杆菌、大肠杆菌、肠球菌、链球菌、芽孢杆菌、酵母菌、棒状杆菌、表皮葡萄球菌及其他生长促进菌种为主。菌种必须进行严格的分类鉴定。这些菌种在自然的生境中必须是无毒无害，原则上来源于自然生境再回归于自然生境。活菌数是质量控制指标之一。

（四）青贮饲料添加剂

目的是抑制有害微生物的活动，减少营养成分的损失，防止青贮饲料的腐败。

1. 无机酸添加剂

盐酸、硫酸、磷酸用于高水分青贮料。由于这些酸腐蚀性强，对窖壁和用具有腐蚀作用，应用时一定注意安全。用法是1份酸放入5份水中，配成稀酸。100kg 青贮料中加 5～7kg 稀酸后，杀死细菌，迅速降低 pH 值，青贮料停止呼吸作用，并使青贮料软化，易于消化。但此方法易造成鹿缺钙，饲喂时可稍增加适量的石粉等含钙饲料。并且尽可能用磷酸，其腐蚀性较硫酸和盐酸小。

2. 有机酸添加剂

主要有甲酸、乙酸、丙酸。可使 pH 值迅速降至 3.3～3.5，抑制腐败菌、霉菌的活动，达到长期保存的目的。还可提高乳酸的产量，减少丁酸的产量，提高饲料消化率。用法是甲酸占青贮料重的 3%，或每立方米青贮料中加丙酸 1kg。

3. 甲醛添加剂

甲醛能抑制青贮过程的各种腐败菌微生物活动，消化率比一般青贮提高 20%。按青贮料重量的 0.1%～0.66% 添加浓度为 5% 的甲醛溶液。由于鹿瘤胃中含有大量微生物，能把饲料中蛋白质直接分解成氨，消耗饲料中优质蛋白质，加入甲醛处理后，蛋白质不会被大量消耗，可使鹿摄取更多的蛋白质。对于嫩叶数量多的青贮料，除加入 1.5% 甲醛处理外，再补加 1.5% 的甲酸，则效果更佳。

4. 糖蜜添加剂

青贮窖中 pH 值小于 3.5 时，才能使乳酸达到平衡，乳酸在青贮料中的含量达到 2% 时，青贮料才能长期保存不坏。关键的问题是增加糖的含量，在青贮料中加 4% 的糖蜜，有利于青贮和改善其适口性。

5. 接种乳酸菌

接种乳酸菌青贮，抑制其他有害微生物的作用。1 000kg 青贮原料中加入乳酸菌剂 450g。

6. 非蛋白氮添加剂

青贮原料中加入尿素、硫酸铵或氨水混合物 0.3%～0.5%。利用微生物合成菌体蛋白原理，可提高可消化蛋白含量。

7. 酶制剂添加剂

酶制剂可使部分多糖水解成单糖，有利于乳酸菌发酵（淀粉酶、糊精酶、纤维素酶、半纤维素酶）。按青贮料重量的 0.01%～0.25% 添加酶制剂。

8. 食盐添加剂

可促进细胞渗出液汁，有利于乳酸菌的发酵。按青贮料重量的 0.2%～

第四节　梅花鹿常用添加剂类饲料

0.5%添加。

9. 双醋酸钠和苯甲酸添加剂

对于含水10%~40%的干草和苜蓿，霉菌很容易生长，而加入0.2%双醋酸钠或0.3%的苯甲酸就可抑制霉菌的生长，提高青贮料的品质。

（五）缓冲剂添加剂

为了提高鹿的生产性能，常给鹿大量的精饲料，导致鹿瘤胃呈酸性，瘤胃微生物活动受到抑制，引发与此相关的一些疾病，为了预防此类疾病的发生，可在饲料中加0.5%碳酸氢钠缓冲剂。缓冲剂还可以克服热应激及过食引起的不适，促进饲料的消化及补充钠盐，但不要长期和大剂量使用缓冲剂。

（六）正确认识与合理使用梅花鹿饲料添加剂

1. 饲料添加剂概念和鹿常用饲料添加剂的种类

饲料添加剂是为了强化基础日粮的营养价值，促进动物的生长，防治动物疾病，加进饲料中的微量添加物质，包括营养性添加剂和非营养性添加剂。鹿常用的营养性饲料添加剂有矿物质添加剂、维生素添加剂、氨基酸添加剂等。鹿常用的非营养性饲料添加剂有中草药添加剂、青贮饲料改进剂、酶制剂、益生素添加剂等。饲料添加剂种类繁多，性质各异，用量甚微，一般用量为每千克饲料几毫克到100mg，直接用于饲料中不仅在技术上是困难的，而且很难保证其使用效果，一般都是将添加剂作为原料，再加入载体或稀释剂，从而生产出各类添加剂预混料，再使用于配合饲料中，通常说的鹿用饲料添加剂就是这种添加剂预混料。

2. 添加剂的作用

强化与补充饲料的营养素，使饲粮中营养含量及其比例更加科学化，使配合饲料更加全价。使饲料起到预防鹿疾病、增强鹿免疫功能的作用。提高鹿的生长和繁殖率，提高饲料利用率等综合效应。保护和改善饲料品质作用，如常用的缓冲剂、青贮饲料改进剂等。

3. 梅花鹿添加剂预混料

在采用优良基础日粮配方和遵守配伍禁忌的基础上，本着缺什么补什么和缺多少补多少原则，并参照其他鹿科动物添加剂预混料配方，结合多年的试验结果，我们研制了由中草药人参等、矿物质、维生素等构成的鹿用中草药复合添加剂混料，为了考察其增茸效果和进一步优化其配方，在三锯鹿上进行了饲养试验。结果表明：添加剂预混料的添加量和各微量成分间的配比对增茸效果亦有一定的影响。鹿茸中含有极丰富的多种游离氨基酸、矿物质元素、维生素、多胺、核酸、脂质类、糖类和芳香类化合物等物质，必须由饲料中供给必需的营养物质，才能满足鹿茸迅速生长的需要，如果鹿日粮营养不全价必然影响茸的产量和质量。鹿茸的生长是一个复杂的生理调控过程，鹿机体的新陈代谢和内分泌的变化，都影响鹿茸的生长。我们研制的添加剂预混料，既有营养性添加剂的作用，又有营养调控的作用，既补充了梅花鹿饲料中所缺乏的矿物质元素等营养物质，达到日粮的营养平衡，从而满足鹿的营养需要，同时又添加了营养调控物质，又使其具有强筋壮骨、补肝益肾、养血安神、理气健脾等功能，起到调节鹿机体生理机能，促进新陈代谢，提高机体网状内皮系统的吞噬能力，增加毛细血管功能，改善微循环，调整激素分泌量等作用。添加剂预混料添加量和各微量成分间的配比对增茸效果亦有一定的影响。总的来说，在梅花鹿饲养中，合理使用饲料添加剂预混料，能使梅花鹿的生产潜力得到充分发挥，对提高养鹿经济效益具有显著的促进作用。

4. 正确对待添加剂的作用

（1）添加剂的作用不可忽视　在鹿集约化养殖程度越高，品种越好，其所需添加剂种类就越多，地位越重要，效益越显著。

（2）添加剂不能代替其他营养素　添加剂具有专一性，并且在一定条件下才能发挥作用。在能量和蛋白质满足时，使用添加剂才能有效果，才能起到提高饲料转化率和节约蛋白质的作用，但添加剂绝不能作为能量和蛋白质饲料使用。

（3）购买添加剂时要有总体效益观念　在购买添加剂时，不能只图价格便宜，不注意添加剂的有效成分含量及其添加量。使用添加剂不当，不但起不到作用，反而有害。

5. 合理使用梅花鹿饲料添加剂

（1）要有好的基础日粮配方　必须在梅花鹿日粮的蛋白质、能量、精粗比等结构组成合理的情况下，使用添加剂才能有效，所以要有好的基础日粮配方。

（2）防止盲目性　要有区域性和针对性地添加。如在我国缺硒地带，给梅花鹿添加硒是有作用的，而给富硒带的梅花鹿添加硒反而会引起中毒；如给缺铜的吉林省东辽县梅花鹿添加铜确实收到明显的效果，而在不缺铜的地方梅花鹿添加铜则未见有好的效果。所以，要根据梅花鹿的饲养标准和当地的饲料营养成分，按照缺什么补什么的原则使用添加剂。

（3）不要同时使用多个厂家的添加剂　现在，梅花鹿添加剂多为复合型的，多种复合型添加剂同时使用，不仅加大成本，而且易造成配比不合理，甚至引起梅花鹿的中毒。

（4）必须考虑添加剂间的配伍禁忌　在无必要制作综合添加剂预混料时，不要将矿物质和维生素预先混合。在必须做全混合日粮时也要分次添加，并且不能长期贮存。在必须制作综合添加剂预混料时，一定要超量添加维生素和载体的用量，含水量在5%以下。不能将氯化胆碱与维生素A、维生素D、维生素K、泛酸钙、钙磷矿物质饲料同时添加。

（5）要根据鹿的生物学时期和具体情况添加　要根据茸鹿的性别、年龄、生长阶段、生理时期并结合饲养目的、饲养条件、鹿健康状况等综合因素来选择添加。

（6）一定要把好质量关　购买时要认清注册商标、厂家、有效日期是否符合标准。如在补钙磷饲料时，既要检测钙磷含量，还要检测氟、铅、汞、砷等容易引起鹿中毒的元素等有害物质是否超标。例如吉林省某鹿场，连续5年使用所谓的"磷酸氢钙"，但幼鹿生长发育状况很不理想，经过我们检测发现，其含磷量不到1%，与国家标准含磷≥16%相距甚远。还有些鹿场使用的磷酸氢钙，钙磷含量虽然符合国家标准，但氟却严重超标，只喂3个月就出现了鹿的氟中毒。

（7）必须要混合均匀　因为添加剂占日粮的比例很小，如果混合不均匀，就会使有的鹿因进食过多而引起中毒，而有的鹿又吃不到添加剂依然缺乏营养。

（8）使用添加剂时防止与水和发酵的饲料混用　使用添加剂时必须与干粉料混合，不能与加水的饲料或发酵的饲料混合，更不能与饲料一起煮沸使用，以免添加剂失效。

（9）使用添加剂时要注意保管和贮藏　单一型的添加剂都应保存在干燥、密封、避光、低温条件下，保存时间要短。复合型的添加剂更应精心保存，在较短的时间内用完。保存时还要防虫、防霉变等，以保持其高的效价。

（10）防止过量使用添加剂　用量不要过大，否则容易引起鹿的中毒，要严格按厂家产品使用说明用量添加。

（11）不要单独使用添加剂　添加剂用量小，必须与饲料混合均匀后使用，否则容易引起鹿的中毒。

第五节　梅花鹿饲料营养价值评定

饲料是鹿所需营养物质的来源，是维持鹿生命活动、生产活动及构成鹿体组织和鹿产品的物质基础。饲料品质的优劣，营养物质的种类，有效成分含量的高低，对鹿的生长发育、繁殖、生产和健康都有直接的影响。饲料种类繁多，品种、产地、来源和加工调制方法也不同，其性质、组成、营养价值和被鹿利用的效率亦有很大差异。如不进行饲料营养价值评定，就不能了解其营养物质含量和营养价值的高低，难以判断饲料的饲用价值。

一、简易法评定梅花鹿饲料的营养价值

（一）感官评定

用视觉观察饲料的形状，色泽，有无霉变，虫子，硬块，异物，夹杂物等。用味觉检查饲料味道。用嗅觉评定特殊香味的饲料，并察看有无霉臭，腐臭，氨臭，焦臭等。用触觉评定饲料粒度的大小，硬度，黏稠性，有无夹杂物及水分的多少。用筛筛分，对不同筛分进行视觉鉴定。用放大镜进行视

觉鉴定。

1. 物理方法比重鉴定

取一定量的试样，加比重液至 1/3～1/2 处，搅拌，沾在漏斗壁的试样用比重液洗下去，静置 15～20min，将上部液体过滤，滤纸上的残渣供显微镜观察，下部的沉淀物放在预先干燥称重的滤纸上，用少量乙醇冲洗下来，再用水洗净后干燥称重，求其重量。

2. 实体显微镜检查

取 10g 试样，用一组筛子将不同粒度分开，用实体显微镜观察评定。

（二）化学方法的鉴定

1. 淀粉鉴定

取试样 1～2g 于烧杯中，加 50～100ml 水，煮沸 5min 后，用滤纸过滤，向滤液中滴 1～2 滴碘－碘化钾溶液（6g 碘化钾溶于 100ml 水中，再加 2g 碘），存在淀粉时，溶液显蓝和紫色。

2. 木质素鉴定

取适量试样加间苯三酚溶液（2g 间苯三酚溶于 100ml 乙醇）润湿，放置 5min 后，加 1～2 滴盐酸，存在木质素时试样呈浅红色。

3. 碳酸钙的鉴定

取试样 1～2g 于烧杯中，加少量盐酸（1 份盐酸加 5 份水），存在碳酸钙时产生 CO_2 气泡。

4. 血粉的鉴定

①高山液法，将粉碎的试样在载玻片上，加 1 滴高山液（3ml 吡啶，3ml 葡萄糖溶液（30g/100ml）和 3ml 氢氧化钠（10g/100ml）溶液）混合，盖上盖玻片，远火加温，放置 5～6min 后，在 100 倍的显微镜下检查，存在血粉时可看到橙－红色的柱状、针状、菊花状或束状的血色原结晶。②鲁米诺荧光法，取试样 0.1g，放在表面皿上，用乙醇润湿后，加 5ml 鲁米诺溶液（0.1g 鲁米诺溶解在 100ml 使用时现配的过氧化钠溶液 0.5g/100ml）中，在暗处观察，存在血粉时发荧光，荧光持续 1～2min。

5. 尿素的鉴定

2g 试样放入具塞三角瓶中，加 50ml 水，搅拌 15min 后，用滤纸过滤，取5ml滤液放入烧杯中，加15ml醋酸搅拌5min，加1ml二苯（并）吡喃醇溶液（10g二苯（并）吡喃醇溶于100ml甲醇中）2次，放置15min后，边搅拌边加水10ml，存在尿素时，逐渐生成白色絮状沉淀。

6. 尿酸的鉴定

将0.5～1g试样放在瓷皿内，加1～2滴硝酸，在水浴上蒸干，有尿酸时，试样周围呈红褐色，滴加氨水呈紫色。

7. 氨的鉴定

将2g试样放入100ml三角瓶内，加50ml水搅拌后，用滤纸过滤，取2ml滤液于瓷皿内，加1～2滴萘斯勒试液（5g碘化钾溶于5ml水，边搅拌边缓慢加入溶于10ml热水的2.5g氯化银溶液，到产生红色沉淀，放冷后，加入15g/130ml氢氧化钠水溶液，再加氯化银溶液0.5ml，搅拌，将上清液；保存在棕色瓶内），存在氨时呈黄色或红色或褐色。

8. 铬的鉴定

取未粉碎的试样2g灰化，加硫酸（1：9水溶液）10ml，加数滴二苯基卡巴肼溶液（0.2二苯基卡巴肼溶于100ml乙醇中）存在铬时呈紫色。

9. 甲醛的鉴定

取试样1～2g入试管中，加2ml硫酸（3份硫酸1份水）和变色酸（二羟基二黄酸萘0.2g，在60～70℃水浴上加热10min，存在甲醛时呈鲜紫色）。

10. 氢氰酸的鉴定

将1g试样放入20ml试管内，加5ml水后，用苦味酸试纸（将4cm的方滤纸放在苦味酸溶液（1g/100ml）浸泡后风干，使用时用碳酸钠溶液（10g/100ml）润湿）盖在瓶口，放置在25～30℃条件下。存在50mg/kg以上的氢氰酸时，试纸在2h内变成红褐色，颜色变化的判定，以瓶外部分的颜色作对照。

（三）粉碎粒度测定法

1. 仪器

标准编织筛，筛目为4，8，12，16，径孔边长为5mm，3.2mm，2.5mm，1.6mm，1.25mm。摇筛机，统一型号电动摇筛机。天平，感量

为 0.01g。

2. 测定步骤

取试样 100g，放入规定筛层的标准编织筛内，开启电动机，连续筛 10min 后，将各筛上物分别称重。

（四）混合均匀度测定法

1. 甲基紫法

从原始样品中准确称取 10g 化验样，放在 100ml 的小烧杯中，加入 30ml 乙醇，不时地加以搅拌，烧杯上盖一表面玻璃，30min 后用滤纸过滤，以乙醇为空白调节零点，用分光光度计，在 5mm 比色杯在 590nm 的波长下测定滤液的光密度。以 10 个原始样品测定的光密度值的平均数和标准差计算变异系数。注意事项：甲基紫必须用同一批次的并加以混匀后，才能保持同一批饲料中各样品测定值的可比性。配合饲料中若添加有苜蓿粉、槐叶粉等含有叶绿素的组分，则不能用甲基紫法测定。

2. 沉淀法

取 50g 化验用样，小心地移入 500ml 梨形分液漏斗中，加入四氯化碳 100ml，混合均匀，静置 10min，漫漫地将分液漏斗底部的沉淀物放入 100ml 的小烧杯中，静置 5min，将漏斗底部的残余沉淀物放入烧杯中，静置 5min，小心倒去烧杯中的上层清液后，加入 25ml 新鲜的四氯化碳，摇动后静置 5min，再倒去上层清液。用电吹风或电热板上烘干小烧杯中的沉淀物，待溶剂挥发后将沉淀物置于 90℃烘箱中烘 2min 后称重，计算出样品中沉淀物的重量或百分比。再计算该 10 个原始样品沉淀物重量的平均数和标准差，进而计算变异系数。

二、常规成分测定法评定梅花鹿饲料的营养价值

（一）饲料水分的测定

1. 试样的采取和制备

选取有代表性的试样，其原始样量应在 1 000g 以上。用四分法将原始样缩至 500g，风干后粉碎至 40 目，再用四分法缩至 200g，装入密封容器，

放阴凉干燥处保存。如试样是多汁的鲜样，或无法粉碎时，需预先干燥处理，称取试样200~300g在105℃烘箱中烘15min，立即降至65℃，烘5~6h，取出后在室内空气中冷却4h，称重，即得风干试样。

2. 测定

洁净称样皿，在105℃烘箱中烘60min，取出，在干燥器中冷却30min，称准至0.0002g；再烘干30min，同样冷却30min，称准至0.0002g，直至两次称重之差小于0.0005g为恒重。用已恒重的称样皿称取两份平行样，每份2~5g，称准至0.0002g，不盖称样皿盖，在105℃烘箱中烘3h，取出，盖好称样皿盖，在干燥器中冷却30min，称重。再同样烘干1h，冷却，称重。再同样烘干1h，冷却，称重，直至两次称重之差小于0.002g。

$$水分（\%）=\frac{烘干前试样及称样皿质量-烘干后试样及称样皿质量}{烘干前试样及称样皿质量-已恒重的称样皿质量}\times100$$

3. 注意事项

每个试样应取两个平行样进行测定，以其平均值为结果，两个平行样测定值相差不得超过0.2%，否则应重做。若测多汁鲜样

原始样总水分（%）＝预干燥减重（%）＋100－预干燥减重（%）×风干样水分（%）

测脂肪含量高的样品，烘干时间过长，反而会增重，应以增重前的那次称量为准。含糖分高的样品，易分解或易焦化试样，应使用减压干燥法（70℃，600mg汞柱以下，烘干5h）测定水分。

（二）饲料粗蛋白质的测定

称取0.5~1g试样，准确至0.0002g，放入凯氏烧瓶中，加入硫酸铜0.9g，无水硫酸钾15g，与试样混合均匀，再加硫酸25ml和2粒玻璃珠，在煮消炉上小心加热，待样品焦化，泡沫消失，再加强火力（360~410℃），直至溶液澄清后，再加热消化15min。然后冷却，加蒸馏水20ml摇匀，冷却，沿瓶壁小心加入40%氢氧化钠溶液100ml，立即与蒸馏装置相连，蒸馏装置末端应浸入50ml硼酸吸收液中，加混合指示剂2滴，轻摇凯氏烧瓶，使溶液混匀，加热蒸馏，直至馏出液体积约150ml。先将吸收液取下，再停止加热。立即用0.05mol/L的盐酸标准溶液滴定，指示剂为甲基红，溶液由

蓝绿色变为紫红色为终点。再称取蔗糖0.01g，按上述步骤测定空白样。

粗蛋白质含量（％）＝100×［（试样滴定时所需盐酸标准液的体积－空白样滴定时所需盐酸标准液的体积）×盐酸标准液的浓度×0.014×6.25］／试样质量

亦可用瑞士步奇生产的全自动定氮仪测定。

（三）饲料粗脂肪的测定

称取试样1～5g，准确至0.0002g，于滤纸筒中，或用滤纸包好，放入150℃烘箱中烘2h，滤纸筒应高于提取器虹吸管的高度，滤纸包长度应以可全部浸泡在乙醚中为准。将滤纸筒或包放入抽提管，再向抽提瓶中加无水乙醚60～100ml，在60～75℃的水浴上加热，使乙醚回流，控制乙醚回流次数为10次／h，共回流50次，或检查抽提管流出的乙醚瓶挥发后不留下油迹为抽提终点。取出试样，应用原抽提器回流乙醚直至抽提瓶中乙醚几乎全部收完，取下抽提瓶，在水浴上蒸取残余乙醚。擦净瓶外壁。将抽提瓶放入105℃烘箱中烘干30min，再在干燥器中冷却30min，称重。再放入105℃烘箱中烘干30min，再在干燥器中冷却30min，称重。两次称重之差小于0.001g为恒重。

粗脂肪（％）＝（已恒重的盛有脂肪的抽提瓶质量－已恒重的抽提瓶质量）／风干试样质量

每个试样应取两个平行样进行测定，以其平均值为结果，粗脂肪含量在10％以上和以下时两个平行样测定值相差分别不得超过3％和5％，否则应重做。

（四）饲料粗纤维的测定

称取粉碎至40目试样1～2g，准确至0.0002g，用乙醚脱脂，或用饲料粗脂肪的测定后的残渣，放入消煮器，加浓度准确为（0.255±0.005）mol/L的且已沸腾的硫酸溶液200ml和1滴正辛醇，立即加热，应使其在2min内沸腾，且连续微沸腾（30±1）min，注意保持硫酸浓度不变，试样不应离开液体沾到瓶壁上。随后过滤，用废蒸馏水洗至不含酸，取下不容物放入原容器中，加浓度准确为（0.313±0.005）mol/L且已沸腾的氢氧化钠溶液，且同样连续微沸腾（30±1）min 后，立即在铺有石棉的古氏坩埚上抽滤，选用（0.255±0.005）mol/L 硫酸溶液 25ml 洗涤，再用沸腾蒸馏水洗至洗液为中性。用 15ml 乙醇洗残渣，再将古氏坩埚和残渣放入烘箱，于 130℃烘干 2h，再在干燥器中冷却 30min 至室温，称重。再于 550℃的高温炉中灼烧 3h，放入干燥器中冷却至室温，称重。

粗纤维（%）=（130℃烘干后坩埚和试样残渣质量 - 550℃灼烧后坩埚和试样残灰质量）/未脱脂时风干试样质量×100

每个试样应取两个平行样进行测定，以其平均值为结果。

（五）饲料粗灰分的测定

将干净坩埚放入高温炉，在 550℃的高温炉中灼烧 30min，在空气中冷却 1min，放入干燥器中冷却 30min，称重。再重复灼烧、冷却、称重。直至两次称重之差小于 0.0005g 为恒重（m_0）。在已恒重的坩埚中称取 2~5g 试样（m_1），准确至 0.0002g，在电炉上小心炭化，再放入 550℃的高温炉中灼烧 3h，取出，在空气中冷却 1min，放入干燥器中冷却 30min，称重。再重复灼烧、冷却、称重，直至两次称重之差小于 0.001g 为恒重（m_2）。

粗灰分（%）=$100 \times (m_2 - m_0) / (m_1 - m_0)$

粗灰分含量在 5%以上和以下时，两个平行样测定值相差分别不得超过 1%和 5%，否则应重做。

（六）饲料中钙的测定

称取 3~5g 试样（m_1）于坩埚中，准确至 0.0002g，在电炉上小心炭化，再放入 550℃的高温炉中灼烧 3h，取出，在空气中冷却 1min，放入干燥器中冷却 30min，称重（或测定粗灰分后继续进行）。在盛灰的坩埚中加入盐酸溶液 10ml 和浓硝酸数滴，小心煮沸。将此溶液转入 100ml 容量瓶中，冷却至室温，用蒸馏水稀释至刻度，摇匀，为试样分解液。准确移取试样分解液 10ml，加三乙醇胺（1∶1 水溶液）2ml，加蒸馏水 50ml，1 滴孔雀石绿指示剂（0.1g 孔雀石绿溶于 100ml 蒸馏水）。滴加 20%氢氧化钠溶液至溶液无色，再加 20%氢氧化钠溶液 2ml，加入 0.1g 盐酸羟胺摇匀溶解后，再加钙红指示剂少许，立即用乙二胺四乙酸二钠（EDTA）标准溶液滴定，溶液变为纯蓝色为滴定终点。同时做试剂空白试验。EDTA 标准溶液（3.7g ED-TA 加 100ml 蒸馏水，加热至溶冷却，用含钙 1mg/ml 的标准液 10ml 标定）。

钙的滴定度（T）（Ca mg/ml）＝1×10（EDTA 所用体积）

饲料中 Ca 含量（%）＝T×（测定试样 EDTA 所用体积 – 试样空白试验 EDTA 所用体积）/试样质量

（七）饲料中总磷量的测定

1. 样品前处理

称取 2～5g 试样（m）于坩埚中，准确至 0.0002g，在电炉上小心炭化，再放入 550℃ 的高温炉中灼烧 3h，取出，在空气中冷却 1min，放入干燥器中冷却 30min，称重（或测定粗灰分后继续进行）。在盛灰的坩埚中加入盐酸溶液 10ml 和浓硝酸数滴，小心煮沸。将此溶液转入 100ml 容量瓶中，冷却至室温，用蒸馏水稀释至刻度，摇匀，为试样分解液。

2. 标准曲线的绘制

准确移取磷标准溶液（50ug/ml）0ml，1ml，2ml，4ml，6ml，8ml，10ml，12ml，15ml，分别于 50ml 容量瓶中，各加入钒钼铵显色试剂 10ml。用蒸馏水稀释至刻度，摇匀，放置 10min，以 0ml 溶液为参比，用 10mm 比色杯，420nm 波长下，用 721 型分光光度计测各溶液的吸光度，以磷含量为横坐标，吸光度为纵坐标绘制标准曲线。

3. 试样的测定

准确移取试样分解液 1～10ml（V）于 50ml 容量瓶中，加入钒钼酸铵显色试剂 10ml，按 9.2 的方法显色和比色测定，以空白消煮液为参比，测得试样分解液的吸光度，用标准曲线查得试样分解液磷的含量（X）。

饲料中磷的含量 P（%）＝（X/m）×V×100

每个试样应取两个平行样进行测定，以其平均值为结果。磷含量在 0.5% 以上和以下时，两个平行样测定值相差分别不得超过 3% 和 10%，否则应重做。

（八）饲料中无氮浸出物的测定

饲料中无氮浸出物的含量，可以用公式计算。饲料中无氮浸出物含量

（％）＝100％－（水分％＋粗蛋白质％＋粗脂肪％＋粗纤维％＋粗灰分％）

（九）饲料中能量的测定

可用美国 parr 公司 1241 型绝热型氧氮热量计测定，亦可用日本岛津 CA－4P 型全自动热量计进行测定。其原理均是将一定量的样品放入厚壁钢弹内，充入一定压力的氧，在纯氧条件下，通电燃烧，样品燃烧后产生的热由弹壁导出，为弹壁外部定量水所吸收，用精密的温度计测出燃烧前后水温的变化，即可计算出样品的热能值。

为了简化饲料总能的含量的测定工作，在实际工作中也可根据饲料化学成分用公式计算。

牧草类饲料计算公式为：

总能（kcal/kg 有机物质）＝4531＋X＋1.735×每千克有机物中所含粗蛋白质克数±38，苜蓿和干草的 X＝82，对禾本科鲜草 X＝－70。

高粱植株计算公式为总能（kcal/kg 有机物质）＝4478＋1.26×每千克有机物中所含粗蛋白质克数±37。

精饲料计算公式为总能（kcal/kg 干物质）＝5.72 粗蛋白质＋9.5 粗脂肪＋4.79 粗纤维＋4.17 无氮浸出物＋X

式中，X 为校正系数，玉米的 X 为－8，小麦的 X 为－17，麦麸的 X 为231，向日葵饼的 X 为－57，豆饼的 X 为－94，花生饼的 X 为158，油菜籽饼的 X 为10，亚麻饼的 X 为－91，大豆的 X 为－78，向日葵的 X 为－269。

粗饲料计算公式为代谢能（MJ/kgDM）＝0.016 可消化有机物质（g/kgDM）。所有饲料计算公式为代谢能（MJ/kgDM）＝11.78＋0.00654 粗蛋白质＋0.000665 粗脂肪 2－0.0041 粗脂肪×粗纤维－0.0118 粗灰分（均以 g/kgDM 表示）。

三、特殊成分分析法评定梅花鹿饲料的营养价值

（一）动物饲料中尿素氮与氨态氮的测定

当氨态氮在鱼粉中含量超过0.3％，或在羽毛粉中含量超过0.6％时，这样的产品就有问题。具体的测定方法，称取试样 2～3g，加水 250ml 于凯

氏烧瓶中，加 10ml 尿素酶溶液，盖严，于 40℃ 水浴中放置 20min 或室温下放置 1h，用少量水洗净瓶盖和瓶颈，添加 2g 以上重质氧化镁和 5ml 25% 氯化钙溶液，1 滴正辛醇消泡剂，将凯氏瓶和与常量凯氏定氮仪相连，用 2% 硼酸溶液 40ml 承接蒸馏液，至馏出液为 100ml 时，取下，加甲基红 – 溴甲酚氯指示剂 2 滴，以 0.5mol/L 盐酸标准溶液滴定，记录所用 ml 数。

氮含量（%）＝0.05×所耗用盐酸数（ml）×0.1401/试样重（g）

在本方法中，不加尿素酶溶液进行处理时，测定结果即为氨态氮，尿素氮×2.14 即为尿素的含量。

（二）鱼粉掺假的测定

1. 掺入水溶性非蛋白氮物质的测定

（1）粗蛋白质的测定　同上。

（2）真蛋白质的测定　称取试样 1～2g 于 200ml 烧杯中，加蒸馏水 50ml 煮沸，加入 10% 的硫酸铜溶液 20ml 和 2.5% 的氢氧化钠溶液 20ml，边加边搅拌，加完后继续搅拌 1min，放置 1h 以上或静置过夜，沉淀物以中速定性滤纸过滤，用 70℃ 以上的热水反复洗残渣，直至滤液无 SO_4^{2-} 为止（取 5% 氯化钡试液 5ml 滴于表面皿中，加 2mol/L 盐酸 1 滴，滴入滤液，在黑色背景处观察应无白色沉淀）。将滤纸与残渣包好，放入烘箱，在 65～75℃ 干燥 2h。将烘干的试样连同滤纸一起放入消化管或凯氏烧瓶中，以下与粗蛋白质测定方法相同。空白样测定，除不加试样外，其余操作同真蛋白质的测定。

真蛋白质比率（%）＝100×（真蛋白质含量/粗蛋白质含量）

真蛋白质比率进口鱼粉不得小于 80%，国产鱼粉不得小于 75%，否则判为该鱼粉中掺有水溶性非蛋白氮物质。

2. 鱼粉中掺入植物质的测定

取鱼粉试样 1～2g 于 50ml 烧杯中，加入 10ml 水加热 5min，冷却，滴入 2 滴碘 – 碘化钾溶液（碘化钾溶于 100ml 水中，再加入 2g 碘，使溶解，摇匀后置棕色瓶内保存），如果溶液立即变蓝或黑蓝色，则表明试样中有淀粉存在。另取鱼粉试样 1g 置表面皿中，用间苯三酚溶液（2g 间苯三酚，加 90% 的乙醇至 100ml 并使其溶解，摇匀，置棕色瓶保存）浸湿，放置 5～

10min，滴加浓盐酸 2 ~ 3 滴，如果试样呈深红色，则表明试样中含有木质素。

3. 鱼粉中掺入尿素及铵盐的测定

取鱼粉试样 1 ~ 2g 于试管中，加 10ml 水，振摇 2min，静置 20min，取上清液约 2ml 于蒸发皿中，加 1mol/L 氢氧化钠溶液 1ml 置水浴上蒸干，再加入数滴水和生豆粉少许，静置 2 ~ 3min，加奈斯勒试剂 2 滴（碘化汞 23g，碘化钾 1.6g 于 100ml 的 6mol/L 氢氧化钠溶液中，混合均匀，静置，倾取上清液置棕色瓶中备用），如试样有黄褐色沉淀产生，则表明有尿素存在。

4. 鱼粉中掺入氨态氮的测定

取鱼粉试样 1 ~ 2g 于试管中，加 10ml 水，振摇 2min，静置 20min，取上清夜约 2ml 于蒸发皿 5 中，加 1mol/L 氢氧化钠溶液 1ml，加奈斯勒试剂 2 滴（碘化汞 23g，碘化钾 1.6g 于 100ml 的 6mol/L 氢氧化钠溶液中，混合均匀，静置，倾取上清液置棕色瓶中备用），如试样有黄褐色沉淀产生，则表明有氨态氮存在。

5. 鱼粉中掺入鞣革粉的测定

取鱼粉试样 1 ~ 3g 于瓷坩埚中置电炉上炭化至烟除尽，于 550 ~ 600℃高温炉中灰化 30min，如有黑点再继续灰化 30min，取出放冷，加入 2mol/L 硫酸液 10ml 搅拌，加二苯基卡巴腙溶液（0.2g 二苯基卡巴腙，加 90% 的乙醇 100ml 使溶解，摇匀置棕色瓶内保存）数滴，如颜色呈紫红色表明鱼粉中掺有鞣革粉。

（三）大豆制品中尿素酶活性的测定

将试样研细，称取 0.02g 试样转入试管中。加入 0.02g 结晶尿素及 2 滴粉红指示剂，加 20 ~ 30ml 蒸馏水，摇动 10 秒，并记下呈粉红色的时间。10min 以上不显粉红色或红色的大豆制品，其尿素酶活性即认为合格。

（四）大豆制品抗胰蛋白酶活性的测定

称量 50mg 研细的大豆制品于三角瓶中，每瓶加入 10ml 的 0.01mol/L 氢氧化钠溶剂。在 1h 内，时而摇动内容物，然后过滤。上清液分别以 0ml，0.5ml，1.0ml，1.5ml 和 2ml 的体积分装于试管中。每管加入 Tris 缓冲液至

2ml。另用一试管加入 2ml Tris 缓冲液作空白对照，除空白对照试管外，每试管中加 2ml 胰蛋白酶溶液。将全部试管置于 37℃ 水浴中，当温度平衡后，每试管中加 5ml PABA 试剂。10min 后，每试管中加 1ml 醋酸溶液，然后在空白对照试管中加入 2ml 胰蛋白酶溶液，所有试管的溶液用滤纸过滤。然后用空白调节分光光度计零点，在 410nm 测定样品过滤液的吸光度，每 ml 大豆制品浸出液光密度的变化可用回归法计算出来。样本抗胰蛋白酶活性，以抗胰蛋白酶单位表示，抗胰蛋白酶单位是以每 10ml 反应液改变 0.01 吸光度值为 1 个单位。Tris 缓冲液为 6.05g 羟基甲基氨基甲烷和 2.22gCacl$_2$ 溶解于约 900ml 蒸馏水中，用 HCl 调节 pH 值至 8.2 然后将此溶液转移至 1 000ml 容量瓶中，用蒸馏水稀释至 1 000ml。PABA 为 4ml 苯甲酰 DL 精氨酸 – P – 硝苯基盐酸化合物溶解于 1ml 二甲亚砜，并预热至 37℃，Tris 缓冲液稀释至 100ml。姨蛋白酶溶液为将 4mg 无盐胰蛋白酶溶解于 200ml 的 0.001mol/L HCl。

（五）大豆制品蛋白质溶解度的测定

称取 1.5g 大豆制品饼粕粉于 250ml 烧杯中，加入 75ml 的 0.2% KOH 溶液，在磁力搅拌器上搅拌 20min，然后将 50ml 液体转移至离心管中，用 2 700r/min 速度离心 10min，吸取上清夜 15ml，用凯氏定氮法测定其中的蛋白质含量，其量相当于 0.3g 的原始样本。蛋白质溶解度（%）= 100 ×（提取液中粗蛋白质/0.3g 原始样本粗蛋白质），溶解度在 70% ~ 85% 为适宜。

（六）饲料中水溶性氯化物的测定

1. 氯化物的提取

不含有机物的试样，称取 2 ~ 5g，准确至 0.0002g，准确加入蒸馏水 150ml，充分搅拌 15min，放置 15min，用干得快的滤纸过滤。含有机物的试样，称取 2 ~ 5g，准确至 0.0002g，准确加入硫酸铁溶液（60g 硫酸铁溶于 1 000ml 蒸馏水）50ml，氨水溶液（10ml 氨水加蒸馏水 190ml）100ml，充分搅拌 15min，放置 15min，用干得快的滤纸过滤。

2. 滴定

准确移取适量滤液，加硝酸 10ml，硫酸铁指示剂（25% 硫酸铁水溶液与等体积浓硫酸混匀）10ml，硝酸银溶液 25ml，用硫氰酸铵溶液滴定，出现淡红色，且 30 秒不褪色为终点。

3. 计算

水溶性氯化物 Cl（%）=（$V_1 - V_2 \times F$）$\times C \times 150 \times 35 \times 100 /$（$m \times V_0 \times 1\,000$）

式中，V_1 为硝酸银溶液体积（ml），V_2 为滴定时硫氰酸铵溶液体积（ml），F 为硝酸银和硫氰酸铵溶液体积比 0.1mol/L 取硝酸银 20ml 加硝酸 4ml，硫酸铁指示剂 2ml，用硫氰酸铵溶液滴定，持久的淡红棕色为终点。由此计算体积比，C 为硝酸银标准溶液浓度（M），m 为试样质量（g），V_0 为试样滤液取用量。

（七）饲料中黄曲霉素 B_1 的测定

称取试样 20g（通过 1\,000μm 的筛子）于 500ml 分液漏斗中，加入 10ml 水和 100ml 氯仿，在振荡机上摇动 30min，用滤纸过滤，滤液即为试样溶液，用薄层色谱分离黄曲霉素 B_1，以距离薄层板一端 3cm 处为基线。使用微量注射器按照 1~1.5cm 的间隔，在基线上点上 5μl，10μl，15μl，20μl 的试样溶液，以及标准黄曲霉素 B_1 混合液和标准黄曲霉素 B_1 液各 10μl，用展开剂展开至距点 10cm 以上处，取出展开后的薄层板，风干掉展开液。然后将风干后的薄层板放在荧光检查装置的紫外灯的正下方，检查在试样溶液的斑点中有无与标准黄曲霉素 B_1 液的 rf 值一致的荧光斑点。在确定了试样溶液的斑点中有由于黄曲霉素 B_1 而发出的荧光后，取数毫升试样溶液经薄层板展开后，可以得到能够确认最低荧光强度的斑点。

黄曲霉素 B_1（μg/kg）=400 试样溶液量（μl）/试样质量（20g）×表现出检出低限的试样溶液斑点的量（μl）标准黄曲霉素 B_1 混合液为，分别称取黄曲霉素 B_1，B_2，G_1，G_2 的标准品各 5.0mg，用苯－乙腈（98＋2）溶液分别溶至 500ml，制成标准母液，使用时取各种标准母液的一定量混合，用氯仿稀释，配制成相当于每毫升标准液中含有黄曲霉素 B_1，B_2，G_1，G_2 各 0.2μg 的标准黄曲霉素 B_1 混合液。标准黄曲霉素 B_1 液为，每毫升溶液中含有 0.2μg 黄曲霉毒素 B_1 标准液。展开液为氯仿：丙酮：正己烷（100：

5：5）。

（八）饲料中氟化物的测定

1. 操作步骤

称取5g试样，准确至0.01g，置于250ml三口烧瓶中，加10～20粒玻璃珠，慢慢加入10ml高氯酸，用约8ml水冲洗瓶壁，加3～5滴硝酸银溶液（2%），瓶塞上的温度计应密塞，并将水银球插入试样溶液中。连接好水蒸气发生器和直形冷凝器，将冷凝器末端接上玻璃弯管，并使弯管插入盛有10ml 0.1mol/L氢氧化钠溶液和2滴酚酞指示剂的250ml容量瓶中。水蒸气发生器中加500ml水，滴加1mol/L氢氧化钠溶液使之呈碱性，打开螺丝夹，加热至近沸，关闭螺丝夹，将水蒸气通入三口烧瓶中，三口烧瓶同时加热，并调节水蒸气的进入量，使温度上升后保持在135～140℃（如果容量瓶中的溶液褪色，补加适量0.1mol/L的氢氧化钠溶液）。直到蒸出液为200ml，停止蒸馏。摇匀，用0.1mol/L氢氧化钠和盐酸溶液调节pH值为7.0，然后加2滴0.1mol/L盐酸溶液，加水至刻度，摇匀。移取10ml置于25ml比色管中，加3ml茜素氨酸络合剂（0.1925g茜素氨酸络合剂，加少量水，再加1mol/L氢氧化钠溶液，使之溶解，加0.125g乙酸钠，用乙酸溶液调节pH值为5.0，定容至500ml，于冰箱中保存，出现沉淀时重新配制），1ml缓冲溶液44g乙酸钠溶于400ml水中，加22ml冰乙酸，再滴加冰乙酸调节pH值为4.7，加水稀释至500ml，混匀，慢慢加入3ml硝酸镧溶液（0.2165g硝酸镧，用少量乙酸调节pH值为5.0，用水稀释至500ml，于冰箱中保存，生霉后重配），振摇，再加入3ml丙酮，加水至25ml，室温放置60min，于622nm波长下，测定其吸光度。在标准曲线上查出其浓度。

2. 标准工作曲线的绘制

于6支25ml比色管中分别加入0.00ml，1.00ml，2.00ml，3.00ml，4.00ml，5.00ml的2μg/ml氟标准溶液［取120℃烘2h的氟化钠0.2110g溶于少量去离子水中，稀释至1L，摇匀，做储备液（100mg/ml）。使用时稀释为2μg/ml，均保存于聚乙烯瓶中］，加水至10ml，各加10ml混合显色剂（茜素氨酸络合剂，缓冲溶液，硝酸镧溶液，丙酮，按体积比为3：1：3：3混合，临用时现配），加水至25ml，室温放置60min，于622nm波长下，以试剂空白为参比，分别测定各溶液的吸光度，并绘制出标准工作曲线。

3. 计算

饲料中氟含量（mg/kg）＝（C×V$_1$）／（W×V$_2$）

式中，C 为试样馏出液吸光度从标准工作曲线查得的相应含氟数 μg；W 为试样质量（g）；V$_1$ 为试样馏出液总体积（ml）；V$_2$ 为测定时吸取的馏出液体积（ml）。

4. 判定

矿物质饲料中氟含量不得超过 1 800mg/kg，混合饲料中不得超过 30mg/kg，否则易引起鹿的氟中毒。

（九）霉菌的检测

在饲料中常常污染上霉菌，霉菌有多种多样，其共同点是有细胞壁，不含叶绿素，无根茎叶，以寄生或腐生的方式存在。仅有少数类群为单细胞，其他都有分枝或不分枝的丝状体，能进行有性或无性繁殖的一类微生物。可引起鹿急性或慢性中毒，因此，对饲料进行霉菌的检测具有重要意义。

1. 常规性检验

采样，准备好灭菌容器和采样工具，取有代表性样品，应尽快送检，否则应放低温干燥处。一般取 250～500g 样品装入灭菌容器内送检。然后，在无菌操作下称取送检样品 25g，放入含有 250ml 灭菌水的玻璃塞三角瓶中，振摇 30min，即为 1∶10 稀释液。用灭菌吸管取 1∶10 稀释液 10ml，注入试管中，另用带橡皮乳头的 1ml 灭菌吸管反复吹吸达 50 次，使霉菌孢子充分散开。取 1ml 稀释液注入 9ml 灭菌水的试管中，另换一支 1ml 灭菌吸管吹吸5 次，即为 1∶100 稀释液。按上述操作顺序作 10 倍递增稀释液，每稀释 1次，换用一支 1ml 灭菌吸管，根据对样品污染情况的估计，选择 3 个合适的稀释度，分别在作 10 倍稀释的同时，吸取 1ml 稀释液于灭菌皿中，每个稀释度作 2 个平皿，然后将凉至 45℃ 左右的高盐培养基注入灭菌皿中，待琼脂凝固后，倒置于 25～28℃ 温箱中，3d 后开始观察，共培养观察 1 周。通常选择菌落数在 20～100 的平皿进行计数，同一稀释度 2 个平皿的菌落平均数乘以稀释倍数，即为每克样品中所含霉菌孢子数。

2. 霉菌直接镜检计数法检验

取定量检样，加蒸馏水稀释至折光指数为 1. 2447～1. 3460（即浓度为 7. 9%～8. 8%备用。将显微镜按放大率 90～125 倍调节标准视野，其直径为 1. 382mm。洗净郝氏计测玻片，将制好的标准样液，用玻璃棒均匀的摊布于计测室，以备观察。将制好的载玻片放于显微镜标准视野下进行观察，要求每个检样应观察 50 个视野，最好同一检样两人进行观察。发现有霉菌菌丝，其长度超过标准视野（1. 382mm）的 1/6 或三根菌丝总长度超过标准视野（1. 382mm）的 1/6（即测微器的一格）时即为阳性（＋），否则为阴性（－）。按 100 个视野计，其中发现有霉菌菌丝体存在的视野数即为霉菌的视野百分数。

四、根据饲养试验评定梅花鹿饲料的营养价值

饲养试验就是将品种、体重、年龄等相似的鹿分成若干组，放在相同的环境下，进行饲料饲喂效果对比试验。饲养试验的结果反映日粮对鹿的综合影响，包括对消化代谢、能量利用率及家畜健康的影响。此法也可以验证其他方法评定饲料营养价值的结果。

（一）饲养试验中的各种方法

1. 完全随机化分组饲养试验法

当我们对试验鹿只来源不清楚，或不知道哪些因素会影响试验结果时，应采用完全随机化试验设计。使影响结果的因素在各组中都相同，互相抵消，突出不同处理的效果。

2. 拉丁方设计

拉丁方设计可以用较少的试验鹿得出同样正确的结论。在鹿价格昂贵、试验鹿数量受到限制时，应用拉丁方设计更为有利。它是用每一个体试验鹿分期测几种饲料的性能，同时在统计中消除个体及时期的差异。其设计特点是分直行、横行两个方向，每一直行只能有一个处理，横行也是一样。即每种处理在横行和直行都出现一次，而且横行和直行数目相等。常用的有 3×3、4×4、5×5 拉丁方设计。

3. 群饲与单个饲养

在饲养试验中，试验鹿可群饲，几只鹿同圈饲养，也可单圈饲养。群饲的优点是试验鹿吃食有竞争，可能采食得更多，长得更快，也节省圈舍等设备和减少工作量。缺点是单个试验鹿实际采食的饲料无法进行统计，只能获得平均数，在个别试验鹿健康不佳或死亡时，对其饲料消耗难以作出估计。可多设重复以弥补不足，在要求限制采食的试验中，群饲有可能使弱小试验鹿采食不足，增大组内鹿的个体间的差异。单圈饲养能避免群饲的缺点，但可能会减少试验鹿的采食量，另外，需圈舍多，相应工作量大。

4. 任食和限食饲养试验

任食和限食也是饲养试验中常遇到的问题。为使每个鹿都可获得同等机会，充分发挥试验鹿和饲料的最大潜力，需采用任食。考察饲料或日粮的差异及其对生产性能的影响等，任食对达到试验目的是有利的。限食则多用于评定饲料的利用率。

（二）饲养试验方法的优缺点

这一试验方法，切合生产实际，不需要特殊设备，易于实行，可同时采取多点的重复试验，以加快应用于生产。所以饲养试验是进行饲料营养价值评定的最常用的也是最基本的一种方法。但这种方法只能做相对价值的说明，不能解释能量、蛋白质、氨基酸、维生素、矿物质的消化与代谢作用。

五、体内消化实验评定梅花鹿饲料的营养价值

根据鹿每日从饲料中食入多少养分和从粪中排出多少养分，从而计算某种养分每日的消化量和消化率。要求测定鹿每日采食饲料量和每日的排粪量，并测定饲料和粪中的某养分含量。

（一）全收粪法

1. 试验鹿的准备和要求

要选择健康有代表性的鹿只，如不考虑性别，常选用公鹿为试验鹿，有利于收集粪时减少泌尿带来的麻烦。一般采用拉丁方试验设计。每测一种饲料，试验动物不得少于3头，一般以4头为宜。鹿只过少，单个值与平均值

的差异较大。鹿只过多，工作量大。

2. 测试饲料和日粮的准备

用于测试的精饲料要一次备齐，按每日每头饲喂量称重分装，并采取分析样品供测定干物质和养分含量用。按消化试验目的确定日粮精粗比，日喂量以鹿能全部摄入为原则。

3. 试验步骤

试验分预试期和正试期两个阶段。预试期目的是排空肠道内容物，同时也了解试验鹿的采食量、排粪规律，并使试验鹿适应饲料、饲养试验规程及环境。试验鹿预试期为 10d，正试期 4d。在正试期定量饲喂，如有剩余饲料，应烘干称重，以计算试验鹿每日的实际食入量。在试验开始和结束时，清晨空腹称重，以备参考。若测定某种饲粮的消化率时，1 次试验即可，一般称之为直接法。但对不能单一用的饲料消化率的测定需要采用间接法。即第 1 次试验测定全价基础日粮的消化率，第 2 次试验测定饲料（15%～30%）和基础日粮（85%～70%）共同组成日粮的消化率，根据两次试验结果，计算出被测饲料各养分的消化率。最好用两组动物进行交叉试验。

4. 粪的收集和处理

鹿的消化试验多放在鹿的消化代谢试验笼中进行，鹿排出的粪落到集粪盘上，再捡入粪袋中，每天定时收集粪便并称重，混匀后按总量的 1/50～1/10 取样，然后按 100g 鲜粪加 10% 硫酸 20ml，以免粪中氨氮损失。然后将粪烘干，测定干物质含量和各养分含量。

（二）指示剂法

指示剂法的优点在于减少收集全部粪便带来的麻烦，节省时间和劳动力，尤其是在没有鹿消化代谢笼而收集全部粪便较困难的情况下。采用指示剂法更具优越性。用作指示剂的物质必须是不为鹿所消化吸收，并能均匀分布和有很高的回收率。根据指示剂的不同，又分为外源指示剂和内源指示剂法，三氧化二铬（Cr_2O_3）是常用的外源指示剂。内源指示剂一般用 2mol/L 或 4mol/L 盐酸不溶灰分，故又称盐酸不溶灰分法。

1. 外源指示剂法

从预试期开始，就将三氧化二铬加入日粮中混匀，喂给试验鹿，除每日收集部分粪样外，其他与全收粪法相同。正试期结束，将收集的所有粪样混匀，再取样分析粪中各养分含量和三氧化二铬含量。

某一养分的消化率（％）＝100－100×（日粮中指示剂含量×粪中某一养分含量）／（粪中指剂含量×日粮中某一养分含量）

式中，某一养分为粗蛋白、粗纤维、粗脂肪、无氮浸出物，也可是日粮或饲料有机物。粪的干湿对计算无影响，但三氧化二铬和某一养分的含量必须来自同一样品。

2. 内源指示剂法

内源指示剂法是指用组成日粮饲料本身所含有的不可消化吸收的物质，如盐酸不溶灰分。内源指示剂法可减少将指示剂混入日粮的麻烦，比外源指示剂法更准确。消化能和蛋白质的消化率的测定与全收粪法无显著差异。但是，此方法是测定饲料和粪中的盐酸不溶灰分，粪的收集绝不可污染含有不溶灰分的沙粒等杂质。同样日粮或饲料含有不溶灰分的沙粒等杂质过多或不均匀，也同样会影响测定结果。盐酸不溶灰分测定，是称取 10～15g 试样置于 300ml 安装有回流冷凝管的大三角瓶中，加 4mol/L 盐酸 100ml，加热至轻微沸腾 30 分钟，然后过滤，冲洗残渣至无酸性，再移入已知重量的坩埚中，于 650℃ 茂福炉灰化 6 小时，待冷却后称重。计算出盐酸不溶灰分含量。其他步骤完全与外源指示剂法相同。

3. 影响饲料各种养分消化率的因素

影响饲料各种养分消化率的因素很多，主要有饲料，日粮，动物（性别、年龄、生物学时期、健康状况），环境（温度、湿度、光照、声音等），应激等。所以在饲料各种养分消化率的测定过程中，要尽量保持试验条件的一致性。

六、体外消化实验评定梅花鹿饲料营养价值

离体消化试验是模拟消化道环境，在体外进行饲料的消化。用常规消化试验和指示剂法都消耗大量人力、物力和时间。所以近年来离体消化试验发展迅速。按消化液的来源，可分为消化道消化液法和人工消化液法。

（一）两级离体消化法

1. 瘤胃液的采取

晨饲前采取瘤胃液于保温瓶中，通入二氧化碳以排除空气，用两层纱布粗滤于三角瓶中，向三角瓶通入二氧化碳，在38～39℃水浴中培养备用。

2. 样品的配制

测定时，要做如下平行测定，即高消化率标准饲草 A（2个），低消化率标准饲草 B（2个），空白1（2个）放置在培养架前位，空白2（2个）放置在培养架后位，测定样品每种3个。

3. 消化液的分装

准确称取风干样0.5g，放入80～90ml玻璃离心管中，置于38～39℃水浴中，向每个试管中加40ml缓冲液（$NaHCO_3$39.8g，$Na_2HPO_4$37.2g，$NaCl$1.88g，KCl2.88g，$MgCl_2 \cdot H_2O$ 0.36g，$CaCl_2$0.2g 溶解于4 000ml 蒸馏水中）和10ml瘤胃液，摇动混匀，充入二氧化碳，盖上带有放气门的橡皮塞，放入38～39℃培养箱中培养。

4. 消化培养

加完培养液的样品放入38～39℃培养箱中培养48小时（每日摇动2～3次）。然后加入1ml $HgCl_2$，2ml Na_2CO_3，3 000转/分离心15分钟，倾去上清液，各管加入50ml盐酸胃蛋白液［胃蛋白酶（1∶10 000）10g，浓盐酸44.5ml，蒸馏水5 000ml］，继续在38～39℃培养箱中培养48小时（每日摇动2～3次）。然后离心，水洗，移入50～100ml已知重量的各坩埚中，105℃干燥到恒重。

5. 饲料干物质降解率

$$饲料干物质降解率（\%）= \frac{100 \times （残渣质量 - 空白残渣质量）}{样品干物质质量}$$

（二）人工瘤胃产气法

1. 瘤胃瘘管鹿的饲养

日粮组成和饲喂次数要保持稳定不变，精粗饲料比为4∶6。

2. 培养液的制备

将0.1ml 微量元素液（13.2g $CaCl_2 \cdot 2H_2O$，10g $MnCl_2 \cdot 4H_2O$，

1g CoCl$_2$·6H$_2$O，8g FeCl$_2$·6H$_2$O，溶于 1 000ml 蒸馏水中），200ml 缓冲液（4g NH$_4$HCO$_3$，35g NaHCO$_3$ 溶于 1 000 ml 蒸馏水中），200ml 常量元素液（5.7g Na$_2$HPO$_4$，6.2g K$_2$HPO$_4$，MnSO$_4$·7H$_2$O 溶于 1 000 ml 蒸馏水中），1ml 0.1% 刃天青溶液，40ml 还原液（4.0mg NaOH，625mg Na$_2$S·9H$_2$O 溶于 1 000ml 蒸馏水中），加入 400ml 蒸馏水，将培养液通入二氧化碳加以饱和后，于 38～39℃水浴中保存，同时用磁力搅拌器不断搅拌。

3. 瘤胃液的采集和培养

晨饲前用真空泵从瘤胃抽取瘤胃液，在 39℃保温，经 4 层纱布过滤至三角瓶内。取 1 份瘤胃液与 2 份培养液混合，将混合液放在发酵瓶内，置 39℃水浴中，定时用磁力搅拌器搅拌，并不断通入二氧化碳，准确称取风干样 200mg，放入特制的 100ml 注射器内，39℃预热，再加 30ml 的混合液。注射器内不能留有任何气泡，关闭注射器与外界的通路，读取注射器活塞位置的读数，并记录下来，然后放入 39℃培养箱中培养 24 小时。当培养 6～8 小时时，读取注射器活塞位置的读数，如读数超过 60ml，则将此读数记录下来，并将气体排出去，让活塞位置回到 30ml 处，经过 24 小时培养结束时，再记录最后读数。读数时要尽可能地快一些。

4. 测定条件的标准

校正空白产气量：一切操作相同，但不加样品。

标准干草产气量：混合液内加入干物质为 200mg 的标准干草粉进行培养，要求其 24 小时产气量为 44.16ml。

标准混合料测定：用纯玉米淀粉和标准干草粉按比例（3∶7）配合而成。取干物质为 200mg 标准混合料进行培养，要求其 24 小时产气量为 59.8ml。如果标准干草粉校正系数（Fh）44.16/（标准干草粉产气量 – 空白产气量）＞1.1，应增加瘘管鹿日粮中粗饲料的比例。如果标准混合料校正系数（Fhs）59.8/（标准混合料产气量 – 空白产气量）＞1.1，应增加瘘管鹿日粮中精饲料的比例。从而使瘤胃液的变异得以控制。

5. 计算

校正后饲料样品产气量 Gb（ml）＝［待测样品培养 24 小时的读数（ml）– 培养开始时读数（ml）– 空白产气量（ml）］×200×（Fh ＋

Fhs）／［2×待测饲料干物质质量（g）］。

待测饲料干物质降解率（%）＝14.88＋0.889 Gb＋0.045粗蛋白质（g/kg干物质）＋0.065粗灰分（g/kg干物质）。

待测饲料代谢能（兆焦/kg干物质）＝1.06＋0.157 Gb＋0.0084粗蛋白质（g/kg干物质）＋0.022粗脂肪（g/kg干物质）＋0.022粗灰分（g/kg干物质）。

待测饲料有机物降解率（%）＝0.7602Gb＋0.6365粗蛋白质（g/kg干物质）＋22.5。

待测饲料可消化能（兆焦/kg干物质）＝2.86＋0.138 Gb＋0.142粗蛋白质（g/kg干物质）＋0.111粗脂肪（g/kg干物质）。

（三）人工消化液法（酶解法）

1. 饲料蛋白质降解率的测定

称取0.5g试样于100ml培养管中，加入预热的含有特定纤维素酶的柠檬酸盐缓冲液（pH值4.5）30ml，摇匀，置40℃恒温水浴摇床上，加塞培养24小时，用孔径320目尼龙布过滤。用约60ml蒸馏水冲洗3次，再以pH值1.4的氯化钾—盐酸缓冲液冲洗残渣3次。加入30ml含有特定活力的胃蛋白酶氯化钾—盐酸缓冲液，加塞后，重新置40℃恒温水浴摇床上，加塞培养24小时，用孔径320目尼龙布过滤，用约60ml蒸馏水冲洗3次，将残渣置于65℃烘箱中烘至恒重，测定残渣中粗蛋白质含量。

饲料蛋白质降解率（%）＝

$$\frac{（100）×（原试样蛋白质质量－残渣中粗蛋白质质量）}{原试样蛋白质质量}$$

2. 饲料有机物降解率的测定

称取0.3g试样于100ml培养管中，加入预热的含有特定活力的盐酸胃蛋白酶溶液（0.1mol/L盐酸），置40℃恒温水浴摇床上，加塞培养24小时，用孔径320目尼龙布过滤，用约60ml蒸馏水冲洗3次，再以pH值4.5的柠檬酸盐缓冲液20ml冲洗残渣1次。加入30ml含有特定活力的纤维素酶的柠檬酸钠缓冲液（pH值4.5）于培养管中，加塞后，重新置

40℃恒温水浴摇床上培养 24 小时，用孔径 320 目尼龙布过滤，将残渣置于 65℃烘箱中烘至恒重，再在 550℃灼烧 3 小时，测定残渣中灰分、有机物含量。

$$饲料有机物降解率（\%）= \frac{（原试样有机物质量 - 残渣中有机物质量）}{原试样有机物质量} \times 100$$

3. 试剂配方

0.5mol/L KCl–HCl 缓冲液（pH 值 1.4）：先配 0.2mol/L 氯化钾溶液，然后用 0.2mol/L 氯化钾溶液 26.3ml 加入 0.1mol/L 盐酸 47ml 混匀即成。

0.05mol/L 磷酸氢钠—柠檬酸缓冲液：取 13.3g 无水磷酸氢钠加 11.19g 柠檬酸溶于 1 000ml 蒸馏水中即成。

七、半体内法（尼龙袋法）评定梅花鹿饲料营养价值

近年来，由于反刍动物新蛋白质体系的建立，将反刍动物对蛋白质的需要分为瘤胃微生物蛋白质和过瘤胃蛋白质，故必须测定饲料蛋白质在瘤胃内的降解率。常用尼龙袋法测定，该法具有既能较好反映瘤胃的实际消化生理状况，又简便易行，但其使用效果受很多因素的影响，根据鹿本身的生理特点和试验结果，现将尼龙袋法评定鹿饲料营养价值的操作过程简述如下。

（一）试验鹿的选择

试鹿应健康，体重相近，年龄相同，有至少 3 头成年梅花公鹿为宜，以减少试验误差。

（二）安装瘤胃瘘管要求

安装的瘤胃瘘管应由特制的高弹、高强度、耐腐蚀的无毒橡胶制成，要安装牢固，避免脱落，每半年应更换一次瘘管。

（三）饲养管理条件

将鹿在 1.3 倍维持营养水平的条件下饲养，日粮精粗比为 6：4，精料的组成应在 3 种以上，粗蛋白质水平应为 18% 左右，日喂 3 次（8：00，12：00，16：00），试验期应保持日粮的组成和喂量不变，自由饮水，单圈

专人饲养。

（四）被测样本的制备

将待测样品粉碎至通过 2.5ml 筛孔，再将粉碎后样本用 1mm 筛孔分离，取 1～2.5ml 粒度的样本混合均匀后，放低温冰柜中待用，装袋时将其从冰柜中取出，放入 70℃烘箱烘 48 小时至恒重，即成被测样本。

（五）尼龙袋原料和规格及制作

尼龙袋原料和规格对饲料降解率测定有直接影响，应统一选择孔眼 35～50μm 的尼龙布，裁成 17cm×13cm 的长方块，对折，用涤纶线缝双道，制成长乘宽为 12cm×8cm 的尼龙袋，散边用烙铁烫平。

（六）培养时间

尼龙袋在瘤胃停留时间，精料为 2 小时、4 小时、6 小时、12 小时、24 小时、36 小时、48 小时，粗料为 6 小时、12 小时、24 小时、36 小时、48 小时、72 小时，对难以消化的玉米秸培养时间应延长到 240 小时为宜。

（七）放、取袋

准确称取待测样品（精料 4g，粗料 2g）放入一个尼龙袋内，每个样本设 3 个重复（分别放在 3 个鹿瘤胃中），袋之间样品重量的差异控制在 100mg 以内。将 3 个样本袋夹在一根长 20cm 半软性塑料管一端上，借助一木棒将袋送入瘤胃腹囊处，管的另一端用医用缝合线与瘘管盖连接系上。放袋时应先将样品用水浸湿，以减少对鹿的应激，每头鹿最多放 12 个袋，每次放袋都要在晨饲后 2 小时。将同一时间点的样本同时放入同时取出，取放袋都要在化学麻醉保定下完成，取出的尼龙袋放入低温冰柜中 1 小时。

（八）冲洗

从冰柜中取出尼龙袋，然后在室温下用自来水冲洗，尤其是将袋口处非样品残渣冲洗干净，冲洗时用手轻轻抚动袋子，直至水清为止，不要用力过猛或拧、捏袋子。每次冲洗时间应保持大致相同，由同一人完成。

（九）测定残渣中干物质量、残渣和样本中的蛋白质含量和有机物含量

将洗好的尼龙袋从管上取下放入 70℃烘箱烘至恒重（48 小时），称袋

加渣重，然后测定残渣中蛋白质含量和有机物含量。再将空袋洗净烘至恒重（70℃，24 小时），测袋重以求残渣量。原样本中的蛋白质含量和有机物含量也是在相同条件下测定。

（十）　某时间点降解率的计算

被测样本某时间点干物质降解率（%）＝（1－残渣量/放入袋内样本量）×100

被测样本某时间点蛋白质和有机物的降解率（%）＝（1－残渣的蛋白质和有机物量/放入袋内蛋白质和有机物量）×100

（十一）　待测饲料瘤胃外流速度的测定

按待测饲料干物质 4% ~14% 的比例称取重铬酸钠，溶于温水中，倒入待测饲料，搅拌成稠粥状，用带盖搪瓷盘盛着，于 100℃ 烘箱内加热 24 小时，取出后用自来水反复冲洗，至水清为止，再将饲料悬浮于清水中，pH 值为 9 左右，加入抗坏血酸，待 pH 值降到 4，搅拌后，静置 12 小时，最后放在 100℃烘箱内烘 24 小时，制成铬标记的待测饲料。将铬标记好的待测饲料，在晨饲时与精料混合均匀，一起喂给试验鹿，或直接由瘤胃瘘管投入到瘤胃中，用量为 0.2kg/头。在投喂后的第 4、第 8、第 12、第 16、第 20、第 24、第 28、第 32、第 36、第 40、第 44、第 48、第 54、第 60、第 72、第 84、第 96、第 108、第 120 小时由直肠取粪样，65℃烘干，粉碎粒度过 1ml 筛，用比色法测定粪中三氧化二铬的含量。饲料瘤胃外流速度（Kp 值）计算是根据最小二乘法得到的，其公式为

$$F_t = F_0 e^{-Kpt}$$

式中，F_t 为粪中三氧化二铬的含量达到高峰时的含量，F_0 为零时刻该曲线在 Y 轴上的截距，t 为曲线下降后的采样时间，e 为自然对数的底。

（十二）　有效降解率的计算

根据 Φrskovr 和 Mcdonald（1979）的公式

求出饲料有效降解率。即：$dP = a + b (1 - e^{-ct})$　$P = a + bc/ (C + k)$

式中，dP 为某时间点消失率，a、b 分别为快慢消失部分，C 为 b 的消失速度常数，p 为有效消失率，k 为饲料的瘤胃外流速度常数，t 为袋在瘤

胃内培养时间。

八、常规营养成分估测法评定梅花鹿饲料营养价值

饲料在瘤胃中的干物质有效降解率（DMD）、蛋白质有效降解率（CPD）、有机物有效降解率（OMD）是当今反刍动物蛋白质新体系的核心指标，用体内法测定 DMD，CPD，OMD 有周期长、费时、耗资大等缺点，就是在家畜上都不易做到，在梅花鹿非常珍贵的情况下，就更难实现。而尼龙袋法以其自身的优点已普遍应用于测定各种饲料营养成分在瘤胃内的降解规律，在梅花鹿上已测定了 49 种 73 个样品的 DMD，CPD，OMD。但由于梅花鹿所采食的饲料种类繁多（达 300 多种），并且饲料因产地、收获期、部位、加工、处理、种类不同其 DMD，CPD，OMD 亦不同，因此要及时地测定全部饲料的 DMD，CPD，OMD，即使用尼龙袋法也不易做到，而测定饲料常规营养成分相对就容易得多。作者通过饲料在梅花鹿瘤胃中的 DMD，CPD，OMD 与饲料的 CP（粗蛋白），EE（粗脂肪），CF（粗纤维），NFE（无氮浸出物）的相关关系，达到用常规营养成分估测饲料在梅花鹿瘤胃内的 DMD，CPD，OMD 的目的。

（一）估测精料类饲料的营养价值

例如，生黄豆、熟黄豆、豆饼、豆粕、玉米面、高粱、麦麸、稻糠 DMD，CPD，OMD 的回归方程分别为：

$DMD = -447.61 + 5.68CP + 6.05EE + 5.47CF + 6.34NFE$

$(R = 0.94, N = 8)$

$CPD = -97.74 + 1.81CP + 3.26EE + 0.26CF + 2.08NFE$

$(R = 0.83, N = 8)$

$OMD = -434.83 + 5.62CP + 5.67EE + 5.28CF + 6.13NFE$

$(R = 0.93, N = 8)$

（二）估测树叶类饲料的营养价值

小叶榆树叶、棒杆叶、柳树叶、杨树叶、臭李子叶、青柞树叶、干柞树叶、枫树叶、胡枝子叶、扫帚苗叶的回归方程分别为：

$$DMD = 48.39 + 1.43CP + 4.39EE - 0.52CF - 0.41NFE$$

（R = 0.81，N = 9）

$$CPD = 135.15 + 1.13CP + 7.04EE - 1.52CF - 2.07NFE$$

（R = 0.89，N = 9）

$$OMD = 42.71 + 1.80CP + 4.47EE - 0.65CF - 0.42NFE$$

（R = 0.87，N = 9）

（三）估测青草类饲料的营养价值

白蒿、黄蒿、青黄豆荚、青黄豆叶、大叶山黎豆、整棵黄豆、小蓟菜、苋菜、整棵糜子、玉米秸、整棵青玉米、玉米青贮的回归方程分别为：

$$DMD = 55.48 + 0.67CP + 1.71EE - 0.73CF + 0.11NFE$$

（R = 0.93，N = 12）

$$CPD = -78.22 + 2.47CP + 2.85EE + 1.20CF + 1.44NFE$$

（R = 0.87，N = 12）

$$OMD = 53.24 + 0.91CP + 1.45EE - 1.13CF + 0.17NFE$$

（R = 0.96，N = 12）

（四）估测所列全部饲料的营养价值

回归方程分别为：

$$DMD = 5.88 + 1.07CP + 1.17EE + 0.19CF + 0.60NFE$$

（R = 0.65，N = 29）

$$CPD = -11.34 + 1.30CP + 1.38EE + 0.56CF + 0.63NFE$$

（R = 0.62，N = 29）

$$OMD = 0.09 + 1.20CP + 1.12EE + 0.01CF + 0.65NFE$$

（R = 0.72，N = 29）

九、根据代谢实验评定梅花鹿饲料的营养价值

通过测定营养物质食入、排泄和沉积或产品中的数量，并以此估计鹿对营养物质的需要和饲料营养物质的利用率。常用于研究能量和蛋白质的利用情况。

（一）氮代谢平衡试验

测定方法除增加尿液的收集和分析外，其他方面均与消化试验相同。试验需在消化代谢笼中进行，粪尿分开收集，最好采用公鹿和颗粒饲料，有利于粪尿的收集，避免粪尿与饲料的相互污染。根据食入饲料氮、粪氮和尿氮量，可进行如下计算：沉积氮＝食入饲料氮－（粪氮＋尿氮）；氮的总利用率＝沉积氮/食入氮；氮的消化率＝（食入氮－粪氮）/食入氮；可消化氮利用率＝沉积氮/消化氮；测定某个饲料或日粮蛋白质的利用率，应采用限食，原则是食入蛋白质的量不超过或低于鹿的需要量。

（二）能量代谢试验

1. 直接测热法

将鹿置入测热室中，直接测定机体的产热量，收集并测定食入饲料、粪、尿、脱落皮毛和甲烷的燃烧能，其他步骤与消化试验和氮平衡试验相同。根据一段时间能量的收支情况，就可估计鹿的能量需要和能量的利用率。

饲料能量利用率＝（维持能＋生长能）/食入能

直接测热法原理很简单，但测热室的制作技术复杂，造价昂贵。实际采用直接测热法的并不多。

2. 间接测热法

间接测热法是根据测得的氧的消耗量（耗氧量）及二氧化碳和甲烷等代谢产物，间接计算出产热量。间接测热法又分为闭路式、开路式及开闭式呼吸测热法三类。我国现采用开闭式呼吸测热法。开闭式呼吸测热法，是通过测定每一实验周期开始时呼吸箱中各种气体（氧气、二氧化碳和甲烷）的浓度，根据鹿的品种、大小，让其在箱中呼吸一定时间，一般是使箱中二氧化碳浓度不超过1%，然后测定此周期末箱中各种气体浓度即结束。再换气5分钟进入下一周期，如此连续进行24小时。根据公式计算出24小时产热量。

3. 碳氮平衡法

用碳氮平衡估计鹿对能量的需要量或饲料利用率，需测定食入饲料、粪、尿、甲烷、二氧化碳的碳和氮的含量。采用此法，是在假设机体能量的沉积和分解只有脂肪和蛋白质成立的情况下使用。因每克蛋白质平均含碳52%，氮16%，产热23.8kJ；而每克脂肪平均含碳76.7%，氮0，产热39.7kJ。只要测定出食入的和排出的碳、氮，就可计算出鹿的产热量，再按直接测热法测定出能量的利用率。

十、梅花鹿常用饲料的营养价值

（一）梅花鹿常用精饲料常规营养成分（表4-1）

表4-1　梅花鹿常用精饲料常规营养成分

样品名称	样品来源	干物质（%）	粗蛋白（%）	总能（MJ/kg）	粗脂肪（%）	粗纤维（%）	粗灰分（%）	无氮浸出（%）
纸浆酵母	吉林	88.96	36.23	17.75	1.60		7.28	43.85
啤酒酵母	吉林	85.44	40.99	17.31	1.67		7.26	42.48
大豆	吉林	91.12	37.73	21.45	17.26	7.50	4.21	24.42
大豆	黑龙江	94.51	36.63	22.04	18.78	7.90	5.10	26.10
大豆	辽宁	95.78	37.65	22.41	19.96	6.20	4.37	27.69
豆饼	吉林	85.70	41.28	17.07	2.08	4.56	5.18	32.60
豆饼	黑龙江	89.17	39.05	18.31	4.12	5.45	5.71	34.84
豆饼	辽宁	94.77	44.77	19.17	4.14	5.70	5.69	34.47
豆粕	吉林	91.78	40.03	18.29	1.87	5.44	5.46	34.98
玉米面	吉林	93.50	9.15	16.60	2.02	1.93	1.39	79.01
玉米面	黑龙江	85.21	8.30	15.88	2.68	2.0	4.91	67.24
玉米面	辽宁	94.62	8.34	17.29	2.21	2.60	1.81	79.66
膨化玉米	吉林	89.43	6.99	17.01	2.98	1.55	1.40	76.51
麦麸	吉林	86.61	15.35	16.44	3.73	6.60	4.43	56.50
麦麸	黑龙江	85.75	14.07	16.68	4.16	4.65	4.65	56.97
麦麸	辽宁	94.16	16.09	18.08	3.86	1.24	5.03	58.94
小米面	吉林	92.35	19.19	16.53	2.37	1.18	3.69	65.92
高粱	吉林	87.78	14.73	16.21	2.65	1.40	2.57	66.43

（二）梅花鹿常用粗饲料常规营养成分（表4-2）

表4-2　梅花鹿常用粗饲料常规营养成分

样品名称	样品来源	干物质（%）	粗蛋白（%）	总能（MJ/kg）	粗脂肪（%）	粗纤维（%）	粗灰分（%）	无氮浸出物（%）
苜蓿	辽宁	89.11	16.80	17.00	3.19	6.67	6.86	55.77
玉米青贮	吉林	88.57	6.44	16.10	4.75	18.31	6.50	52.57
玉米青贮	辽宁	88.74	5.71	16.64	2.92	25.80	5.59	48.72
青柞树叶	吉林	90.80	12.02	17.57	2.13	18.60	5.23	52.82
青柞树叶	黑龙江	88.46	12.23	17.81	3.93	19.72	5.81	46.77
青柞树叶	黑龙江吉林	87.08	11.65	17.55	3.95	19.99	3.69	47.80
干柞树叶	黑龙江	86.29	3.27	16.52	4.27	21.66	6.64	50.45
干柞树叶	吉林	86.35	4.18	16.33	4.40	23.91	7.86	46.00
青椴树叶	黑龙江	90.92	9.27	17.51	5.62	16.88	7.15	52.00
青椴树叶	吉林	88.15	11.48	16.76	3.83	19.81	6.64	46.39
青胡枝子	黑龙江	90.56	16.18	18.17	4.71	21.26	6.18	42.23
小叶章草	吉林	89.73	6.18	16.52	1.28	36.97	5.89	39.41
玉米秸	黑龙江	88.99	5.09	16.28	2.08	25.39	5.91	50.52
玉米秸	吉林	92.15	4.03	16.40	1.48	37.99	5.97	42.68
青玉米秸	吉林	92.09	8.09	14.68	2.47	26.83	7.80	46.90
榛杆叶	吉林	91.62	12.05	17.59	3.38	12.50	6.33	57.36
青豆秸	黑龙江	89.35	20.32	18.20	5.14	12.22	6.04	45.63
豆秸		86.38	3.42	16.16	0.72	46.52	3.02	32.70

（三）梅花鹿常用饲料氨基酸含量（表4-3）

表4-3　梅花鹿常用饲料氨基酸含量　　　　单位:%

样品名称	样品来源	天冬氨酸	谷氨酸	丝氨酸	甘氨酸	组氨酸	精氨酸	苏氨酸	丙氨酸	脯氨酸
大豆	吉林	2.84	6.64	1.65	1.44	0.52	2.13	1.34	1.69	1.86
大豆	黑龙江	4.79	7.90	1.70	1.65	1.03	3.13	1.40	1.74	2.04
豆饼	吉林	3.33	8.77	2.19	1.92	0.67	2.77	1.61	2.01	2.38
豆饼	黑龙江	4.85	8.45	1.80	1.83	1.14	3.42	1.51	1.87	2.26
豆饼	辽宁	5.31	8.51	1.65	1.93	1.12	3.42	1.53	2.10	2.81
葵花饼	吉林	2.55	7.28	1.46	1.90	0.63	2.71	1.11	1.59	1.46
玉米面	黑龙江	0.60	2.07	0.38	0.33	0.30	0.43	0.31	0.74	0.94
玉米面	辽宁	0.56	1.70	0.31	0.33	0.23	0.34	0.27	0.67	0.82
麦麸	黑龙江	1.22	3.56	0.61	0.90	0.45	1.13	0.51	0.83	1.12
麦麸	辽宁	1.35	3.46	0.57	0.91	0.46	1.15	0.52	0.82	1.17

（续表）

样品名称	样品来源	天冬氨酸	谷氨酸	丝氨酸	甘氨酸	组氨酸	精氨酸	苏氨酸	丙氨酸	脯氨酸
苜蓿	辽宁	2.24	1.90	0.65	0.92	0.37	0.72	0.74	1.07	0.97
玉米青贮	吉林	0.13	0.40	0.20	0.24	0.04	0.10	0.28	0.42	0.24
玉米青贮	辽宁	0.48	0.98	0.24	0.39	0.16	0.16	0.27	0.63	0.37
山梨叶	吉林	0.27	0.57	0.32	0.35	0.11	0.39	0.31	0.45	0.42
枫树叶	吉林	0.82	0.98	0.32	0.23	0.18	0.26	0.28	0.43	0.44
臭李子叶	吉林	0.13	0.36	0.24	0.28	0.09	0.24	0.29	0.37	0.39
山楂叶	吉林	0.18	0.43	0.28	0.34	0.11	0.35	0.31	0.42	0.40
柳树叶	吉林	0.18	0.51	0.35	0.37	0.12	0.39	0.40	0.50	0.42
果树叶	吉林	0.57	1.23	0.57	0.65	0.23	0.70	0.66	0.87	0.71
桦树叶	吉林	0.03	0.64	0.38	0.47	0.14	0.38	0.37	0.55	0.54
黄波梨叶	吉林	0.44	1.02	0.48	0.55	0.17	0.60	0.58	0.72	0.61
榛杆叶	吉林	0.14	0.29	0.21	0.26	0.09	0.16	0.26	0.33	0.57
青柞树叶	辽宁	1.45	1.82	0.52	0.81	0.33	0.75	0.60	0.90	0.84
青柞树叶	黑龙江	1.19	1.46	0.53	0.65	0.26	0.67	0.57	0.69	0.64
椴树叶	黑龙江	1.74	1.37	0.49	0.64	0.26	0.76	0.54	0.71	0.66
干柞树叶	吉林	0.55	0.53	0.22	0.27	0.12	0.22	0.23	0.28	0.26
干柞树叶	黑龙江	0.46	0.49	0.21	0.24	0.10	0.20	0.21	0.26	0.25
水稗草	吉林	0.34	0.88	0.31	0.30	0.08	0.31	0.32	0.57	0.05
三棱草	吉林	0.44	0.72	0.30	0.30	0.10	0.33	0.40	0.40	0.35
小叶章草	黑龙江	0.72	0.73	0.21	0.28	0.09	0.13	0.23	0.33	0.27
玉米秸	吉林	0.08	0.30	0.17	0.18	0.05	0.10	0.15	0.25	0.28
玉米秸	黑龙江	0.39	0.50	0.16	0.23	0.08	0.10	0.17	0.25	0.20
豆秸	黑龙江	0.40	0.42	0.17	0.22	0.07	0.10	0.16	0.25	0.19
青蒿	吉林	2.10	2.70	0.84	1.24	0.49	1.31	1.05	1.42	1.16
纸浆酵母	吉林	3.31	6.17	1.52	1.89	0.74	2.08	1.82	2.82	1.57
啤酒酵母	吉林	4.31	7.00	2.00	2.16	0.95	2.33	1.92	2.98	2.33
大豆	吉林	1.54	1.54	0.41	0.06	1.45	2.16	1.64	1.49	
大豆	黑龙江	1.39	1.90	0.45		1.72	2.85	1.98	2.54	0.29
豆饼	吉林	1.77	1.87	0.55	0.07	1.89	2.4	2.02	2.06	
豆饼	黑龙江	1.41	2.27	0.58		2.03	3.24	2.12	2.60	0.38

（续表）

样品名称	样品来源	天冬氨酸	谷氨酸	丝氨酸	甘氨酸	组氨酸	精氨酸	苏氨酸	丙氨酸	脯氨酸
豆饼	辽宁	1.54	2.41	0.66		1.98	3.32	2.48	2.79	0.35
葵花饼	吉林	1.15	1.69	0.67	0.13	1.41	1.95	1.53	0.96	
玉米面	黑龙江	0.38	0.52	0.22		0.38	1.25	0.49	0.26	0.09
玉米面	辽宁	0.31	0.41	0.16		0.33	0.98	0.42	0.25	0.09
麦麸	黑龙江	0.47	0.83	0.20		0.59	1.02	0.66	0.66	0.20
麦麸	辽宁	0.50	0.82	0.20		0.65	1.09	0.73	0.80	0.20
苜蓿	辽宁	0.54	1.01	0.24		0.80	1.31	0.94	0.89	0.32
玉米青贮	吉林	0.20	0.29	0.05	0.01	0.23	0.36	0.22	0.15	
玉米青贮	辽宁	0.19	0.40	0.23		0.33	0.60	0.34	0.32	0.27
山梨叶	吉林	0.37	0.45	0.10		0.39	0.65	0.42	0.16	
枫树叶	吉林	0.39	0.51	0.18	0.02	0.36	0.65	0.45	0.15	
臭李子叶	吉林	0.31	0.37	0.06	0.01	0.31	0.54	0.35	0.20	
山楂叶	吉林	0.35	0.44	0.09	0.01	0.34	0.59	0.40	0.29	
柳树叶	吉林	0.37	0.47	0.10	0.01	0.37	0.63	0.41	0.32	
果树叶	吉林	0.60	0.74	0.19		0.59	1.05	0.74	0.65	
桦树叶	吉林	0.43	0.51	0.11	0.02	0.43	0.71	0.47	0.31	
黄波梨叶	吉林	0.56	0.60	0.20	0.02	0.53	0.83	0.63	0.47	
榛杆叶	吉林	0.37	0.40	0.10	0.01	0.34	0.59	0.39	0.15	
青柞树叶	辽宁	0.56	0.91	0.25		0.70	1.31	0.86	0.90	0.22
青柞树叶	黑龙江	0.42	0.77	0.12	0.54	1.01	0.65	0.75	0.22	
椴树叶	黑龙江	0.41	0.69	0.18		0.51	0.92	061	0.72	0.27
干柞树叶	吉林	0.16	0.33	0.11		0.22	0.38	0.26	0.34	0.22
干柞树叶	黑龙江	0.12	0.29	0.09		0.20	0.34	0.22	0.29	0.26
水稗草	吉林	0.28	0.37	0.10	0.02	0.30	0.54	0.33	0.25	
三棱草	吉林	0.31	0.32	0.08		0.29	0.44	1.29	0.29	
小叶章草	黑龙江	0.15	0.31	0.08		0.19	0.37	0.25	0.22	0.23
玉米秸	吉林	0.16	0.20	0.05	0.02	0.15	0.26	0.17	0.11	
玉米秸	黑龙江	0.13	0.25	0.05		0.15	0.28	0.18	0.20	0.24
豆秸	黑龙江	0.13	0.21	0.08		0.19	0.27	0.18	0.25	0.21
青蒿	吉林	0.72	1.39	0.33		1.08	1.89	1.21	1.38	0.42

（续表）

样品 名称	样品 来源	天冬 氨酸	谷氨 酸	丝氨 酸	甘氨 酸	组氨 酸	精氨 酸	苏氨 酸	丙氨 酸	脯氨 酸
纸浆酵母	吉林	1.06	2.31	0.32		1.62	2.68	1.51	2.70	0.31
啤酒酵母	吉林	1.47	2.40	0.86		1.83	2.95	1.97	3.24	0.35

（四）梅花鹿常用饲料矿物质元素含量（表4－4）

表4－4 梅花鹿常用饲料矿物质元素含量

样品 名称	样品 来源	钙 （%）	磷 （%）	铁 （%）	镁 （%）	钠 （%）	钾 （%）	锌 （mg/ kg）	铜 （mg/ kg）	锰 （mg/ kg）
玉米面	吉林	0.09	0.29	0.06	0.08	0.03	0.35	28.12	20.34	3.10
豆粕	吉林	0.30	0.50	0.07	0.10	0.03	2.10	55.00	25.43	21.45
大豆	吉林	0.28	0.41	0.06	0.11	0.03	1.24	48.44	28.42	8.08
豆饼	吉林	0.37	0.53	0.08	0.09	0.03	1.72	49.36	34.33	14.43
麦麸	吉林	0.22	0.43	0.07	0.06	0.02	0.81	60.78	22.15	40.17
黄豆皮	吉林	0.18	0.29	0.08	0.09	0.01	1.98	47.42	27.24	12.84
葵花饼	吉林	0.35	0.55	0.08	0.07	0.02	1.51	70.21	43.86	19.40
稻糠	吉林	0.65	0.62	0.18	0.09	0.02	0.48	42.57	22.13	94.11
玉米脐	吉林	0.12	0.44	0.08	0.12	0.02	0.55	48.17	29.68	5.80
玉米青贮	吉林	0.48	0.13	0.09	0.10	0.02	0.41	18.23	16.45	23.12
玉米秸	吉林	0.30	0.08	0.08	0.12	0.02	0.36	32.17	39.02	36.09
豆秸	吉林	0.56	0.12	0.10	0.10	0.02	0.55	28.03	56.76	33.47
柞树叶	吉林	1.99	0.08	0.11	0.11	0.02	0.18	29.56	19.58	552.92
柳树叶	吉林	1.70	0.20	0.07	0.11	0.03	0.99	114.50	21.61	332.90
果树叶	吉林	2.56	0.07	0.10	0.12	0.03	2.92	35.21	24.20	37.78

第五节 梅花鹿饲料营养价值评定

（五）梅花鹿常用饲料的干物质、蛋白质、有机物质有效降解率（表 4 - 5）

表 4 - 5　梅花鹿常用饲料的干物质、蛋白质、有机物有效降解率

单位:%

饲料名称	干物质有效降解率	蛋白质有效降解率	有机物有效降解率
鱼粉	33.30	36.89	34.66
黄豆	90.11	87.46	84.56
熟黄豆	70.88	63.10	70.06
豆饼	83.24	78.87	81.65
豆粕	62.20	57.72	62.94
玉米面	74.79	62.05	71.64
高粱	73.26	38.21	69.88
麦麸	68.01	81.59	62.69
稻糠	28.60	51.62	22.91
小叶榆树叶	48.27	53.06	46.48
榛杆叶	49.52	34.26	43.62
柳树叶	47.93	33.22	45.43
臭李子叶	47.55	35.73	44.06
青榨树叶	49.43	24.40	45.10
干榨树叶	39.07	32.05	31.64
枫树叶	68.77	56.24	65.23
胡枝子叶	47.11	43.35	45.79
扫帚苗叶	64.50	67.34	61.89
白蒿	61.69	51.23	55.42
黄蒿	60.11	57.73	56.18
青黄豆夹	73.25	77.10	68.04
青黄豆叶	73.98	65.97	74.34
大叶山黎豆	64.29	67.88	55.07
整棵黄豆	69.90	79.11	68.79
小蓟菜	80.01	61.61	73.12
苋菜	54.06	51.59	36.72
整棵糜子	59.16	55.09	49.84
玉米秸	41.23	27.71	36.19
整棵青玉米	63.49	74.52	56.49
玉米青贮	45.69	53.21	39.09

（六）梅花鹿常用钙、磷矿物质饲料的生物学效价

作者用 3 头装有永久性瘤胃瘘管成年梅花公鹿，探讨了尼龙袋法测定钙、磷矿物质饲料的生物学效价。结果表明：尼龙袋法能很好测定梅花鹿钙、磷矿物质的生物学效价；7 种钙源饲料磷酸氢钙、硫酸钙、碳酸钙、石粉、骨粉、贝壳粉、鸡蛋壳粉的生物学效价（%）分别为 109.00、100.00、88.50、87.00、79.00、54.10 和 26.60；4 种磷源饲料磷酸氢钠、磷酸二氢钠、磷酸氢钙、骨粉的生物学效价（%）分别为 100.00，100.00，81.35 和 59.15。

第六节　梅花鹿饲料配方的配制

鹿的饲料配制是采用不同来源的饲料原料，依据鹿的营养需要或饲养标准，进行合理的饲料搭配混合，以满足鹿不同生理时期及不同生产要求的营养需要；饲料配制既要最大程度地利用饲料营养物质，又要符合经济生产的原则，以最低的饲料成本，发挥鹿最大的生产潜力。

一、饲料配制应注意的问题

（一）依据梅花鹿的营养需要量选用饲料

梅花鹿不同生物学时期的营养需要量，是建立在大量试验基础上，结合生产实际得出的。在设计饲料配方时，应根据梅花鹿不同生物学时期营养需要量，配制出全价的日粮，以便更好地发挥鹿的生产性能。

（二）根据饲料原料的营养成分选用饲料

在配制饲料时，应结合季节特点、饲料资源、价格及营养成分含量，选取所要用饲料原料，再结合饲料成分及营养价值表，计算所设计的饲料配方是否符合鹿营养需要量。最好是进行常规饲料成分分析后再进行配制，如没有条件，可选用营养价值表进行计算。

(三) 考虑饲料的适口性选用饲料

鹿对饲料的选择性较大，有些适口性差的饲料配比过多，会引起鹿拒食，设计饲料配方时应选择适口性好、无异味的饲料，对适口性差的饲料可少加或添加调味剂，以提高其适口性。比如高粱含有单宁，高粱用量不应超过10%，玉米蛋白粉、棉籽饼等不宜大量饲喂鹿等，以免影响其预期采食量及饲喂效果。

(四) 结合鹿不同生物学时期特点选用饲料

鹿为反刍动物，可消化大量的粗饲料，如在生产公鹿越冬期可大量选用粗饲料，仅需视体况条件供给精料，有的鹿场仅饲喂粗饲料就可满足鹿越冬营养需要，母鹿妊娠后期营养需要量大，应选用高能高蛋白质饲料进行配制，同时应适当减少饲料容积，以免因采食食物体积过大而对胎儿造成挤压。

(五) 所选饲料应考虑经济的原则

应尽量选择营养丰富而价格低的饲料进行配合，以降低饲料成本，同时饲料的种类和来源也应考虑到经济原则，根据实际情况，因地制宜、因时制宜地选用饲料，保证饲料来源的方便和稳定。

(六) 日粮组成的饲料原料尽可能多样化

在进行日粮配合时，过于单一的饲料原料，有可能配制不出所需营养的日粮，如单一的玉米、麦麸就配制不出含蛋白质为20%的日粮。尽可能有较多的可供选择饲料原料，以满足不同的营养需求。

(七) 饲粮精粗比要适宜

在鹿的饲料配制时，应把粗饲料看作基础饲料，在满足粗饲料的基础上再决定补加相应的精料。由于鹿是反刍动物，能大量地利用粗饲料，在草叶丰富的夏秋季节，仅营养丰富的牧草就可以满足其营养需要，但在我国以生茸为主要目的的饲养条件下，精料的补充可起到增茸的目的。同时应考虑精饲料与粗饲料的比例关系，在最大限度发挥生产潜力及满足鹿某一生理时期的营养需要前提下，一般应尽量利用粗饲料，粗饲料具有较大的容积，可使鹿有饱腹感，在采食量调节上也有很大作用，降低饲料成本。作者研究得出，梅花鹿圈养条件下，精饲料与粗饲料干物质的比例为 0.47：0.53。

（八）考虑满足营养需要的顺序

在设计饲料配方时，应首先考虑能量需要，其次是蛋白质，然后再考虑矿物质及维生素等营养物质的需要。能量饲料、蛋白质饲料在日粮中所占比例大，首先满足能量和蛋白质的需要，对矿物质及维生素的不足，可采用各类添加物来补充，而不必调整所有的饲料原料的种类。

二、饲料配制的准备

（一）确定营养标准

进行饲料配制首先应找一个相对科学、准确的标准，如梅花鹿的各生物学时期营养需要量（见第八节），而由生产实践或科研实践得出的数据、结论也可作参考材料，总之，应有一个相对准确、科学的依据；再根据这一依据选用不同鹿不同生产时期、生理阶段的营养指标，有时为不同的生产目的及不同生产性能而调节营养指标。

（二）确定饲料的种类

饲料种类可根据营养指标、饲料价格、季节等进行综合考虑，既有人为因素，又有每个鹿场本地饲料资源、价格等限制因素。对新的饲料资源，应进行小范围的试验性饲喂，观察鹿采食情况再决定是否大量使用，如酒糟等，应先进行尝试性饲喂。

（三）查饲料营养成分表

大多常规饲料的营养成分本章第五节均有提供，对营养成分表中没有的饲料，如果的确可用，必要时送有分析能力的科研部门进行分析，对大型鹿场，最好对各种饲料取样分析，然后再参阅饲料营养成分表，因为不同品种、地区、生长条件的同一饲料往往其营养成分含量不同，有时甚至差别较大。鹿场参考的资料，应尽可能是本地区、本品种及相似自然条件下的饲料营养成分价值含量表。

（四）确定饲料用量范围

根据生产实践，饲料的价格、来源、库存、适口性、营养特点、有无毒性，鹿的生理阶段、生产性能等，来确定饲料的用量范围，有时虽用某种饲料进行配合能满足鹿的营养需要，但对鹿来说消化有问题、有毒性或适口性差等，均会造成危害。

三、饲料配方的计算方法

饲料配方的计算技术是应用数学与动物营养学相结合的产物，它可使饲料按动物的营养需求合理搭配，降低饲养成本，保证动物的全面营养需求，最大限度地发挥鹿的生产性能；同时它也是大型集约化养鹿的一项重要基础工作。由于科技的发展，计算机的普及，大型的厂家均可用计算机进行最低成本优化配制饲料，减少计算，同时也可综合考虑很多方面的限制条件，有事半功倍之效。

（一）交叉法

在养鹿生产中，很多鹿场粗饲料往往自由采食，根据季节特点及当地饲料资源提供粗饲料，而粗饲料的消化能及蛋白质水平较低，采食量及提供的营养有限，在通常情况下难以满足生产需求，需要补充精饲料。这时进行纯精饲料配制，只需要较少种类的饲料就可以满足补充精料的营养，应用交叉法计算有方便快捷之效。交叉法又叫四角法或对角线法，在饲料种类较少时可非常简便地计算出饲料配比；在采用多种饲料时也可用此法，但需要反复两两组合，比较麻烦，而且不能同时配合满足多项营养指标的饲料，如蛋白质水平满足，但能量水平可能不满足或大量超出。

（二）方程求解法

方程求解法是利用数学原理，设未知数、联立等式方程求解，此法逻辑性强，条理清楚，方法简单，缺点是饲料种类多时，计算复杂，等式少而出现多解形式。

（三）线性规划法

对饲料原料种类繁多，营养指标要求多的饲料配方设计，用手工计算相当麻烦，而且所配饲料成本可能较高，运用线性规划技术，结合计算机运算，可设计出营养成分合理，价格最低的配方。它根据饲料的价格，原料所含营养物质及鹿对营养物质的需要量和原料特点进行计算，把一些实际要求的约束条件用线性方程组或线性不等式组来表示，而且目标函数也是用线性方程表示的，求目标函数在一定约束条件下的最小值（或最大值）则可得出优化饲料配方。但该方法计算机可能会大量用相对价格较低的饲料，而不管别的因素。这样有时会影响饲料的合理利用及在实际中不可应用。在同时满足营养需要、饲料的来源、库存、价格、适口性、消化特点、营养特点、有无毒性等多方面要求条件下，经常是无解。

（四）试差法

在采用多种饲料时也可用交叉法、方程求解法，但需要反复两两组合，比较麻烦，而且不能同时配合满足多项营养指标的饲料，因此，此种情况生产中用得较多的是试差法，或叫凑数法。试差法先根据生产实践及参考饲料营养水平，凭经验拟出各种饲料原料的比例，将各种原料同种营养成分与各自比例之积相加，即得该配方这种营养成分的总含量，将各种营养成分计算结果与饲养标准或营养需要量对照，如果有任一营养成分超过或不足，可通过减少或增加相应原料比例进行调整，重新计算，直到所有营养指标都基本满足要求为止。这种方法简单明了，但计算量大，盲目性大，不易选出最佳配方，成本也可能较高，如与计算机软件 Excel 2013 结合，可以解决这个问题，达到与线性规划法相同的效果。成年公鹿生茸期日粮配方计算方法如下所示。

1. 确定梅花鹿营养需要量和饲料原料营养成分（表4–6）

查梅花鹿饲料营养价值表分别填好 B、C、D、E 列 2～9 行各饲料的各种营养成分。查梅花鹿营养需要量分别填好 B、C、D、E、F 列 10～11 行各营养成分的需要量和配合料价格要求。根据市场行情填好 F 列各饲料价格。

表4-6　梅花鹿成年公鹿生茸期营养需要量和饲料原料营养成分

项目 序号	A 饲料原料	B GE （MJ/kg）	C CP （%）	D Ca （%）	E P （%）	F 原料价格 （元/kg）
2	玉米	16.5	8	0.09	0.29	1.6
3	麦麸	17.0	16	0.22	0.43	0.9
4	鱼粉	21.5	60	7.9	4.4	6.2
5	豆饼	18.1	40	0.37	0.58	4.5
6	玉米青贮	16.1	6	0.48	0.13	0.16
7	磷酸氢钙	0	0	21	16	1.5
8	添加剂	0	0	20	8	20
9	食盐	0	0	0	0	2
10	限制式	≥	≥	≥	≥	最小
11	营养需要量	17	16	0.76	0.54	

2. 确定梅花鹿每种特殊饲料控制范围和各饲料在试配配方中的比例（表4-7）

表4-7　梅花鹿成年公鹿生茸期特殊饲料控制范围和各饲料在试配配方中的比例

项目 序号	A 饲料原料	B GE （MJ/kg）	C CP （%）	D Ca （%）	E P （%）	F 原料价格 （元/kg）	G 控制 范围	H 配方 （%）
2	玉米	16.5	8	0.09	0.29	1.6		23
3	麦麸	17.0	16	0.22	0.43	0.9	<15%	0
4	鱼粉	21.5	60	7.9	4.4	6.2	<5%	5
5	豆饼	18.1	40	0.37	0.58	4.5		25
6	玉米青贮	16.1	6	0.48	0.13	0.16	0.45	45
7	磷酸氢钙	0	0	21	16	1.5		0.6
8	添加剂	0	0	20	8	20	1.1	1.1
9	食盐	0	0	0	0	2	0.3	0.3
10	限制式	≥	≥	≥	≥	最小		
11	营养需要量	17	16	0.76	0.54			100

3. 计算梅花鹿混合饲料各营养成分理论含量和价格

（1）应用 Excel 2013 进行 GE 计算（表4-8）GE（MJ/kg）=（B2×

H2 + B3 × H3 + B4 × H4 + B5 × H5 + B6 × H6 + B7 × H7 + B8 × H8 + B9 × H9）／100 = 16.64 （MJ/kg）

表4 – 8 梅花鹿成年公鹿生茸期试配配方日粮 GE 计算值

项目 序号	A 饲料原料	B GE（MJ/kg）	C CP（%）	D Ca（%）	E P（%）	F 原料价格（元/kg）	G 控制范围	H 配方（%）
2	玉米	16.5	8	0.09	0.29	1.6		23
3	麦麸	17.0	16	0.22	0.43	0.9	<15%	0
4	鱼粉	21.5	60	7.9	4.4	6.2	<5%	5
5	豆饼	18.1	40	0.37	0.58	4.5		25
6	玉米青贮	16.1	6	0.48	0.13	0.16	0.45	45
7	磷酸氢钙	0	0	21	16	1.5		0.6
8	添加剂	0	0	20	8	20	1.1	1.1
9	食盐	0	0	0	0	2	0.3	0.3
10	限制式	≥	≥	≥	≥	最小		
11	营养需要量	17	16	0.76	0.54			100
12	计算营养含量	16.64	17.54	1.07	0.67	2.11		

（2）CP 计算（表4 – 9）CP（%） = （C2 × H2 + C3 × H3 + C4 × H4 + C5 × H5 + C6 × H6 + C7 × H7 + C8 × H8 + C9 × H9）／100 = 17.54%。

表4 – 9 梅花鹿成年公鹿生茸期试配配方日粮 CP 计算值

项目 序号	A 饲料原料	B GE（MJ/kg）	C CP（%）	D Ca（%）	E P（%）	F 原料价格（元/kg）	G 控制范围	H 配方（%）
2	玉米	16.5	8	0.09	0.29	1.6		23
3	麦麸	17.0	16	0.22	0.43	0.9	<15%	0
4	鱼粉	21.5	60	7.9	4.4	6.2	<5%	5
5	豆饼	18.1	40	0.37	0.58	4.5		25
6	玉米青贮	16.1	6	0.48	0.13	0.16	0.45	45
7	磷酸氢钙	0	0	21	16	1.5		0.6
8	添加剂	0	0	20	8	20	1.1	1.1
9	食盐	0	0	0	0	2	0.3	0.3
10	限制式	≥	≥	≥	≥	最小		
11	营养需要量	17	16	0.76	0.54			100
12	计算营养含量	16.64	17.54	1.07	0.67	2.11		

（3）Ca 计算（表 4 – 10）按下列程序计算 Ca（％）＝（D2 × H2 + D3 × H3 + D4 × H4 + D5 × H5 + D6 × H6 + D7 × H7 + D8 × H8 + D9 × H9）／100 = 1.07％。

表 4 – 10　梅花鹿成年公鹿生茸期试配配方日粮 Ca 计算值

项目 序号	A 饲料原料	B GE （MJ/kg）	C CP （％）	D Ca （％）	E P （％）	F 原料价格 （元/kg）	G 控制 范围	H 配方 （％）
2	玉米	16.5	8	0.09	0.29	1.6		23
3	麦麸	17.0	16	0.22	0.43	0.9	<15％	0
4	鱼粉	21.5	60	7.9	4.4	6.2	<5％	5
5	豆饼	18.1	40	0.37	0.58	4.5		25
6	玉米青贮	16.1	6	0.48	0.13	0.16	0.45	45
7	磷酸氢钙	0	0	21	16	1.5		0.6
8	添加剂	0	0	20	8	20	1.1	1.1
9	食盐	0	0	0	0	2	0.3	0.3
10	限制式	≥	≥	≥	≥	最小		
11	营养需要量	17	16	0.76	0.54			100
12	计算营养含量	16.64	17.54	1.07	0.67	2.11		

（4）P 计算（表 4 – 11）按下列程序计算：P（％）＝（E2 × H2 + E3 × H3 + E4 × H4 + E5 × H5 + E6 × H6 + E7 × H7 + E8 × H8 + E9 × H9）／100 = 0.67％。

表 4 – 11　梅花鹿成年公鹿生茸期试配配方日粮 P 计算值

项目 序号	A 饲料原料	B GE （MJ/kg）	C CP （％）	D Ca （％）	E P （％）	F 原料价格 （元/kg）	G 控制 范围	H 配方 （％）
2	玉米	16.5	8	0.09	0.29	1.6		23
3	麦麸	17.0	16	0.22	0.43	0.9	<15％	0
4	鱼粉	21.5	60	7.9	4.4	6.2	<5％	5
5	豆饼	18.1	40	0.37	0.58	4.5		25
6	玉米青贮	16.1	6	0.48	0.13	0.16	0.45	45
7	磷酸氢钙	0	0	21	16	1.5		0.6
8	添加剂	0	0	20	8	20	1.1	1.1
9	食盐	0	0	0	0	2	0.3	0.3
10	限制式	≥	≥	≥	≥	最小		
11	营养需要量	17	16	0.76	0.54			100
12	计算营养含量	16.64	17.54	1.07	0.67	2.11		

（5）价格计算（表4－12）按下列程序计算：

价格＝（F2×H2＋F3×H3＋F4×H4＋F5×H5＋F6×H6＋F7×H7＋F8×H8＋F9×H9）／100＝2.11。

表4－12　梅花鹿成年公鹿生茸期试配配方日粮价格计算值

序号	A 饲料原料	B GE（MJ/kg）	C CP（%）	D Ca（%）	E P（%）	F 原料价格（元/kg）	G 控制范围	H 配方（%）
2	玉米	16.5	8	0.09	0.29	1.6		23
3	麦麸	17.0	16	0.22	0.43	0.9	<15%	0
4	鱼粉	21.5	60	7.9	4.4	6.2	<5%	5
5	豆饼	18.1	40	0.37	0.58	4.5		25
6	玉米青贮	16.1	6	0.48	0.13	0.16	0.45	45
7	磷酸氢钙	0	0	21	16	1.5		0.6
8	添加剂	0	0	20	8	20	1.1	1.1
9	食盐	0	0	0	0	2	0.3	0.3
10	限制式	≥	≥	≥	≥	最小		
11	营养需要量	17	16	0.76	0.54			100
12	计算营养含量	16.64	17.54	1.07	0.67	2.11		

4. 饲料配方总比例计算（表4－13）

按下列程序计算：饲料配方总比例＝SUM（H2：H9）。

表4－13　梅花鹿成年公鹿生茸期试配配方日粮总比例计算值

序号	A 饲料原料	B GE（MJ/kg）	C CP（%）	D Ca（%）	E P（%）	F 原料价格（元/kg）	G 控制范围	H 配方（%）
2	玉米	16.5	8	0.09	0.29	1.6		23
3	麦麸	17.0	16	0.22	0.43	0.9	<15%	0
4	鱼粉	21.5	60	7.9	4.4	6.2	<5%	5
5	豆饼	18.1	40	0.37	0.58	4.5		25
6	玉米青贮	16.1	6	0.48	0.13	0.16	0.45	45
7	磷酸氢钙	0	0	21	16	1.5		0.6
8	添加剂	0	0	20	8	20	1.1	1.1
9	食盐	0	0	0	0	2	0.3	0.3
10	限制式	≥	≥	≥	≥	最小		
11	营养需要量	17	16	0.76	0.54			100

5. 差值计算

分别计算各营养含量与营养需要量的差值（表 4 – 14）。

表 4 – 14   梅花鹿成年公鹿生茸期试配配方日粮各营养含量与营养需要量的差值

项目 序号	A 饲料原料	B GE （MJ/kg）	C CP （%）	D Ca （%）	E P （%）	F 原料价格 （元/kg）	G 控制 范围	H 配方 （%）
2	玉米	16.5	8	0.09	0.29	1.6		23
3	麦麸	17.0	16	0.22	0.43	0.9	<15%	0
4	鱼粉	21.5	60	7.9	4.4	6.2	<5%	5
5	豆饼	18.1	40	0.37	0.58	4.5		25
6	玉米青贮	16.1	6	0.48	0.13	0.16	0.45	45
7	磷酸氢钙	0	0	21	16	1.5		0.6
8	添加剂	0	0	20	8	20	1.1	1.1
9	食盐	0	0	0	0	2	0.3	0.3
10	限制式	≥	≥	≥	≥	最小		
11	营养需要量	17	16	0.76	0.54			100
12	计算营养含量	16.64	17.54	1.07	0.67	2.11		
13	差值	− 0.36	1.54	0.31	0.13			

6. 微调

根据差值进行微调，从表 4 – 14 可知，此配方能量值偏低，蛋白和钙及磷值偏高，价格偏高，应减少蛋白和钙及磷值高的鱼粉饲料，但要增加能量值高、蛋白值低而价格低的麦麸的比例。结果钙和磷基本达到要求，价格每kg 饲料降低 0.21 元。但能量值、蛋白值偏低，见表 4 – 15。再提高麦麸和鱼粉比例，降低玉米和豆饼比例，蛋白和钙及磷值均满足梅花鹿营养需要，但能量值仍偏低，见表 4 – 16。需加能值更高的饲料熟大豆再调整，调整后各营养成分均满足梅花鹿的营养需要，每千克饲料价格仅提高了 0.05 元，是较理想的配方，见表 4 – 17。

表 4 – 15　梅花鹿成年公鹿生茸期试配配方一次微调日粮各营养
含量与营养需要量的差值及价格

项目 序号	A 饲料原料	B GE （MJ/kg）	C CP （%）	D Ca （%）	E P （%）	F 原料价格 （元/kg）	G 控制 范围	H 配方 （%）
2	玉米	16.5	8	0.09	0.29	1.6		23
3	麦麸	17.0	16	0.22	0.43	0.9	<15%	4
4	鱼粉	21.5	60	7.9	4.4	6.2	<5%	1
5	豆饼	18.1	40	0.37	0.58	4.5		25
6	玉米青贮	16.1	6	0.48	0.13	0.16	0.45	45
7	磷酸氢钙	0	0	21	16	1.5		0.6
8	添加剂	0	0	20	8	20	1.1	1.1
9	食盐	0	0	0	0	2	0.3	0.3
10	限制式	≥	≥	≥	≥	最小		
11	营养需要量	17	16	0.76	0.54			100
12	计算营养含量	16.64	15.78	0.76	0.52	1.90		
13	差值	− 0.54	− 0.22	0.00	− 0.02			

表 4 – 16　梅花鹿成年公鹿生茸期试配配方二次微调日粮各营养
含量与营养需要量的差值及价格

项目 序号	A 饲料原料	B GE （MJ/kg）	C CP （%）	D Ca （%）	E P （%）	F 原料价格 （元/kg）	G 控制 范围	H 配方 （%）
2	玉米	16.5	8	0.09	0.29	1.6		17
3	麦麸	17.0	16	0.22	0.43	0.9	<15%	13
4	鱼粉	21.5	60	7.9	4.4	6.2	<5%	4
5	豆饼	18.1	40	0.37	0.58	4.5		19
6	玉米青贮	16.1	6	0.48	0.13	0.16	0.45	45
7	磷酸氢钙	0	0	21	16	1.5		0.6
8	添加剂	0	0	20	8	20	1.1	1.1
9	食盐	0	0	0	0	2	0.3	0.3
10	限制式	≥	≥	≥	≥	最小		
11	营养需要量	17	16	0.76	0.54			100
12	计算营养含量	16.56	16.14	0.99	0.63	1.80		
13	差值	− 0.44	0.14	0.23	0.99			

表 4 – 17　梅花鹿成年公鹿生茸期试配配方三次微调日粮各营养

含量与营养需要量的差值及价格

项目 序号	A 饲料原料	B GE （MJ/kg）	C CP （%）	D Ca （%）	E P （%）	F 原料价格 （元/kg）	G 控制 范围	H 配方 （%）
2	玉米	16.5	8	0.09	0.29	1.6		16.5
3	麦麸	17.0	16	0.22	0.43	0.9	<15%	13
4	鱼粉	21.5	60	7.9	4.4	6.2	<5%	3.5
5	豆饼	18.1	40	0.37	0.58	4.5		9.4
6	熟大豆	22.0	37.0	0.28	0.41	5		11
7	玉米青贮	16.1	6	0.48	0.13	0.16	0.45	45
8	磷酸氢钙	0	0	21	16	1.5		0.3
9	添加剂	0	0	20	8	20	1.1	1
10	食盐	0	0	0	0	2	0.3	0.3
11	限制式	≥	≥	≥	≥	最小		
12	营养需要量	17	16	0.76	0.54			100
13	计算营养含量	17.05	16.03	0.86	0.54	1.85		
14	差值	0.05	0.03	0.10	0.00			

四、梅花鹿常用精料配方（表 4 – 18）

表 4 – 18　梅花鹿常用精料配方

生物学时期	饲料种类和比例（%）						喂量 （kg/ 日·头）
	玉米面	麦麸	熟大豆	熟豆粕 （饼）	食盐	鹿用 添加剂	
公鹿生茸期	55.50	7.00	9.00	26.00	0.50	2.00	1.50 ~ 1.75
公鹿休闲期	71.50	7.00	9.00	10.00	0.5	2.00	0.80 ~ 1.50
母鹿哺乳期	61.00	8.50	0.00	28.00	0.50	2.00	1.00 ~ 1.20
母鹿妊娠期	64.00	11.50	0.00	22.00	0.50	2.00	0.80 ~ 1.00
配种期	54.00	9.50	0.00	34.00	0.50	2.00	0.60 ~ 0.80
育成期	45.50	7.00	9.00	36.00	0.50	2.00	0.20 ~ 1.40

注：根据生产性能、季节、膘情加减喂料量；鹿用添加剂为各生物学时期专用预混料，由钙、磷、镁、硫、铜、铁、锌、锰、硒、钴、碘、复合氨基酸及复合维生素组成；保证粗饲料自由采食。根据当地饲料状况可调整饲料种类和比例

第五章

梅花鹿的疾病防治技术

第一节　梅花鹿传染病防治概论

　　鹿传染病是危害养鹿业发展和人类健康重要的疾病种类之一，除造成患病鹿大批发病、死亡外，还引起鹿群的生产性能下降、治疗或扑灭费用增加以及鹿产品质量下降，对鹿或其产品国际贸易也具有极大的负面影响，因此掌握鹿传染病的基本知识及防制技术，对阻止传染病的发生和流行、提高鹿产品质量、保障人民身体健康、促进养鹿业健康发展和其产品国际贸易都具有十分重要的意义。

一、梅花鹿传染病的特征

　　在临床上，梅花鹿不同传染病的表现千差万别，但与非传染性疾病相比，鹿传染性疾病具有一些共同的特征。

（一）传染病是由病原微生物引起的

　　每种传染病都是由特定的病原体引起，如布氏杆菌引起鹿的布氏杆菌病，狂犬病病毒引起鹿的狂犬病等。

173

（二）传染病具有传染性和流行性

病原微生物能在患病鹿体内增殖并不断排出体外，通过一定的途径再感染另外的鹿而引起具有相同症状的疾病。

（三）传染病感染鹿可出现特异性的免疫学反应

受感染鹿在病原体或其代谢产物的刺激下，能够出现特异性的免疫生物学变化，并产生特异性的抗体和变态反应等。

（四）传染病耐过鹿可获得特异性的免疫力

多数传染病发生后，没有死亡的患病鹿能产生特异性的免疫力，并在一定时期内或终生不再感染该种病原体。

（五）被感染鹿有一定的临床表现和病理变化

大多数传染病都具有其明显的或特征性的临床症状和病理变化，而且在一定时期或地区范围内呈现群发性疾病的表现。

（六）传染病的发生具有明显的阶段性和流行规律

发病鹿通常具有规律传染病发生和流行的潜伏期、前驱期、临床明显期和恢复期 4 个阶段，而且各种传染病在群体中流行时通常具有相对稳定的病程和特定的流行规律。

二、鹿传染病的分类

按鹿传染病的病原体分类：有病毒病、细菌病、支原体病、衣原体病、螺旋体病、放线菌病、立克次氏体病和霉菌病等，其中除病毒病外，由其他病原体引起的疾病习惯上统称为细菌性传染病。

三、鹿传染病防治综合性措施

（一）传染病预防

是将某种传染病排除在一个未受感染鹿群之外的防疫措施，即通过多种隔离设施和检疫措施等阻止某种传染源进入一个尚未被污染的国家或地区；或通过免疫接种、药物预防和环境控制等措施，保护鹿群免遭已存在于该国家或地区的疫病传染。包括：加强环境控制、改善饲养管理条件，提高鹿群的一般抗病能力。强化鹿繁育体系建设，需要引进鹿时应进行严格的隔离和检疫，以防止病原体的传入。适时进行预防接种，认真执行强制性免疫计划。

1. 水、饲料方面的预防

使用深井水或自来水，水质保证符合城市居民饮用水卫生标准，水源应由专人管理和保护，不得人畜（禽）共用。严格防止饲料在运输、保管和加工过程中受污染和发霉变质，禁止从疫区采购饲料，对可疑饲料要进行兽医卫生检查，合格后方可使用，饲料室内用具和地面环境要保持清洁，饲料槽等所有饲养用具要经常保持清洁、各种饲具不得混用，每7d用0.1%～0.2%高锰酸钾溶液洗刷消毒，用清水洗净后再用。

2. 圈舍方面的预防

1 000m以内不得设置畜牧场、厩舍和有污染源的企业。定期进行卫生消毒和杀虫灭鼠工作，鹿舍地面和墙壁要经常保持清洁，每天清扫1次，每隔7～10d用10%～20%生石灰乳或1%～2%火碱溶液消毒1次，并保持鹿舍排污畅通。粪场应建在离鹿舍50～100m的下风头处，不得随意堆放粪便及污物，鹿粪经堆积生物热发酵后方可再利用，运粪车用后要清扫干净方可进入舍内，必要时经消毒后再进入舍内。保定圈使用时每天用2%火碱溶液喷雾消毒1次。

3. 人员方面的预防

在鹿饲养场从事饲养、加工和管理的人员要定期进行检疫，对患有人畜共患性疫病的人员不得从事此项工作。饲养员必须配备工作服，上班必须着装，下班不得带出舍外。鹿舍门口要设有消毒槽，由专门人员负责管理，定期更换消毒液。原则上鹿舍严禁外来人随意参观。如必须参观时，一定经有关领导批准，并进行严格消毒后，方可入场，但不得接触鹿只。休息室要经常保持卫生清洁，每7d用2%～3%煤酚皂溶液消毒地面。饲养员下班更换的衣服用紫外线灯照射5～6min后方可使用。锯茸时工作人员穿的衣服、靴鞋、围裙等每天要清洗和喷雾消毒；锯茸用的铁锯每锯一副茸，应消毒一次，常用75%酒精擦试或用酒精火焰消毒。

4. 兽医卫生检疫方面的预防

鹿场必须配置专门兽医人员，并配备有一定的兽医医疗和防疫方面的器械，医疗室和药品保管室要分开。兽医人员必须严格执行畜牧兽医方面的法律、法规和制度。认真贯彻执行鹿及其产品的国境国内检疫，以便及时发现并消灭传染源。建立各地的鹿疫病流行病学监测网络，系统地监测和调查当地疫病的分布状况，明确预防工作对象而使其能够有计划、有目的地进行。每年对鹿群定期实行检疫。当发现有危害严重的传染病，要进行严格淘汰或隔离饲养，必要时每年对鹿群进行某些传染病疫苗的预防接种。对调入或调出的鹿只，要进行兽医卫生检疫，确定无疫病方可调入或调出。对新调入鹿只必须进行隔离观察，经 15d 或更长时间观察，检疫无任何疫病发生时，方可混群饲养。

（二）鹿传染病控制

是降低已经存在于鹿群中某种传染病的发病率和死亡率，并将该种传染病限制在局部范围内加以就地扑灭的防疫措施。它包括患病鹿的隔离、消毒、治疗、紧急免疫接种或封锁疫区、扑杀传染源等方法，以防止疫病在易感鹿群中蔓延。

1. 当鹿群发生传染病时

应尽快作出正确诊断，当本场无力作出诊断时，要及时将病料送有关部门协助尽早作出诊断，并立即向上级主管部门和兽医防疫部门报告疫情。

2. 当发生某些危害严重的传染病时

对鹿场要实行严格封锁，禁止外来人员入场，不得调入或调出鹿只，停止一切畜牧措施（称重、打耳号等），在鹿场统一领导下，执行一系列防疫措施，对发病鹿的污染场所进行紧急消毒处理，确诊为法定一类疫病、危害性大的人和鹿共患病或外来疫病时，应立即采取以封锁疫区和扑杀传染源为主的综合性防疫措施，直至扑灭该病为止。

3. 接到疫情报告或发生传染病时

对周围鹿群要全面系统地进行严格检疫和监测，以发现、淘汰或处理各种病原携带者。并将检出的病鹿和假定健康鹿隔离饲养，以控制传染源防止扩大传染。疫点和疫区周围的鹿群立即进行疫苗紧急接种，并根据疫病的性质对患病鹿进行及时、合理的治疗或处理。对隔离出来的有饲养价值的病鹿，要积极采取正确、有效的治疗措施。将经济损失控制在最小程度。对没有饲养价值和开放性病鹿，一律实行淘汰处理。

4. 对因患有传染病死亡的鹿只（包括淘汰鹿）

应按法定程序进行合理的处理。要进行深埋、焚烧处理，其污染物、粪便等，要进行生物热发酵等无害化处理。对发病鹿场要实行严格消毒措施，以消灭散布在外界环境中的传染病病原体。特殊传染病要根据要求用特殊药物进行消毒，一般传染病鹿舍和运动场地面、围墙等，可用 10% ~20% 生石灰乳、2% ~3% 火碱溶液进行消毒；饲料槽、饮水锅、调料槽、饲料桶等，用 0.1% ~0.2% 高锰酸钾溶液进行消毒，消毒后用清水洗净后再用。

5. 当最后一只病鹿死亡或病愈后

依该种传染病的封锁检疫日期要求，达到期满后，方可宣布解除封锁。

（三）鹿传染病消灭

疫病消灭的空间范围分为地区性、全国性和全球性三种类型，其中通过认真执行兽医综合性防疫措施、严格立法执法、对传染源及时进行选择屠宰、检疫隔离并宰杀淘汰患病鹿、加强群体免疫接种、严格消毒、控制传播媒介等措施，只要经过长期不懈的努力，在限定地区内消灭某种鹿传染病是完全能够实现的，并被许多国家的防疫实践所证实。但是在全球范围内消灭某种传染病将非常困难，到目前为止还没有一种鹿传染病成功地在全球范围内被消灭。

（四）鹿传染病净化

通过采取检疫、消毒、扑杀或淘汰等技术措施，使某一地区或养殖场内的某种或某些鹿传染病在限定时间内逐渐被清除的状态。不同地区或养殖场同时进行疫病净化的最终结果是疫病消灭的基础和前提条件，因此疫病净化是目前国际上许多国家对付某些法定鹿传染病的通用方法。

四、传染病的治疗原则

随着科学技术的不断发展，无论是细菌性的还是病毒性的传染病，都可采取一定的方法进行治疗。通过治疗，可以挽救患病鹿，最大限度地减少疾病所造成的经济损失；同时作为传染病综合防制的重要内容，各种治疗措施可以阻止病原体在机体内的增殖，在一定限度内起到清除传染源的作用。但是鹿传染性疾病不同于一般的普通性疾病，在治疗的过程中应严格注意其特点。

（一） 在"预防为主"的基础上进行传染病的治疗

通过以上各种防制措施，大多数的传染病能够得到有效控制，但由于种种原因某些细菌性传染病仍有发生的可能性，仍需通过合理的治疗降低其发病率和死亡率。

（二） 注意隔离和消毒

由于鹿传染病具有传染性和流行性，在治疗过程中发病鹿仍可排出病原体，污染周围的环境而造成疫病的传播和扩散。因此，应按照有关的要求，将患病鹿进行隔离、专人管理，保持环境的清洁卫生，并在严格消毒的情况下进行治疗。

（三） 及时诊断、早期治疗

传染病的治疗不仅是为了消除或减轻鹿的发病症状，更重要的是为了消除患病鹿的传染源作用，即清除患病鹿体内存在的病原体。另外，传染病在其发展的早期阶段，病原体还处于增殖阶段，机体组织尚未受到严重的损伤，此时治疗可以保证疗效，而到晚期再进行治疗其治愈率将会大幅度降低。

（四） 根据疫病种类及其危害程度决定是否治疗

对有些传染病应采取强制性的控制措施，如 OIE 规定的 A 类疾病或我国法定的一类疫病和部分二类疫病、刚刚传入的外来疫病、人兽共患病等疾病发生或流行时，往往采取以扑杀为主的控制措施。对于那些尚无法治愈的传染病、治疗费将超过鹿本身价值的疾病以及某些慢性消耗性传染病也应采取扑杀、淘汰的方法处理而不进行治疗。

（五） 严格掌握不同药物和制品的适用症

在选用药物或生物制品时应了解药物或生物制品的特性和适应症，特别对细菌性传染病的治疗，应通过药敏试验选择敏感药物，以保证治疗效果。非特异性的治疗制品也有一定的适用范围，并不是对所有的传染病都具有同样的效果。

（六）疗效评价

在治疗过程中对同群鹿治疗前后的饮食欲、精神状况、死亡率或发病率的变化情况，或对不同群鹿不同治疗处理方法的病死率、治愈率等指标进行统计分析和评价。一般情况下用药3d后便可观察到初步的疗效。治疗后还要进一步观察统计复发率以及鹿的生长发育状况。

（七）禁止药物滥用

防止药物或制品滥用，如盲目加大使用剂量、盲目投药、盲目搭配其他药物等，以减少耐药性菌株的产生和不必要的浪费。严禁使用国家规定的各种违禁药品，并严格执行鹿宰前各种药品休药期的规定，以减少或防止鹿产品中的药物残留。

（八）注意对症对因治疗

应根据不同传染病的特点采取不同的治疗方案，及时清除患病鹿体内的病原体。同时也应重视对症疗法，及时选择各种缓解症状的治疗方法以减轻鹿的痛苦，使其迅速恢复正常的生长发育状态。

第二节　梅花鹿病毒病

一、病毒性腹泻—黏膜病

牛病毒性腹泻病毒（BVDV），也称牛病毒性腹泻—黏膜病病毒，属黄病毒科瘟病毒属成员，与同属的猪瘟病毒及羊边界病病毒在血清学上有交叉反应。病毒性腹泻—黏膜病是由牛病毒性腹泻病病毒引起的牛、羊、鹿、猪的一种急性传染病。临床上以出现胃肠黏膜发炎、坏死糜烂以及腹泻为特征的病毒病。

（一） 病原体

BVDV 为黄病毒科瘟病毒属，为单股正股 RNA 病毒，其病毒粒子直径约 50nm，有囊膜，略呈圆形，其核衣壳为非螺旋的 20 面体对称结构，直径 27～29nm。病毒粒子在蔗糖密度梯度中的浮密度为 1.13～1.14g/cm，沉降系数为 80～90。病毒可在胎牛的肾、脾、睾丸、气管、鼻甲、肺、皮肤等组织细胞中生长。常用的是胎牛的肾、鼻甲的原代细胞或二倍体细胞，有的毒株有致细胞病变作用，有的毒株则没有。根据病毒对细胞的病变效应，将病毒分为两个生物型，即致细胞病变型（CP）和非致细胞病变型（NCP）。BVDV 对温度敏感，56℃ 很快可以灭活，对热、氯仿、胰酶等敏感，pH 值 3 以下易被破坏，$MgCl_2$ 不起保护作用，在 -70～-60℃ 下真空冻干时可保存多年。根据囊膜上的糖蛋白的 E 蛋白，可将病毒性腹泻—黏膜病病毒分成两个不同的基因型。该病毒与同属的猪瘟病毒和羊边界病病毒有共同抗原成分。作者首次从吉林省长春市双阳区梅花鹿流产胎儿肝脏病料中分离出的病毒，接种于 MDBK 传代细胞后出现了 BVDV 典型而规律的细胞病变，其理化特性与 BVDV 相同，致细胞病变作用可被 BVDV 国际标准株 C24V 株的牛阳性血清所阻断，电镜负染观察病料接种 MDBK 细胞的 F1 代浓缩病毒液，可见典型的 BVDV 粒子形态，从 F1 代浓缩病毒液中分别扩增出 402bp（NS2-3）和 706bp（E0）的目的片段，证明该毒株是 BVDV，命名为 CCSYD 株。

1. 牛病毒性腹泻病毒基因组结构

BVDV 为单股正链 RNA 病毒，与猪瘟病毒核苷酸序列约有 66% 同源性。BVDV 基因组全长为 12～13kb，致细胞病变（CP）型 NADL 株和 OSLOSS 株基因组全长为 12.5kb，而非致细胞病变（NCP）型 SD-1 株基因组大小约为 12.3kb。整个基因组可分为 5′端非编码区，开放阅读框架区，3′末端非翻译区三个部分。BVDV 有别于披膜病毒科中的成员，在感染细胞中，未发现亚基因组 RNA 的存在。

（1）5′端非编码区　BVDV 5′端非编码区约为 380 个核苷酸组成，无甲基化的"帽子"结构。该区基因序列在 BVDV 种内各毒株保守程度很高，尤其是这一区域存在着一个保守的茎环样二级结构域 Ia 发夹，其复制中间体负链 RNA 3′端也具有这样一个结构，称为 Ia（－）发夹，Ia 发夹的茎由 18 个碱基组成，富含高度保守的 GC 和 AU 碱基对，环由 14 个碱基组成，其中含有 2 个保守碱基。BVDV 5′端 19～391 位核苷酸具有内核糖体进入位点，与细小病毒和丙型肝炎病毒相类似，该内核糖体进入位点是 BVDV 起始转录所必需的，BVDV 转录机制与核糖体扫描模型不同，它不受病毒 RNA 5′帽子结构的支配，而是通过核糖体结合到病毒 RNA 5′端内核糖体进入位点（二级结构/四级结构）上起始转录的，依赖 5′端二级结构和特定序列稳定性。转录效率可直接反映在病毒的毒力上。该区的 366～386 位核苷酸序列 ATCTCTGCTGCATGGCACATG 在所有的瘟病毒中完全保守，包括 2 个多聚核糖蛋白起始密码子 ATG，它能与核糖体结合，并以一种不依赖于"帽子"结构的机制在开放阅读框架 ATG 处起始翻译。可见 Ia 是完整的核糖体进入位点功能的一部分，完整的 Ia 结构具有开启 BVDV 的复制或翻译的双重功能。5′端非编码区核苷酸序列具有较高的保守程度，因此常在该区域核苷酸序列设计引物，用于 RT－PCR 方法检测或用于 BVDV 的分型、分类上。根据该区域基因序列将 BVDV 分为 BVDV Ⅰ 和 BVDV Ⅱ 两个不同的型，BVDV Ⅰ 又分为 Ia 、Ib 、Ic 等 11 个亚型。

（2）开放阅读框架区　BVDV 基因组只含有一个大的开放阅读框架，起始于 5′端 386 位核苷酸，起始密码子为 ATG，连续延伸到 3′端的终止密码子 TGA 处。NADL 株从 5′端 386 位核苷酸到 12 350 位核苷酸，由 3 988 个密码子组成，编码 444kDa 前体多聚蛋白，SD－1 株由 3 898 个密码子组成，编码 438kDa 前体多聚蛋白。该前体多聚蛋白进一步由病毒和其宿主细胞信号肽酶加工成成熟蛋白，从 N 端到 C 端的顺序为 N^{pro}（P_{20}），E_C（P_{14}），E_0（gP_{48}），E_1（gP_{25}），E_2（gP_{53}），P_7，$NS_{2\sim3}$（P_{125}），NS_{4A}（P_{10}），NS_{4B}（P_{32}），NS_{5A}（P_{58}），NS_{5B}（P_{75}），其中 E_C、E_0、E_1、E_2 为结构蛋白，其他的为 BVDV 的非结构蛋白，CP 型 BVDV 的 $NS_{2\sim3}$ 可进一步加工成 NS_2（P_{54}）和 NS_3（P_{80}）。BVDV 蛋白 4 个保守区分别位于 E_C、E_0、E_1、E_2、$NS_{2\sim3}$ 连接处，3 个高变区中的 2 个位于 E_2（gP_{53}）序列中，另一个位于 NS_2（P_{54}）序列中。

（3）3′端非翻译区　开始于开放阅读框架的终止密码子 TGA，由 223～

230个核苷酸组成，3′端无多聚A尾结构，在其60个富含AT的碱基区域中，有8个核苷酸（TGTATATA）的重复序列。存在着4个C组成的游离单链区，两个稳定的茎环结构基因序列SLⅠ和SLⅡ，在SLⅠ和SLⅡ之间有一段较长的单链间隔序列SS。SLⅠ、SS基因序列在RNA复制中起着重要作用，SLI茎的缺失，SS或SLⅠ环区域单链核苷酸的替换，如125～127位的μgU替换为GCA，或128位的U替换为C，都导致病毒RNA复制能力的丧失，SLI茎的补偿性残基替换，会降低复制能力，而SS区域的碱基替换对RNA的复制能力几乎没有影响，可见BVDV的茎—环结构为RNA复制的顺式作用元件。

2. 牛病毒性腹泻病毒基因组编码蛋白的结构及功能

（1）N^{pro}　N^{pro}是BVDV开放阅读框架编码的第一个蛋白质，由164个氨基酸残基组成，其分子量大小为20～23kDa，是黄病毒科中仅瘟病毒有的一种非结构蛋白，具有蛋白酶活性，其酶切位点在164位氨基酸残基附近，其中Asp-Ser-Cys序列对酶活性十分重要，可催化Tyr164-Val165间肽键的断裂，P_{80}的N端也是由P_{20}的作用产生的。N^{pro}能以自催化的方式从正在翻译的聚蛋白多肽链上裂解下来，成为成熟的病毒蛋白。N^{pro}的其他功能目前还不清楚，但与病毒结构蛋白的成熟无关。

（2）E_C　由85～107氨基酸残基组成，其N端由P_{20}水解产生，C端由宿主细胞的信号肽酶切割形成。分子量为14kDa，其中富含Lys，带有很高的电荷，其C端54个氨基酸残基存在1个18个氨基酸的疏水侧链，可能是负责糖蛋白转位的信号序列。

（3）E_0　是BVDV的一种囊膜糖蛋白，在聚蛋白中位置为Glu272-Ala497处，大约由227个氨基酸残基组成，未糖基化的多肽分子量约为25.7kDa，E_0糖基化程度很高，有9个糖基化位点，糖基化后分子量在42～48kDa，不含锚定肽，其缺乏疏水序列。E_0和E_0分子间以二硫键连接，结合形成同二聚体，构成病毒囊膜结构的一部分，对病毒粒子的装配十分重要，这有别于其他RNA病毒。E_0也可被分泌到宿主细胞外。E_0是BVDV编码蛋白中保守性较高的蛋白，具有抗原性，由E_0蛋白产生的抗体有中和BVDV的能力，因此有望研制成亚单位疫苗。E_0还具有RNASe活性，但该活性在瘟病毒增殖及使机体致病过程中所起作用还不清楚，尽管如此，人们认为 E_0 的 RNASe 活性的研究，有可能成为防治 BVD 的一个新途径。

（4）E_1　大约由 195 个氨基酸残基组成，含有 3 个糖基化位点，未糖基化蛋白分子量约在 21.8kDa。E_1 糖基化后分子量在 25~33kDa。E_1 是由聚蛋白 Ala498-Gya692 经宿主细胞的信号肽切割形成，氨基酸序列有 2 个疏水区域，通过这两个疏水区域将蛋白锚定在膜上，E_1 不能诱导免疫反应，E_1 埋在病毒囊膜内，在病毒装配、成熟过程中协助 E_0 的定位。

（5）E_2　由约 370 个氨基酸残基组成，位于第 693His 位和第 1066Gly 位氨基酸之间，含有保守糖基化位点，因糖基化程度不同，其分子量为 51~58kDa。E_2 蛋白保守性较低，与病毒广阔的抗原性变异有关，中和逃逸频率为 $10^{-2.47}$，研究发现 NADL 株 838 位氨基酸残基 D-N 突变就可引起对抗体的中和逃逸。E_2 变异 BVDV 对环境有较好的适应性，也是导致疫苗保护率低，和持续性感染的主要原因。瘟病毒 E_2 囊膜蛋白含有保守的 Cys 残基和其他一些保守的残基，BVDV Ⅱ E_2 在 721~722 位存在两个氨基酸残基的缺失，导致其在这一区域存在着区别的抗原表位。BVDV Ⅰ E_2 的 N 端有 2 个抗原决定区，一个是种内保守的主要抗原区，另一个则是决定不同毒株抗原特异性的区域，E_2 的 C 端疏水区锚定在囊膜上，其 N 端突出于 BVDV 囊膜表面，是决定 BVDV 抗原性，介导免疫中和反应及与 BVDV 抗体、宿主细胞识别、吸附的主要部位。

（6）P_7　是 BVDV E_2 结构蛋白 C 端的分子量为 7kDa 的小蛋白，N 端在 1 067 位氨基酸 Val 处，C 端为 1135 氨基酸 Ala 处，由于 E_2 与 P_7 之间不完全断裂，在 BVDV 感染细胞中，E_2 有两种存在形式（E_2 和 E_{2*}），在病毒粒子中只含 E_2，不含有 P_7，因此 P_7 不是结构蛋白。E_2 与病毒复制和产生感染性病毒粒子无关，而 P_7 是产生感染性病毒粒子所必需的。并且 E_{2*} 不能代替 E_2 和 P_7。可见 P_7 可能与感染性病毒粒子的释放有关。

（7）$NS_{2~3}$　CP 型和 NCP 型 BVDV 均有 $NS_{2~3}$ 蛋白，CP 型 BVDV 还有 $NS_{2~3}$ 降解的 NS_2 和 NS_3 蛋白，NCP 型 BVDV 却没有 NS_2 和 NS_3。NS_2 的 C 端加工位点位于 1650 位氨基酸附近，由于其中插入的细胞序列的长度不一，NS_2 分子量差异较大。NS_2 含有一个 266 个氨基酸残基的高度疏水区，所有瘟病毒都有这一特性，其中存在着一个高可变区，NS_2含有较多 Cys，其等电点高，其内形成锌脂样蛋白结构。NS_2对NS_3形成关系密切。NS_3产生原因有：在NS_2基因序列中，宿主或泛素 RNA 的插入，病毒基因组的缺失，病毒基因组的突变，病毒 RNA 自身的重复复制、替换，缺损性干扰型颗粒的存在。在不同毒株位于聚蛋白位点不同，NADL 株在 2362Leu 处插入 270 个宿主细胞 RNA 核苷酸；OSLOSS 株为 2349Leu 处插入 228 个核苷酸泛素 RNA 序列，SD-1 株为 2272Leu 处。NS_3产生与宿主细胞 CPE 产生有密切关系，CP 型 BVDV 感染的细胞中，可检测到$NS_{2\sim3}$、NS_2和NS_3，而 NCP 感染细胞中只能检测到$NS_{2\sim3}$。可见NS_3是 CP 型 BVDV 的标记蛋白。这是分子生物学上区分 NCP 型和 CP 型毒株的依据。NS_3具有丝氨酸蛋白酶活性，负责病毒非结构蛋白质加工，即在NS_3/NS_{4A}，NS_{4A}/NS_{4B}，NS_{4B}/NS_{5A}，NS_{5A}/NS_{5B}位点断裂。NS_3分子中的 1842 位的 Ser 对其酶活性十分重要，在 NCP 型 BVDV 中，NS_3酶活性同样存在，但不能切开$NS_{2\sim3}$中NS_2/NS_3之间的加工位点。P_{80}Cys 含量低，等电点是所有 BVDV 蛋白质中最低的，是 BVDV 最保守氨基酸序列区域。NS_3还具有 RNA 刺激的核酸酶活性和 RNA 解旋酶活性，即水解核酸获得能量后，使结合在 RNA 模板上的 DNA 或 RNA 沿模板链 3′至 5′方向解旋下来，使新合成的 RNA 链从模板链上下来，该核酸酶活性是病毒复制所必需的。

NS_{4A}（P_{10}）、NS_{4B}（P_{32}）、NS_{5A}（P_{58}）、NS_{5B}（P_{75}）NS_{4A}约为 64 个氨基酸残基的小蛋白，是病毒复制酶的组成部分，有辅助$NS_{2\sim3}$蛋白酶活性作用，但其他功能还不清楚。NS_{4B}蛋白是病毒复制酶的组成部分，但在 BVDV 感染细胞中检测不到。NS_{5A}是病毒复制酶的组成部分，NS_{5B}是 BVDV 的复制酶，具有依赖 RNA 的 RNA 聚合酶活性，是病毒的复制酶。

（二）流行病学

自 1946 年 Olafson 等首次报道牛的病毒性腹泻病（BVD）以来，目前该病已呈世界性分布，广泛存在于美国、澳大利亚、英国、新西兰、匈牙利、加拿大、阿根廷、日本、印度及非洲和欧洲许多养牛发达国家。在美国，BVDV 血清阳性率为 50%；加拿大部分地区高达 82%~84%；在澳大利亚和新西兰阳性率达 89%。自 1983 年李佑民首次从牛流产胎儿脾脏中分离出

BVDV（长春 184 株）以来，我国各地几乎都有该病的报道。王新平证实我国鹿群存在不同程度的 BVDV 感染，鹿科动物的血清中和抗体阳性率达 28%，给养鹿业带来经济损失。Thorsom（1967）、Friend（1971）报道，牛病毒性腹泻病毒可感染鹿科动物。1983 年 Doyle 调查的 45 种野生反刍动物中，32 种野生动物为牛病毒性腹泻病毒血清中和抗体阳性，鹿科动物的血清中和抗体阳性率达 28%。王新平（1995）证实我国鹿群存在不同程度的牛病毒性腹泻病毒感染，育成梅花鹿带毒率为 34.19%（28/82），育成马鹿带毒率为 19.6%（18/92），成年马鹿带毒率为 44.4%（8/18），杜锐（2000）报道吉林省松原、长春、伊通、双阳鹿 BVDV 感染率为 60.0% ~ 86.7%。可见该病在鹿上蔓延速度较快，应引起人们高度重视。传染源主要为患病动物，尤其是牛，带毒传染，康复动物可带毒 6 个月。传染方式是通过直接或间接接触传染，主要通过消化道、呼吸道传播，也可以通过胎盘垂直传播。多种动物易感，牛、羊、山羊、鹿均能感染，家兔可人工感染。无明显季节性，呈地方流行或流行性。

1. 牛病毒性腹泻病毒国外流行株基因型

随着对越来越多 BVDV 分离株病毒核苷酸序列的系统发育分析，对 I 型 BVDV 的多样性认识也在逐步深入。Nagai. M 等对 1974—1999 年收集的 62 株 BVDV 进行了系统发育分析，结果除有 2 株被鉴定为 BVDV II 型外，其余均为 I 型。其中的 I 型 BVDV 被分为至少 3 个亚型：Ia（29 株）、Ib（27 株）、Ic（3 株）。另有一株病毒（SOCP/75）的 5′UTR 序列与 BVDV I 型中其他毒株相比有其独特性，建议应划分为一新的基因型。Vilcek S 等对 75 株 BVDV 进行瘟病毒基因组 5′UTR 和自体蛋白酶（Npro）区的序列进行分析后，认为 BVDV 至少分为 11 个基因亚型。同时进行的血清学交叉中和试验结果完全支持系统发育分析的结果，说明在 5′UTR 序列和 BVDV 抗原性之间存在密切关系。

2. 牛病毒性腹泻病毒我国流行株基因型

作者对从吉林不同地区分离的 4 株（CCSYD 株，CCJYD 株、CCKCD 株、JLCYD 株）BVDV 的 $NS_{2~3}$ 基因外源序列插入区进行了 RT – PCR 扩增、克隆和测序，并与 BVDV 其他株进行了同源性分析，CCSYD 株属基因 Ib 亚型，CCJYD 株、CCKCD 株、JLCYD 株属待定基因型。其他学者在其他动物上分离到 184、D、H 和 Yak 株、ZM-95 株、NCD 株，它们分为 2 个基因亚型，即 Ia 和 Ib。

（三）临床症状

在临床上有急性和慢性之分。急性病鹿突然发病，体温升高，出现厌食，流涎。咳嗽，呼吸急促，流浆液性鼻液。腹泻是特征性症状，可持续1~3 周或间歇几个月之久。粪便呈水样，恶臭，含有大量黏液和气泡，后期带有黏液和血液。病鹿鼻镜糜烂，上皮脱落，舌面坏死。病畜渐进性消瘦，体重减轻，多见于幼兽。慢性病例体温变化不明显，逐渐发病、消瘦、持续性或间歇性腹泻，常出现鼻镜糜烂，眼有浆液性分泌物，跛行，病程2~5 个月。妊娠母鹿感染本病往往出现流产或产下有先天性缺陷的仔鹿。

（四）病理变化

主要损害消化道和淋巴组织，特征性损害表现为食道黏膜糜烂。口腔黏膜糜烂性溃疡；食道黏膜呈出血性条带和糜烂斑；皱胃有出血斑及溃疡；整个胃肠道黏膜充血、出血、糜烂和溃疡；淋巴细胞和集合淋巴滤胞出血和坏死。

（五）诊断

根据流行病学、临床特征性腹泻和典型病理变化，尤其是食道黏膜呈条纹状出血性条带和糜烂斑，可作初步诊断。确切诊断需进行实验室检查。可采取病鹿血、尿、鼻、眼分泌物、脾、骨髓和肠系膜淋巴结分离病毒，盲传三代后，用荧光抗体检测法检测病毒。血清学可用中和试验、补反和 ELISA 检查该病。接种易感鹿与已知病毒作交互保护试验，也可分离病毒作进一步鉴定。本病应与口蹄疫、传染性水疱性口炎、传染性鼻气管炎、副结核病、恶心卡他热、蓝舌病等相区别，区别要点如下。

1. 口蹄疫

在口腔和唇内面、齿龈和颊部黏膜以及蹄冠皮肤、趾间、乳头等处出现水疱为其特征，病死率低，传染性强。而黏膜病，口腔黏膜虽有糜烂病灶，但无明显水疱过程，此外，黏膜病病畜会发生严重的腹泻，且腹泻呈持续性，病程长，有一定的病死率。

2. 传染性水疱性口炎

口腔有水疱及糜烂面。而黏膜病，口腔黏膜虽也有糜烂病灶，但无明显水疱过程，而且水疱性口炎除可感染偶蹄兽外，还可感染单蹄兽，且在自然情况下发病率低，发生死亡者极少，也没有腹泻的症状。

3. 恶心卡他热

口腔黏膜也有糜烂，鼻黏膜和鼻镜有坏死病变，此点易与黏膜病相混淆。但恶心卡他热的主要特点是①呈散发性；②全身症状重笃；③眼睑、头部肿胀，眼球发生特异的上翻状态，眼角膜浑浊；④病死率高。这几点可与黏膜病相区别。

4. 传染性鼻气管炎

传染性鼻气管炎又称坏死性鼻炎。其特征是上呼吸道黏膜发生炎症，而引起鼻漏，鼻黏膜高度充血及出现浅表性溃疡和坏死。此点与黏膜病的鼻镜与口腔黏膜表面糜烂有时易混淆。但黏膜病的特征症状是：严重的腹泻以及剖检时可见胃肠道有卡他性、出血性、溃疡性乃至坏死性炎症。而传染性鼻气管炎的病变主要在呼吸道黏膜呈现炎性变化及浅表溃疡。

5. 蓝舌病

本病病畜由于在口唇有水肿以及硬腭、唇、舌、颊部及鼻镜有轻微糜烂，因而在临床上易与黏膜病相混淆。但黏膜病常发生剧烈腹泻，此点蓝舌病是没有的。

6. 副结核病

副结核病在临床上是以腹泻为特征。腹泻可从间歇性腹泻发展到持续性腹泻，继之变为水样喷射状腹泻。由于严重腹泻，病畜高度贫血和消瘦，并伴有下颌、胸垂、腹部水肿，最后多衰竭死亡。从腹泻症状看，在临床上与黏膜病进行鉴别诊断有一定困难。但应注意的是，黏膜病除有持续性或间歇性腹泻外，其口腔黏膜常反复发生坏死和溃疡，此点副结核病没有。另外，用副结核菌素对二者进行皮内反应，黏膜病病畜为阴性反应，以此也可区分。

第二节 梅花鹿病毒病

（六）防治

本病尚无有效防治办法，主要采取加强管理和对症治疗。平时加强检疫，防止引进病鹿。目前有弱毒疫苗可以免疫，对受威胁地区可以进行免疫。在我国，也有人用猪瘟疫苗注射以保护动物不受此病毒感染。

1. 疫苗

（1）细胞疫苗　作者将从吉林省长春市双阳区梅花鹿流产胎儿肝脏病料中分离出的牛病毒性腹泻病毒灭活后制备成油剂灭活苗，免疫接种试验动物后，检测其体液免疫和细胞免疫水平，结果表明：梅花鹿源牛病毒性腹泻病毒（BVDV）分离株油剂灭活苗既能产生特异性体液免疫，又可以产生细胞免疫应答。

（2）核酸疫苗　作者将 CCSYD 株 BVDV 的 E_0 基因 RT－PCR 扩增目的片段进行了克隆和测序，将其与已报道的瘟病毒代表株相应序列做了比较，预测了 E_0 蛋白的抗原表位、亲水性和等电点等。成功构建了原核表达质粒 pET28a/E_0，重组菌在 IPTG 诱导下能表达目的蛋白，其含量占菌体总蛋白的 9.25%。成功构建了真核表达质粒 PAX1/E_0，并用脂质体转染 BHK－21 细胞，RT－PCR 法检测到 E_0 目的基因在 BHK－21 细胞进行了转录，间接 ELISA 法检测到已表达目的蛋白。用梅花鹿源 BVDV 基因苗（PVAX 1/E_0）不同免疫剂量和免疫次数免疫家兔，既可产生体液免疫又可产生细胞免疫应答。基因苗高剂量组比低剂量组体液免疫应答水平和细胞免疫应答水平高，基因苗免疫次数对体液免疫应答水平和细胞免疫应答均无影响。免疫的第 42d 基因苗免疫组抗体水平达到高峰，基因苗免疫组（免疫剂量 1mg/ml 以上）BVDV 抗体应答水平高于 CCSYD 灭活苗和 C_{24}V 灭活苗免疫组，但免疫家兔的 28d 以前的结果则相反；免疫家兔产生的细胞免疫应答水平基因苗组均低于 CCSYD 灭活苗和 C_{24}V 灭活苗免疫组。

（3）转基因人参发根疫苗　采用叶盘法将 pBI121/E_0 导入参发根中，提取转化的人参发根及其继代发根 DNA 和 RNA，通过分子生物学的方法检测 E_0 基因是否整合到人参发根基因组中；提取所培养的人参发根的蛋白质，利用 SDS－聚丙烯酰胺凝胶电泳法检测 BVDV E_0 基因在人参发根中是否得到表达。通过 Western – blotting 法和 ELISA 法检测转基因人参发根 E_0 蛋白的免疫原性。对转基因人参发根总皂苷和九种单体皂苷的含量进行了检测。普通人参发根和转基因人参发根中 9 种单体皂苷均有测出，且转基因人参单体皂苷的含量均高于相应普通人参发根单体皂苷含量；转基因人参发根中单体皂苷含量与普通人参发根比较，Rb1、Rb2、Rb3 的含量无显著性差异（$P > 0.05$），Rg1、Re、Rf、Rg2、Rc、Rd 的含量差别显著（$P < 0.05$）。对转基因人参发根人参多糖的含量进行了检测。转基因人参发根粗多糖含量（9.4%）大于普通人参发根中粗多糖的含量（7.6%），差异显著（$P < 0.05$）。结果表明：成功将 BVDV 基因 E_0 转入人参发根中并得到了表达；BVDV E_0 基因在人参发根中表达的蛋白具有免疫原性；转基因人参发根中总皂苷、9 种单体皂苷和人参多糖的含量均高于普通人参发根。此研究为植物疫苗的开发提供了新的思路，并为转基因人参发根疫苗的研究与开发奠定了基础。

（4）转基因黄芪疫苗　作者是以牛病毒性腹泻病毒 RNA 为模板，用反转录 – 聚合酶链式反应法获得其 E_0 基因，再构建其基因 E_0 重组植物表达载体，然后采用花粉管通道法，得到牛病毒性腹泻病毒 E_0 基因转化黄芪。通过蛋白质印迹法和酶联免疫吸附法筛选具有免疫源性的牛病毒性腹泻病毒基因 E_0 转化的黄芪，得疫苗产品。本发明的有益效果是：将牛病毒性腹泻病毒 E_0 基因在黄芪中表达，既产生保护性抗原又产生增强免疫作用的佐剂物质，提高了黄芪抗病毒的作用和疫苗的免疫效果。还有易生产、使用方便、稳定性强、无副作用的优点。

2. 中药防治

作者采用组织细胞培养方法，测试了利巴韦林、黄芪、鱼腥草、干扰素 a2b、莪术油、双黄连粉针剂在 MDBK 细胞体外培养中的最大安全浓度（最低稀释度）分别为（2^{14}）、（2^5）、（2^8）、（2^5）、（2^7）、（2^7）。药物抗梅花鹿源 BVDV 作用由强到弱的顺序：莪术油、鱼腥草、黄芪、干扰素、利巴韦林、双黄连。作者研究证明人参皂苷、五味子乙素也有抗 BVDV 作用。

二、口蹄疫

口蹄疫俗名"口疫""蹄癀"，是由口蹄疫病毒引起的偶蹄兽的一种急性热性高度接触性传染病，其临床特征是高热，在口腔、蹄部和乳房皮肤发生水泡和溃疡。

（一）病原体

口蹄疫病毒属于微 RNA 病毒科、口蹄疫病毒属。根据病毒的血清学特性，目前已知全世界有 A、O、C、南非 1、南非 2、南非 3 和亚洲 1 等 7 个主型，每个主型又分若干亚型，通过补反结合试验，目前发现至少 65 个亚型。各型的抗原性不同，彼此间不能相互免疫。但各型的临床症状完全相同。人感染 O 型多见，C 型少见。我国鹿的口蹄疫的病毒型为 O、A 型和亚洲 I 型。口蹄疫病毒颗粒呈圆形，在目前已知病毒中是最细微的一级。

（二）流行病学

本病首次于 1514 年在意大利发现，但直到 1898 年才由 Loffler 等证明本病病原可以通过细菌过滤器，为滤过性，从而作为病毒病最先被确定。1976 年全世界有 73 个国家和地区爆发口蹄疫。1967—1968 年英国和前苏联爆发口蹄疫，仅英国就扑杀受威胁动物 42 万头。1997 年我国台湾发生 80 年不遇的大流行，4 个月内共有 20 个县市，6 147 个牧场发病，毁灭牧场 6 045 个，患病动物 184 231 头，扑杀 385 058 头，直接经济损失达 100 多亿美元。本病广泛分布于世界各地，虽然病死率不高（成年鹿只有 5%），但由于易感鹿广泛，传染性极强，病毒型多易变异，各型的免疫性不同，又易通过空气传播，故一旦发生，常呈大流行。发病率非常高，不易控制和消灭，在经济上带来极大的损失，甚至影响国际间贸易。因而，本病在国际上是非常受重视的一种疾病。本病在国内也有流行。1962 年在国外鹿中曾有过一次大流行。1963 年国内某些鹿场也发生了该病，对有的鹿场造成严重经济损失，尤其引起仔鹿大批死亡。

1. 传染源

病鹿和潜伏期带毒鹿是最危险的传染源。病毒主要存在于水疱皮和水疱液中。在发热期病鹿的奶、尿、唾液、眼泪、粪便等分泌物和排泄物都含有病毒。在发病初期是最危险的传染源，因此出现症状后头几天，排毒量最多，毒力最强。

2. 传染途径

本病可通过直接接触和间接接触传播，以间接接触传播为主。患病鹿通过乳、汗、唾液及尿、粪等污染的物品、饲料、饲草、水源等间接传播。人和非易感动物（单蹄兽、候鸟）可成为传播媒介。主要是呼吸和消化道感染，也能经破损的甚至未破损的皮肤和黏膜而感染发病。空气也是重要的传播媒介。病毒能随风散布到 50～100km 以外的地方，故有人提出顺风传播的说法。

3. 易感动物

病毒能侵害多种动物，但以偶蹄兽最易感。其中首先是黄牛、奶牛，其次是牦牛、水牛和猪，再次为绵羊、山羊、骆驼和象。野生偶蹄兽鹿、黄羊、野牛、野猪均易感。人可以感染，但易感性较低（人多因与病兽直接接触或饮未经彻底消毒的病兽之乳，也可经消化道、呼吸道和破损皮肤、黏膜感染）。

4. 流行特点

口蹄疫病毒传染性极强，一经发生即呈流行或大流行，并有一定周期性。每隔 1～2 年或 3～5 年流行 1 次。一年四季均可发生，但多为秋季开始，冬季加剧，春季减轻，夏季基本平稳（但有的地区这种季节性不明显）。这可能是由于气温高低、日光强弱等因素对病毒生存有影响。

（三）发病机制

病毒侵入机体后，首先在侵入部位的上皮细胞内生长繁殖，引起浆液性渗出物而形成原发性水疱（第一期水疱），通常不易发现。1～3d 后，若机体抵抗力不足以抗御病毒的致病力，病毒则进入血液，散布全身，引起体温升高、脉搏加快、食欲减退等全身症状。病毒随血液到达所嗜好的部位，如口腔黏膜和蹄部、乳房皮肤的表层组织，继续繁殖，形成继发性水疱（第二期水疱），此水疱破裂时，体温随即下降至常温，病毒从血液中逐渐减少至消失。此时病鹿即进入恢复期。恶性口蹄疫时出现的"虎斑心"，可能是病毒在心肌组织内生长繁殖，或病毒产生的毒素危害心肌组织，致使心肌变性或坏死，而出现灰白色或淡灰色的斑点条纹，常以急性心肌炎而死亡。

（四）临床症状

本病传播迅速，症状明显。体温升高，精神沉郁，肌肉颤懔，流涎，食欲废绝，反刍停止。在口腔黏膜、唇、颊、舌的表面发生口蹄疮、糜烂与溃疡。舌面坏死灶范围可达全舌的2/3，有的全舌均有坏死灶，且能进一步导致牙齿的脱落和骨骼形成坏疽。四肢的皮肤，蹄叉与蹄间并见同时出现病变，出现口蹄疮与糜烂。甚至蹄甲脱落。因此患鹿呈现明显的跛行。本病流行于3—4月时，还可发现母鹿大批流产和胎衣滞留，子宫炎与子宫内膜炎；娩出的仔鹿也迅速死亡。有的患鹿还出现并发症，如皮下、腕关节与跗关节的蜂窝织炎。四肢肿胀，沿血管与淋巴管经路的皮肤发生瘘管与化脓性坏死性溃疡；出现产后截瘫与发生褥疮，患鹿消瘦，体温下降，脉搏微弱，呼吸困难，最后陷于濒死状态而死亡。

（五）病理变化

口腔黏膜和蹄部见有水疱和烂斑。咽喉、气管、支气管和前胃黏膜有时可见到圆形烂斑和溃疡。真胃和大小肠黏膜可见出血性炎症。肠黏膜溃疡病灶，瘤胃有单个的坏死性溃疡；发生于仔鹿的溃疡并常见穿孔；在网胃的蜂窝间发现细小的黄褐色痂块，类似的变化也见于肠内。真胃黏膜有斑痕化的深层小溃疡灶，有时并见裂隙状底面和出血。心脏有心肌炎病变，心肌松软，心肌切面有灰白色或淡黄色斑点或条纹，如老虎身上的斑纹，故称虎斑心，肝脏与肾脏也呈同样景象。在有并发症时，尸体还可发现化脓性或化脓性纤维素性肺炎与支气管肺炎、化脓性胸膜炎、心包炎及肺脓肿等。

（六）诊断

主要依据鹿的流行病学特点、临床症状及剖检变化，可作出初步诊断。实验室诊断：①病料：一般取病兽水疱皮和水疱液。如果病兽已康复则采取血清、送检。②血清学诊断：传统方法有补反和乳鼠血清学保护试验，以后又用反向间接血凝和琼脂扩散试验。近来用ELISA，效果很好。目前，核酸探针、放射免疫和荧光抗体方法均有报道。

（七）防治

发生口蹄疫时，应立即上报疫情，划定疫点、疫区和受威胁范围，并进行隔离、封锁和彻底消毒。扑杀患病动物及同群动物，尸体无害化处理。受威胁地区易感动物紧急接种疫苗。平时严格出入境检疫制度，禁止从疫区引进动物。加强消毒与饲养管理，定期疫苗注射，每年 1～2 次，疫苗血清型要和本地区发病血清型相同。在预防鹿的这一疾病时，随时密切注意周围畜群的发病状况，也有实际意义。高温和阳光对病毒有毁灭作用。酸和碱对口蹄疫病毒的作用很强烈，所以 1%～2% 氢氧化钠、3% 热草木灰水、1%～2% 甲醛溶液等是良好的消毒剂，短时间内即能杀死病毒。

三、狂犬病

狂犬病又称疯狗病、恐水病，是由狂犬病病毒引起的一种急性接触性传染病，本病为人畜共患病。其特点是神经兴奋性增强、狂暴和意识障碍，继而发生麻痹而死亡。世界动物卫生组织定为 B 类疫病。

（一）病原体

鹿狂犬病毒，属弹状病毒科、狂犬病病毒属，为单股正链 RNA 病毒。病毒粒子呈圆柱体，底部平凹，另一端钝圆，呈子弹状或试管状，有囊膜和囊膜纤突。病毒粒子横切面直径为 90nm，纵切面为 180nm，粒子分布于细胞浆和细胞间隙中。沉降系数为 600～625，浮密度为 1.16～1.2g/ml。分子量为 $475×10^6$。一般狂犬病毒在受感染的神经细胞浆中，能形成嗜伊红性包涵体即内基氏小体，对诊断狂犬病具有特殊意义。但鹿接种狂犬病毒 8202 株，大量脑内接种，仅使鹿发生麻痹症状，在脑内未发现包涵体。该病毒可在原代仓鼠肾单层细胞上生长繁殖继代。

（二）流行病学

在公元前 335 年，人类就注意到疯狗咬伤人有危险。1881 年巴斯德在兽脑中发现病毒，并于 1885 年首次将狂犬病病毒经家兔脑内传代减弱其病性，制成疫苗，给一名被疯狗咬伤的男孩多次注射，获得了预防狂犬病的成功。1903 年内基氏在神经细胞内发现胞浆内包涵体，命名为内基氏小体，为本病诊断作出贡献。本病在世界很多国家均有发生的报道，呈世界性分布，历史上曾造成人和鹿的大量死亡。不少国家因采取疫苗接种及综合防治措施，已宣布消灭了本病，但也常有发生的报道。在国内曾有多起鹿狂犬病暴发流行报道。自 1970 年以来在国内许多鹿场暴发该病，最初尚未确诊，而将此病命名为"嗜神经性疫病"。20 世纪 90 年代白城、乾安鹿场一年 100 多头鹿死于本病。1986 年侯世宽等首次确定：鹿狂犬病病原体为狂犬病毒适应于鹿体的变异株。

1. 宿主与传染源

鹿、犬、猫、狐均是自然宿主，人工试验表明适应鹿体狂犬病变异株，除了对鹿敏感外，对小白鼠、大鼠、仓鼠、家兔、山羊、绵羊、牛均易感，猪对该病毒有耐受性。

2. 传染途径

外伤（尤其是咬伤）是主要传播方式，皮肤、黏膜接触病毒而感染发病。鹿有时见锯茸后期相继发展。此外，呼吸道、消化道和胎盘也可传播本病。

3. 易感动物

几乎所有的温血动物均易感，但最易感是犬科（犬、狐、狼）和毛皮动物。实验动物中家兔、豚鼠、小白鼠最易感。

4. 流行特点

本病无明显季节性，冬末春初发病较多。不分年龄、性别均易感染，常呈散发流行，常在一个圈内发生而临近圈内不发病，呈明显接触传染。

（三）发病机理

狂犬病病毒具有嗜神经的特性。病毒从咬伤部位侵入，首先在局部伤口的肌肉细胞内小量繁殖，以后再向附近神经末梢侵袭（需 72 小时以上）。沿神经向大脑侵袭，边走边繁殖，一旦侵入脊髓神经，开始大量繁殖，并可波及整个神经系统，最后侵犯中脑、小脑及大脑。病毒到达脑神经后，引起脑组织充血、水肿和弥漫性炎症，以脑干和小脑病变最为严重。在脑神经内形成独特的"内基氏小体"。病毒在中枢神经中继续繁殖，可损害神经细胞和血管壁，引起血管周围的细胞浸润。神经细胞受到刺激，出现兴奋症状。最后呼吸中枢麻痹，循环衰竭而死亡。

（四）临床症状

突然发病，患鹿精神异常，尖声嘶叫，沉郁，两后肢有些强拘，步样不稳，呈现蹒跚，后躯强硬，呈现不完全性麻痹。一般多见狂暴、沉郁、后躯麻痹混合发生。鼻镜湿润，体温初期升高，后转为正常或下降，食欲减退或废绝，反刍停止，饮水减少，耳下垂，头擦围墙或障碍物，擦破头皮，皮肤脱毛出血，根据观察，大致可分三型：兴奋型、沉郁型、麻痹型。

（五）病理变化

无特征性病理变化。尸僵完整，营养良好，口角有黏液，角膜高度充血，可视黏膜稍苍白或偶有黄染，口内有黏液。皮下血管充盈，血液凝固不良，额部和面部皮下出血坏死胶样浸润，有的背最长肌间或明显变化，心外膜、内膜有出血点，脂肪沉着良好。肝有的增大浊肿，膈面有的有硬币大的坏死灶，切面微外翻，有多量血液流出，质脆弱，压之易碎裂。肾三界不清，皮质出血，色调污秽不洁。脾一般无明显的变化，有的稍肿胀，表面有点状出血，脾小梁明显，个别病例脾萎缩。瘤胃充满中等量的食物，有的瓣胃比较干燥，真胃幽门部黏膜有新旧不同的出血性溃疡面（3~5 处），特别是慢性病例更为明显和严重，十二指肠内有红褐色内容物、黏膜充血、多数病例呈血肠样，空回肠黏膜呈卡他样变化或局限性出血呈血肠样，个别严重的形成红色腊肠样，盲肠有的出血，直肠有干涸的蓄粪，有的为黑色衡便、恶腥臭，肠的集合滤包增大、切面湿润。肠系膜中血管充盈，膀胱充满尿液，梗脑膜下血管充盈，脑脊髓液透明，脉络丛血管充盈，皮质有出血点，小脑、延脑、桥脑、中叠体、视丘均有显著充淤，血管切面外翻湿润，脊髓切面亦外翻湿润。病理组织学检查：脑膜充淤血出血，在中等以下的血管周围，有白细胞浸润呈管套状，神经细胞变性，有神经节的卫星现象。脊髓灰白质均表现充淤血出血，在灰白质部中等大的血管亦有血管套现象。

（六）诊断

如果临床症状明显，有机会观察到全部或大部分症状。结合病史和剖检特征综合分析，可作出初步诊断。确诊需进行试验室诊断。

1. 脑组织触片镜检

内基氏小体为狂犬病病毒的特殊包涵体，在神经细胞的胞浆内呈球形或椭圆形。一个神经细胞可能有1至数个。在脑干、海马角、小脑等部位易发现。内基氏小体检出率高低主要取决于采病料时期（它通常在病的后期才形成）。其次，兴奋型比麻痹型、沉郁型检出率高一倍。濒死期或刚刚死亡鹿，取海马角、延髓和唾液腺触片，用塞勒氏（Sellers）或曼氏染色法染色后镜检，当细胞浆内见有内基氏小体（樱桃红色）时可确诊。若检查为阴性，不能完全否定，应作进一步检查。

2. 组织学检查

将脑组织作组织切片，观察有无内基氏小体。

3. 动物试验

将病兽唾液腺、脑组织研磨做成悬浮液，经抗生素处理后取上清液脑内接种于30日龄内的小鼠，如有狂犬病病毒时，出现弓背颤抖，后肢共济失调，麻痹、衰竭，一般于注射后9～11d死亡，死后脑组织可进行内基氏小体检查。

4. 血清学检查

脑组织切片或触片固定后，可用荧光抗体、ELISA、补反、中和、琼扩检查狂犬病病毒。

（七）防治

目前尚无有效治疗方法，发现患病动物应立即扑杀，避免攻击人畜。如是被患病鹿咬伤，可立即处理伤口，可以用消毒剂、肥皂水、碘酊、酒精等，并迅速进行狂犬病疫苗紧急接种。发病鹿场和受危胁鹿场每年春季（3—4月）或秋季（8—9月）接种上述疫苗以控制和预防该病流行。建立严格的兽医卫生制度，禁止外来狗、野生动物进入饲养场，引入新种源时，要隔离观察30d。发生疫情要及时上报，严格封锁，严禁人和动物出入，病兽立即处死、焚烧或紧急接种治疗。对病兽尸体焚烧，禁止取皮或食用，对管理人员紧急接种。严格进行消毒。

四、恶性卡他热

恶性卡他热又叫恶性头卡他或坏疽性鼻炎，是由恶性卡他热病毒引起的多种反刍动物，如牛、鹿和山羊的一种急性或慢性、高度致死性传染病。临床上以短期发热，口、鼻、眼等急性卡他性纤维素性炎症，神经系统紊乱，高死亡率为主要特征。我国将其列为二类疫病。

（一）病原体

恶性卡他热病毒为疱疹病毒丙亚科、猴疱疹病毒属中的角马疱疹病毒Ⅰ型和绵羊疱疹病毒Ⅱ型。为双股 RNA 病毒，二十面体对称，有囊膜，囊膜直径为 140～220nm。该病毒可分为两型，即角马疱疹病毒Ⅰ型和绵羊疱疹病毒Ⅱ型。在体内病毒吸附在白细胞上不易脱落，不易通过细胞滤器。角马疱疹病毒可在牛的甲状腺细胞和肾上腺细胞上生长繁殖，而绵羊疱疹病毒Ⅱ型的初次分离则只能在发病牛的甲状腺细胞和肾上腺细胞上生长繁殖，在健康的上述细胞则不能生长。对外界环境抵抗力不强。不能抵抗冷冻及干燥。血液中病毒于室温下 24h 失去毒力。0℃以下的温度，可以使病毒失去活力。最好保存法是用柠檬酸脱纤血于 5℃环境中保存。角马疱疹病毒Ⅰ型和绵羊疱疹病毒Ⅱ型在抗原上有交叉，目前诊断绵羊恶性卡他热的血清学试验均采用角马疱疹病毒Ⅰ型作为病原。

（二）流行病学

本病呈世界性分布，在欧洲、美洲、亚洲、大洋洲及非洲均有流行。1963 年，Tong 等首次记述了鹿的恶性卡他热。1981 年，Huck 等认为绵羊与角马二者是隐性传染来源。1977 年 Santorod 等，1980 年 Hatkin，1980 年 Wbitenach 等证明鹿感染与绵羊恶性卡他热有关联性。1979 年 Reid 等人首次报道鹿患绵羊关联性恶性卡他热，苏格兰 15 只舍饲鹿中，有 9 只死于该病。此后 1982 年澳大利亚的 Denhoto 等和新西兰的 Mcallum 等都记述该病在鹿中地方性流行。传染源在非洲主要是角马，而在欧洲主要是绵羊，牛为最终端宿主，牛不传染牛。该病主要是直接接触或间接接触而传播，目前认为通过吸血昆虫传播的可能性很小。病毒主要经呼吸道与消化道传播。尽管该病毒在自然宿主体外似乎非常脆弱，但它仍能使距离感染绵羊很远（超过 1 000 km）的鹿受到传染。该病毒可能通过唾液、黏液、灰尘或受到污染的运输工具、设备、饲料、衣物或人手进行传播。易感动物：主要是黄牛、水牛、绵羊和鹿，马鹿有一定抵抗力。在自然条件下，无明显季节性，四季均可发病，但以冬、春季发病率较高。散发或呈地方流行。

（三）临床症状

鹿患该病潜伏期一般 1～2 月或更长，人工感染 16d 至 10 个月不等。急性型病鹿突然发病，体温升高，鼻镜干燥，出血性胃肠炎，呼吸心跳加快，明显衰竭，迅速失重，病鹿离群独立；出现明显症状后 1～3d 死亡。亚急性和慢性病例，出现卡他性、纤维素性结膜和角膜炎，整个角膜混浊。还出现口腔的损害，乳头轻度充血，呈广泛性糜烂坏死和卡他性蓄积。常发生卡他性、黏液性、脓性及坏死性鼻炎，伴有口鼻部皮肤硬固和坏死。皮肤呈干固性坏死，尤其发生在会阴部。体表淋巴结易触摸、经常发生腹泻，进而发展为腐臭性痢疾。直肠体温升高，血液检查白细胞减少。嗜中性白细胞相对增加。总之该病表现特征不同。超急性型症状不明显，病期长的病例较为明显。鹿主要症状是肠炎。

（四）病理变化

最严重病理变化是消化道、口腔有白喉样病变，皱胃和大肠水肿和弥漫性出血，大肠尤为严重。淋巴结病变较为普遍，表现不同程度肿胀、出血和脆弱。该病程侵害肾脏，在肾上有直径 2～4mm 多个突起斑。膀胱有出血点和出血斑。死后呼吸道变化局限于鼻甲骨、咽和气管，出血和广泛性卡他蓄积。肾、脑、膀胱、肾上皮、眼角膜等器官病灶性坏死和出血，并伴有炎性细胞的病理组织学变化，对该病诊断具有重要价值。

（五）诊断

根据流行病学，典型的临床症状以及剖检变化可作出初步诊断。试验室诊断主要包括：病毒分离鉴定、血清学实验和动物实验。采集病鹿脾、淋巴结、甲状腺等组织，分离病毒可用荧光抗体及 PCR 检测。血清中特异抗体检测可用病毒中和试验和间接用荧光抗体法。病料处理后接种家兔，静脉或腹腔注射，接种后可发生神经症状，并于 28d 内死亡。

（六）防制

目前对该病尚无特异性防制方法。无疫苗免疫。因此，在防制上要贯彻严格隔离制度。主要和牛与绵羊相隔离，牛和绵羊在传播本病上可能起重要作用。发病后采取隔离和对症治疗，为控制继发感染，实行抗生素和磺胺药物疗法。

五、流行性乙型脑炎

鹿流行性乙型脑炎又称日本乙型脑炎，是由日本乙型脑炎病毒引起的多种动物和人共患传染病。临床上以高热和非化脓性脑炎为主要特征。家畜和家禽感染率很高，多为隐性感染。鹿多为隐性感染也有散发发病死亡，是近年来新发现确定的一种新的病毒性疫病。

（一）病原体

日本乙型脑炎病毒，黄病毒科黄病毒属。病毒呈球形，直径为 35 ~ 40nm。为单股 RNA 病毒，二十面体对称，有囊膜。可在鸡胚中增殖，并能在鸡纤维细胞、地鼠肾细胞上生长繁殖，形成 CPE 和蚀斑。该病毒最易感染试验动物小鼠，1 ~ 3 日龄乳鼠最易感，脑内接种 3 ~ 4d 开始发病，经 1 ~ 3d 死亡。海猪、兔、鸽不发病。本病毒在血液中存留时间较短，于中枢神经系统与肿胀的睾丸内存留时间长。在蚊和伊蚊体内能分离出病毒。与同属的西尼罗河热病毒、墨累河谷热脑炎病毒以及圣路易脑炎病毒等均有共同抗原，流行性乙型脑炎抗体也对该三种有一定保护力。目前 JBEV 只有一个血清型，但不同的分离株仍有抗原上的差异。该病毒对外界抵抗力不强，一般消毒剂的常规浓度可将其杀灭。56℃ 30min 即可灭活，在 6% 甘油生理盐水 4℃ 条件下活存 6 个月，在 -20℃ 条件下能保存 1 年，-70℃ 或干燥条件下可长期保存。保存病毒适宜 pH 值 7.5 ~ 8.5。

（二）流行病学

1935—1936 年和 1947—1949 年在日本马匹中大为流行。1937 年确定该脑炎与当地甲型脑炎不同，而定名乙型脑炎。后来该病先后在朝鲜、菲律宾、泰国、印度尼西亚、马来西亚、印度和中国都有流行报道。1981 年刘永利最初报道梅花鹿和马鹿乙型脑炎病。1986 年研究人员首次确定鹿流行性脑炎病原为日本乙型脑炎病毒。病畜及带毒动物为本病的传染源。本病主要由蚊虫叮咬吸血而传播。本病毒可感染多种动物和人，马、牛、羊、鹿、猪、鸡、鸭和鸟均可感染该病，马最易感，牛、羊、鹿多呈隐性经过。幼龄动物易感。据胡敬等 1986 年调查，吉林省鹿群中流行性乙型脑炎中和抗体阳性率在 60% ~90%，但很少出现临床症状和死亡，说明鹿多数为隐性经过。梅花鹿和马鹿不分性别均易感，幼龄鹿 3 个月至 4 岁易感，成年鹿未见发病。呈散发或地方性流行，流行具有明显的季节性，鹿常在 7—10 月发病。因为该病传染主要是伊蚊，所以蚊蝇活动旺盛季节也是该病最为流行的季节。其他带毒动物也可能在传播上起一定作用。

（三）临床症状

本病潜伏期 1~2 周，鹿一经发病，病初体温升高，高达 40℃ 以上，经 1~2d 后降至常温。病初呼吸困难，呼吸数大于 80 次/min，脉搏数达 100 次/min。结膜潮红、黄染，食欲废绝，饮欲增强，排粪迟滞，粪便干燥，尿色棕黄。四肢呈现不同程度麻痹，后肢尤为明显。对针刺反应敏感性降低，头常偏向一侧。依据临床症状可将本病分为沉郁型和狂躁型两型。沉郁型：病鹿精神委顿，对外界刺激反应减弱，两耳下垂，眼半闭，喜卧不愿活动，走路不稳，后期倒地，呈昏迷状态。体温下降，呼吸弛缓，终因心力衰竭死亡。狂躁型：病鹿表现不安，常乱走乱撞，步态踉跄，后躯摇晃，有时在圈内转圈，常头顶墙或槽，头破血流，四肢张开，目光凝视，肌肉震颤，不听人驱赶，经 1~2d 后倒地，四肢呈游泳状，最终衰竭死亡。

（四）病理变化

病理剖检主要变化发生在脑部。脑膜呈树枝状充血和点状充血，脑脊髓液增多混浊，脑室内有积液。脑实质有液化灶，局部色彩较淡。脑侧室壁上有散在小米粒大的出血点、脊髓膜和大神经干上有点状出血。心内、外膜有散在出血斑，心包液增多。肺水肿，肝、肾浊肿，脾无明显变化，个别有散在的小出血点。膀胱顶部内膜和子宫内膜见有斑点状以至弥漫性出血。皱胃和十二指肠有出血性条状坏死，十二指肠有时见有血样食糜。病理组织学检查发现有神经细胞变性、坏死、卫星和嗜神经现象。主要为非化脓性脑炎变化。

（五）诊断

根据流行病学特点和临床症状，以及病理剖检变化可作出初步诊断。进一步确诊需进行病毒分离和血清学诊断。用多种动物肾原代细胞和鸡成纤维细胞分离培养病毒，作进一步鉴定。采集病鹿血液、脊髓液及脑组织。脑内接种 2～4 日龄乳鼠、豚鼠和仓鼠。目前诊断流行性乙型脑炎主要用补体结合反应、中和试验、血凝和血凝抑制试验以及荧光抗体试验。对病死鹿脑组织冷冻切片，用乙脑荧光抗体直接染色镜检，镜下可见特异的荧光细胞。本病应与狂犬病、亨德拉病、西尼罗河热、墨累河谷热脑炎以及圣路易脑炎等相鉴别。

（六）防制

防蚊、灭蚊是防制本病主要措施。一方面要搞好鹿舍卫生，消灭蚊蝇滋生地，一方面在蚊蝇活动季节注意灭蚊蝇。特异性预防：可试用日本脑炎弱毒活疫苗，肌肉注射 1ml，无副反应，安全性好。接种后 30d，血清中和抗体指数大于 1 000，说明有良好效果。对症治疗：药物治疗对病毒无效，但可根据临床症状采取安神镇静、保肝、解毒、抗病毒、防止继发感染及加强护理等措施。为了降低脑内压，恢复中枢神经系统功能，可静脉注射 25% 山梨醇或 20% 甘露醇，每天每千克体重按 1～2g 计算，隔 8～12h 注射 1 次。如无上述药物，可静脉注射 10%～25% 高渗葡萄糖溶液 500～1 000ml。发病后期血液黏稠，可注射 10% 浓盐水。为了调节大脑皮层兴奋性可用镇静剂，10% 溴化钠溶液 50～100ml 或水合氯醛 20～50g 灌肠等。强心可用樟脑水或安纳加，利尿解毒可用乌洛托品。为了控制继发感染可用青链霉素。

第三节 梅花鹿细菌病

一、结核病

结核病是由结核杆菌引起的人畜禽共患传染病。结核杆菌几乎能感染任何品种的鹿，国际动物卫生组织将其列为 B 类疫病，我国将其定为二类动物疫病。

（一）病原

结核杆菌包括人型结核分枝杆菌、牛分枝杆菌、禽分枝杆菌，主要为牛型分枝杆菌和禽分枝杆菌。为抗酸性小杆菌，菌体平直或稍弯曲，两端钝圆，在涂片中，成对或呈丛排列，菌团由 3~20 个菌体构成，似绳索状，也有单个存在的。在纯培养物中，菌体呈多形性，或细长，或呈球杆状，有时呈颗粒状或半球状，偶尔出现分枝、菌体着色不均。该菌无鞭毛，不形成芽孢和荚膜。菌体长 2.03~2.41μm，宽 0.28~0.32μm。

（二）流行病学

患有结核病的动物和人是该病的传染来源。结核病主要传染途径是呼吸道和消化道及生殖道。鹿抵抗力下降，是促进诱发本病暴发流行的首要条件，当饲料条件低下（蛋白质不足，缺乏维生素和微量元素等）时，常引起结核病暴发。在饲养管理好的条件下，即使是结核病鹿场，也不表现暴发流行和死亡，但存在潜在暴发的可能性。本病流行没有明显季节性，也不分年龄和性别，公鹿相对发病率和死亡率高于母鹿。

（三）发病机理

结核杆菌是一种胞内致病菌，能在巨噬细胞质内生长繁殖。结核杆菌初次感染往往不表现症状，宿主免疫反应可以控制，使细菌不能活跃繁殖和扩散，但是几乎不能根除。结核分枝杆菌成功感染需多个阶段：在巨噬细胞中成功繁殖；结核分枝杆菌能够修饰宿主的免疫反应，使宿主能够控制但不能根除细菌；能够在宿主中相对不活跃地持续存在而保留被激活的潜力。

（四）症状

鹿结核病侵害淋巴系统较为严重，其病理特点是在机体组织中形成结核结节性肉芽肿和干酪样坏死灶。因此，临床上最常见的症状是体表淋巴结肿大和化脓。常见下颌、颈部和胸前淋巴结肿胀，尤其是早春 3—5 月多见。个别病例肿胀淋巴结化脓、破溃，有黄白色干酪样脓汁流出，伤口经久不愈。当侵害肺和内脏其他器官及淋巴结时，病鹿表现渐进性消瘦，食欲尚好，后来逐渐降低。病鹿表现弓背、咳嗽、初期干咳，后来湿咳。病情严重者表现呼吸困难和频便，人工驱赶时，即呛咳，张口喘气。听诊有湿性罗音和胸壁摩擦音。被毛无光泽，换毛迟缓，贫血，发育迟缓。母鹿空怀或产弱胎，公鹿生茸量减少，甚至不生茸。病程一般较长，可长达数月至数年，终因极度消瘦，衰弱而死亡。在发生乳腺结核时，可见一侧或两侧乳腺肿大，触诊有坚实感。严重化脓、破溃。

（五）剖检与组织学变化

鹿结核病剖检主要变化在淋巴结，表现肿胀和化脓。最多见于腹腔肠系膜淋巴结、肺纵膈和体表淋巴结。腹腔剖开后在肠系膜上见有鸡蛋大、拳头大，乃至婴儿头大的肿胀化脓淋巴结，切开后有大量干酪样黄白色脓汁流出，脓汁无臭味。这区别于其他细菌引起的化脓。肺部结核也是鹿常见的，肺常散在有指头大至鸡蛋大的结核结节，渗出性结节与周围健康组织分界模糊，周围呈红褐色区环，并有很多细小结节存在。增生性钙化结节是本病特征性病理变化，周围有多量灰白色结缔组织形成的包膜，用手触之有坚实感，用刀切开时在干酪样坏死灶中心有磨砂声（钙化现象），这区别于其他任何病变。有时整个肺布满小结核病灶，肺失去正常组织状态即所谓的粟粒性结核。个别病例，在胸腔和腹腔浆膜上，可见似葡萄状、如豆粒大和指头大，灰黄色，透明和半透明类似"珍珠样"的结核结节，即所谓珍珠结核。

（六）诊断

1. 根据临床症状和病理剖检可作出初步诊断

当出现原因不明的渐进性消瘦病鹿，长期咳嗽，并表现呼吸异常；体表淋巴结肿大化脓，破溃不愈，流出黄色干酪样脓汁时，可视为本病特征。死亡剖检发现有肺部钙化性结核结节；内脏器官淋巴结肿大化脓也是鹿结核病特征性病理变化。

2. 显微镜检查

取患病器官的结核结节及病变与病变交界处组织直接涂片，抗酸染色后镜检，如发现红色成丛杆菌时，可作出初步诊断。

3. 分离培养

将病料中加入 6% H_2SO_4 或 4% NaOH 液处理 15min 后，经中和、离心，取少许沉淀物接种在培养基斜面上，每份病料接 4～6 管，管口封严，置 37℃ 培养 8 周，每周观察 1 次，培养阳性时，需进行培养特性和生化特性鉴定，常用的罗杰二氏培养基已商品化。

4. 变态反应诊断

此方法适用于大群检疫，经研究表明，在诊断鹿结核病中，其特异性为 66%，但能发现早期（1～3 个月内）结核病鹿。因此在大群检疫中仍不失它的诊断价值。在鹿中常用点眼法，一次两回点眼，间隔 1 周。另外还有 IFN－γ 试验、ELISA 等检测方法。这些方法已经广泛应用于结核病的临床诊断，分子生物学检测方法有核酸探针和 PCR 等。

（七）治疗

本菌对磺胺和多种抗生素都不敏感，治疗期长，用药量大，一般不予治疗。但对链霉素、异烟肼和氨基水杨酸等有不同程度的敏感性。但也有人曾用异烟肼和链霉素进行治疗取得一定效果，但不能从鹿群中根除本病。常用消毒药 70% 酒精、10% 漂白粉能很快将其杀死。

（八）防治

对鹿群进行反复多次检疫　可采用变态反应和酶联免疫吸附试验法联合对鹿群进行检疫。淘汰开放性结核病鹿和利用价值不大的病鹿。在普检的基础上进行分群。可分为阴性健康群、阳性反应病鹿群和健康仔鹿群，并一定严格执行隔离制度。卡介苗（BCG）是预防鹿结核病有效制剂，可对健康群和新生仔鹿实行卡介苗接种。不分成年鹿和仔鹿一律皮下接种冻干卡介苗

0.75mg，每年接种 1 次，连续 3 年。这样可用免疫健康群逐步代替结核病鹿群，使鹿场健康化。定期严格消毒，消毒采用 20% 石灰乳或 10% 漂白粉，4—5 月各 2 次，9—10 月各 2 次，结核阳性鹿场根据需要随时进行消毒工作。

二、副结核病

鹿副结核病是由副结核分枝杆菌引起的一种慢性传染病，以顽固性腹泻和进行性消瘦、肠黏膜肥厚形成皱褶为特征。国际动物卫生组织将其列为 B 类疫病，我国将其列为二类动物疫病。

（一）病原

副结核分枝杆菌为需氧的、革兰氏阳性、无运动性的小杆菌，长 0.5 ~ 1.5μm，具有抗酸染色的特性。在人工培养基上生长缓慢，需要 1 ~ 2 个月才能长出针尖大小的白色、坚硬、粗糙的小菌落，且依赖分枝杆菌素，少数菌株可产生黄色素。在组织或粪便中成团或成丛存在。

（二）流行病学

副结核分枝杆菌最先是由 Johne 和 Hothinghow 于 1895 年发现的，因此副结核病又称为 Johne 病。我国于 1955 年在内蒙古呼盟谢尔他拉牧场首次发现鹿副结核病。副结核病广泛流行于世界各国，鹿、牛、羊、猪均易感，尤其是幼龄动物最易感。其特点是潜伏期长（通常为两年），患病鹿长期大量排菌，传染性强。本菌在鹿体内主要存在于肠黏膜和肠系膜淋巴结中，主要感染途径是经口感染，该菌从受污染的成年鹿的粪便中排出，可在周围环境中存活数月之久。受感染的鹿即使无明显的临床症状，也可随粪便排出病原菌。新生仔鹿食入受污染的食物、饮水或垫草即可发生感染。该菌可随乳汁排出，所以感染母鹿的奶或被病鹿粪便污染的奶，仍是幼鹿的一种潜在感染源。患病母鹿的部分后代可经子宫发生感染。少数感染副结核的公鹿精液中，也携带有该病原菌。鹿和家畜之间也常发生交叉感染。表现呈散发流行，地方性流行。

（三）症状

该病潜伏期较长，呈慢性经过，病鹿精神萎靡，被毛凌乱，无光泽，食欲减退，可视黏膜苍白，顽固性腹泻，肛门松弛，间断排出稀糊状或稀液状恶臭粪便，甚至喷射状，便如水样，粪便中有时带血和灰白色黏液与脱落黏膜。下痢初期为间歇性后变为持续性，病鹿减食呈贫血衰竭状态，母鹿泌乳量减少，身体各部位如颌下或腹下、胸垂、腋下乳房等处出现水肿，最后病鹿极度消瘦直至死亡。

（四）剖检

死亡病鹿机体极度消瘦，肛门部和下肢被污秽粪便污染。病理变化主要表现在消化道和肠系膜淋巴结。前肠系膜淋巴结肿大，周围结缔组织呈胶样水肿。淋巴结切面多汁、外翻、髂骨增生。空肠下段、回肠、回盲瓣和盲肠体黏膜苍白肥厚并有出血。肠系膜面淋巴管呈绳索状，浆膜显著水肿。

（五）诊断

副结核病的诊断方法很多，主要有临床诊断、剖检诊断、病原体的分离、免疫学诊断和基因探针诊断等。由于临床上无特征性症状，所以只凭临床症状难以作出正确诊断，剖检诊断只能用于死后诊断。病原体的分离是一项可靠的诊断方法，副结核分枝杆菌在人工培养基上生长非常缓慢，需要1个月才能长出针尖大小的菌落，阴性结果的排除则需要1个多月的时间。免疫学诊断包括变态反应、琼脂扩散试验、对流免疫电泳、间接血凝试验、补体结合反应、酶联免疫吸附试验等。细菌学诊断，取病鹿粪便中的黏液、黏膜碎片涂片，自然干燥，火焰固定，用抗酸染色法染色，然后镜检，可见红色分枝成丛状排列的杆菌。病原培养，用雪华巴契（Schwabacher）卵黄盐水培养基和副结核培养基进行细菌培养，将病料接种在培养基上，置于37.5℃温箱中，培养20d，阳性者可见有灰白色微皱菌落，将该菌落作涂片镜检，见有成丛排列的杆菌。组织学诊断，取病死鹿肠管做切片，染色，可于黏膜层、黏膜下层，甚至肌层观察到肉芽肿性病变，于类细胞内可见抗酸菌。

（六）防治

迄今为止，尚无有效的治疗副结核病的药物和可靠的菌苗，该菌对自然环境抵抗力较强，抗强酸强碱，在5%草酸、5%硫酸、15%安替福民、4%

苛性钠溶液中 30min 仍保持活力。在河水中可存活 163d，在粪便和土壤中可存活 11 个月，在牛乳和甘油盐水中可存活 10 个月，很难净化，只能采取以预防为主的防治措施。首先是清群，采用各种检测手段检出病鹿，对隐性带菌鹿和临床阳性鹿采用扑杀的方法处理，以消灭传染源。对于假定健康鹿，要定期检查，淘汰感染鹿。改善鹿场的环境卫生，加强饲养管理，给予鹿群足够营养，增强其抗病能力。彻底清扫粪便，铲除被粪便污染的泥土，并利用而 5% 来苏儿、5% 福尔马林、石炭酸（1：40）等对鹿舍、运动场及器具进行消毒。感染副结核分枝杆菌的鹿群，幼鹿生下后应立即隔离饲养。一定要确保幼鹿转群时免受病鹿感染，对新生鹿群要定期进行检测。只要采取的措施得当，5～10 年可以实现鹿群的净化。

三、巴氏杆菌病

鹿巴氏杆菌病是由多杀性巴氏杆菌引起的鹿的一种败血性传染病。本病多呈急性经过，特征是败血症变化，故称之为出血性败血症。由于本病发病率、死亡率较高，不易早期发现，因此，本病的不断暴发流行，给养鹿业造成了重大经济损失。

（一）病原

病原体为多杀性巴氏杆菌，是巴氏杆菌属中的一种，为球杆状或短杆状菌，两端钝圆，大小为（0.25～0.4）μm×（0.5～2.5）μm。常单个存在，有时也成双排列，无鞭毛，不运动，不形成芽孢。病料涂片用瑞氏染色或美蓝染色时，可见典型的两极浓染，即菌体两端染色深，中间浅。革兰氏染色，细菌呈紫色，为革兰氏阴性菌。新分离的强毒菌株有荚膜。2000 年闫新华采用 Carter 荚膜群鉴定法将分离于我国鹿的 38 珠多杀性巴氏杆菌进行鉴定，证实荚膜 B 型是我国鹿多杀性巴氏杆菌流行的主要血清群。

（二）流行病学

本病各地均有发生，多以散发形式出现，鹿巴氏杆菌病最初是由波列罗姆氏（1878）报道，以后许多国家也相继报道了野生或饲养的赤鹿、麋鹿、驯鹿、梅花鹿等鹿类发生本病。近几年，国内对鹿发生巴氏杆菌的报道较多。如刘海棠2007年、全炳昭2007年、李国安2008年等均报道国内不同地区发生鹿巴氏杆菌病。李功良、温铁峰报道吉林省某国营养鹿场，哺乳仔鹿发生了巴氏杆菌病，在320头哺乳仔鹿中因该病死亡25头（李功良等，2004）。笔者在临床工作中也多次诊断、治疗鹿巴氏杆菌病。病鹿、有病的家畜、健康带菌鹿是本病的传染源。病鹿的分泌物和排泄物，特别是死亡鹿尸体污染的饲料及饮水或土壤，可经过消化道、呼吸道传染。鹿群感染此病多在炎热潮湿季节，即5—8月此病发生比较频繁，而公鹿多发生于配种后期即10—12月。年龄与此病发生无关，成年鹿及仔鹿均易发病。普遍存在于动物的上呼吸道黏膜上，当气候急剧变化、寒冷、闷热、阴雨连绵或公鹿发情期间减食精料、活动频繁、争偶顶撞、营养缺乏、体况消耗、鹿的机体全身抵抗力下降时，巴氏杆菌变为致病菌，所以巴氏杆菌病的暴发常发生于动物机体抵抗力降低的条件下。

（三）症状

潜伏期一般为1~5d，发病急，最急性型的鹿不表现任何明显症状，突然死亡。急性经过的鹿多呈急性败血症或大叶性肺炎经过。急性败血型，病鹿体温升高到41℃以上，呼吸困难和脉搏加快，眼结膜炎性出血，眶下腺充血，肛门和阴门附近无毛部呈青紫色，皮下出血，鼻镜干燥，精神沉郁，眼球下陷，低头垂耳，独立一隅或伏卧不起，食欲废绝，反刍停止。初期粪便干燥，后期腹泻严重时粪便带血。呼吸促迫，甚至张口喘气，口鼻流泡沫或带淡血色液体，一般1~2d内死亡。肺炎型，病鹿表现为精神沉郁，步态不稳，呼吸促迫，咳嗽，鼻镜干燥，体温上升到41℃以上。严重时呼吸极度困难，头向前伸，鼻翼煽动，口吐白沫，或有鼻漏，粪便稀薄，偶见带血。发病经过较败血型为慢，一般5~6d死亡，但在流行初期，亦有1~2d内死亡的。

（四）剖检

病理变化取决于病型，常见混合型。尸体腹部膨大，可视黏膜出血或充血。经常发现咽部、胸部皮下组织水肿或腹部皮下组织有出血性胶样浸润。在胸腔内、支气管附近有淡红色胶质样水肿。在心外膜下面常常有无数大小不同的出血点。在心包内有多量淡红、淡黄色液体。血液呈暗紫色，凝固不良。急性败血型，病变主要见于胃肠道。真胃黏膜急性炎症特别明显，真胃黏膜肿胀、充血，有不同大小的点状出血。肠管主要在起始部发生急性炎症，同样见到出血、胃肠淋巴腺发生急性炎症及肿大。脾脏稍肿大，边缘钝圆，脾髓呈暗红色及稍软化。肾脏充血。肝脏无可见的变化。常常见到各型出血性败血症的综合征状。肺炎型，皮下呈点状出血胶样浸润。可见渗出性和纤维素性肺炎，并有胸肺粘连，胸水多量并有纤维素渗出物，肺有不同肝样变化，肺内有暗红色硬固区，沉于水内，其余肺组织水肿、充血，切面呈大理石样。支气管内充满泡沫样淡红色液体。支气管和纵隔淋巴水肿并有炎症。

（五）诊断

本病在流行初期，根据个别病例的生前临床表现和死后剖检变化要确定诊断是有困难的。如果将病鹿隔离治疗观察，详细分析其流行季节、临床症状、治疗效果和死后剖检变化，则可能作出比较可靠的诊断。在鹿群中观察有临床症状的和剖检有典型病理变化的鹿只越多，则诊断为本病的可靠性越大。最后确诊则需进行细菌学诊断，其方法如下：取肝、脾、心血等病变组织直接涂片，分别用革兰氏和美蓝染色。革兰氏染色镜下所见有少量革兰氏阴性菌、两极着色明显的小杆菌，美蓝染色镜下所见少量两极浓染的近似于椭圆形有夹膜的球杆菌。无菌取肝、心血、脾接种于营养琼脂培养基和肉汤培养基上，37℃培养 24～48h 后观察，可见有生长均匀一致、淡黄色、圆形及表面光滑、边缘整齐的湿润菌落，肉汤均匀混浊，48h 后有白色沉淀。培养物涂片染色镜检发现多量两极着色的卵圆形革兰氏阴性菌。生化特性发酵葡萄糖、甘露醇、蔗糖，不发酵山梨醇、乳糖、鼠李糖、木糖。V－P 试验和 M. R. 试验阴性，靛基质试验和醋酸铅试验阳性。动物接种试验取器官组织（肝、脾、心脏等）用无菌生理盐水作成 1：5 或 1：10 的悬液，吸取上清液接种于对本病原体最为敏感的试验动物小白鼠和家兔的腹腔或皮下，量为 0.2～0.5ml，并设对照组，接种后如在 18～24h 死亡，可以诊断为本病。再取心血、实质器官作涂片镜检和分离培养，则可得到进一步证实。

第三节　梅花鹿细菌病

（六）治疗

对隔离的病鹿要进行积极治疗。肌注青霉素500万～800万国际单位/头，1次/天，连用5～7d；肌注链霉素50万～100万国际单位/头，1次/天，连用5～7d。病情严重者将青霉素用葡萄糖250ml溶解后静脉点滴。同时，亦可向葡萄糖静点液中加入三磷酸腺苷60～120mg，辅酶A 150～900国际单位，细胞色素C和V_c适量静脉点滴，治疗效果更好。磺胺类药物包括磺胺唑钠、磺胺二甲基嘧啶和磺胺嘧啶等都有较好的疗效。但需早期使用，每千克体重用0.13g内服或静脉内注射。

（七）防治

鹿与其他畜禽隔离饲养，家畜、家禽、野禽不得进入鹿场，一切接触于其他畜禽的用具、饲料，不得再用于鹿的饲养。搞好环境卫生，鹿舍周围环境要安静，舍内地面、围栏、饲槽等要科学，尽量减少钉子、铁丝等硬东西，减少鹿的皮外伤，减少鹿感染巴氏杆菌的机会。在巴氏杆菌病常发的炎热潮湿季节，要注意舍内的通风和饮水清洁，地面要经常清扫，保持干燥。鹿舍要定期消毒，减少巴氏杆菌的存在。对鹿群要经常细心观察，及早发现病鹿并及时隔离，用3%石炭酸或3%福尔马林或10%石灰乳或3%～5%来苏儿或0.5%～1%氢氧化钠喷洒鹿舍及运动场，然后对鹿群要普遍投喂磺胺类药物。

四、布鲁氏菌病

布鲁氏菌病是由布鲁氏菌引起的人、畜共患慢性传染病。世界动物卫生组织将其列为B类动物疫病，我国将其列为二类动物疫病。

（一）病原

布鲁氏菌属有6个种，分别为山羊布鲁氏菌、牛布鲁氏菌、猪布鲁氏菌、沙林鼠布鲁氏菌、绵羊布鲁氏菌和犬布鲁氏菌，因其形态上没有区别，都是细小的短杆状或球杆状，因此称其布鲁氏菌。本菌不产生芽孢，不能运动，革兰氏染色阴性。

（二）流行病学

1936 年试验证明鹿易感布鲁氏菌，鹿布鲁氏菌病首次被确定于 1940 年。国内外对鹿布鲁氏菌病都有流行报道。近年来，随着养鹿业的发展，鹿只的频繁调运，布鲁氏菌病的阳性率逐年增高。2003 年杜锐应用 ELISA 法对采自国内某鹿场的 300 份血清进行检测，抗体阳性率为 14%，证明该鹿场存在布氏杆菌病。2005 年李玉梅应用血清学方法，对我国吉林、黑龙江两省梅花鹿成年鹿群未注射布氏杆菌疫苗的 874 份血清进行了血清抗体检测。结果表明，其抗体阳性率分别为 8.87%、26.39%，表明吉林省和黑龙江省的鹿群中存在着布氏杆菌的感染，且公、母鹿均易感。病鹿及其他患病的动物或带菌动物是本病的主要传染源，有高度的侵袭力和扩散力，它不仅可以从破损的皮肤、黏膜侵入机体，还可以经消化道感染，也可经生殖道和呼吸道感染。病鹿或其他病畜流产时的排泄物和分泌物污染饲料、饮水及周围环境，或通过交配，或利用患有本病的病鹿或病畜的乳汁人工哺育仔鹿都能发生感染。鹿感染布鲁氏菌后有一个菌血症阶段，很快定位于其所适应的组织或脏器中，并不定期地随乳汁、精液、脓汁，特别是从母鹿流产胎儿、胎衣、羊水、子宫和阴道分泌物等排出体外。因此，由于人们对此病缺乏足够的认识，在未消毒及采取防护措施的条件下，进行助产和治疗病鹿，最易被布鲁氏菌感染，而被布鲁氏菌污染的物品则是扩大本病扩散的主要媒介。全身性感染和处于菌血症期的病鹿，其肉、内脏、毛和皮含有大量病原体，可导致加工人员受到感染。布鲁氏菌对热非常敏感，70℃、5～10min 即死，但对干燥的抵抗力则较强，在肉、乳类食品中能生存 2 个月左右，在衣服、皮毛上可保存 5 个月，在干燥胎膜下可生存 4 个月，在干燥的土壤中可存活 2 个月。不同种类鹿、不同性别鹿均易感。成年鹿最易感，幼龄鹿易感性差。

（三）发病机理

布鲁氏菌有高度的侵袭力和扩散力，它不仅可以从正常的皮肤，而且还可经黏膜侵入体内。它不产生外毒素，主要由内毒素致病。布鲁氏菌侵入机体后，几日内侵入附近淋巴结，被吞噬细胞吞噬。如吞噬细胞未能将菌杀

211

灭，则布鲁氏菌在细胞内生长繁殖，形成局部原发病灶。此阶段称为淋巴源性迁徙阶段，相当于潜伏期。布鲁氏菌在吞噬细胞内大量繁殖导致吞噬细胞破裂，随之大量布鲁氏菌进入血液形成菌血症，此时患病鹿体温升高，经过一定时间，菌血症消失，经过长短不等的间歇期后，可再发生菌血症。侵入血液中的布鲁氏菌散布至各器官中，可在停留器官中引起病理变化，此时体内的布鲁氏菌可由粪、尿排出。但也有个别病例的布鲁氏菌被体内的吞噬细胞吞噬而死亡。布鲁氏菌进入绒毛膜上皮细胞内增殖，产生胎盘炎，并在绒毛膜与子宫膜之间扩散，产生子宫内膜炎。在绒毛膜上皮细胞内增殖时，使绒毛发生渐进性坏死，同时产生一层纤维性脓性分泌物，逐渐使胎儿胎盘与母体胎盘脱离。布鲁氏菌还可进入胎衣中，并随羊水进入胎儿引起病变。由于胎儿胎盘与母体胎盘之间脱离，及由此引起胎儿营养障碍和胎儿病变，使母畜发生流产。布鲁氏菌还可以侵入乳腺、关节、睾丸等部位引起相应的病变。

（四）症状

鹿布鲁氏菌病的特点是母鹿发生流产、不孕和乳腺炎，流产前食欲减退、饮欲增强，从阴道流出灰黄色分泌物，产出多为死胎。公鹿发生睾丸炎和附睾炎，常发生一侧或两侧睾丸肿大，睾丸肿大可达正常的 10 倍，患鹿不能跑动，两后肢叉开站立，走路姿势异常，局部皮肤紧张，睾丸和附睾化脓，睾丸炎病鹿多生畸形茸。公鹿和母鹿均有关节炎和滑液炎的临床表现，关节肿大病例约占鹿群的 3%。多数发生在膝关节滑液囊，一侧或两侧，鹿表现跛行，起卧困难并发出呻吟，个别肿大关节破溃，病鹿常用舌舔肿大破溃关节，常因关节增生而变形，多数病鹿生畸形茸，并与肿大关节对称。鹿发生本病时多呈慢性经过，早期无明显症状，日久可见食欲减退、体质瘦弱，皮下淋巴结肿大，生长发育缓慢，被毛蓬松无光泽、精神迟钝。流产旺期多在妊娠后期，流产率可达 60%。子宫内膜炎是母鹿布鲁氏菌病常见症状，由于胎儿在子宫内腐烂，子宫内膜发炎，表现体温升高到 42℃，食欲减退或废绝。从阴道内不断排出恶臭脓汁样分泌物，母鹿逐渐消瘦，大部转归死亡。个别病鹿后枕部形成半球形脓肿，临床检查无外伤，春季多发，个别破溃，切开流出 1 000 ~ 1 500 ml 黄白色脓汁。生茸期茸基部化脓感染，导致鹿茸减产。

（五）剖检

胎衣，流产胎衣有明显病变，表现为绒毛膜下组织胶样浸润，充血和出血，并有纤维素絮状物和脓样渗出物。外膜常有灰黄色或黄绿色絮状物渗出。间或胎衣增厚，并有出血点。胎儿，真胃中有微黄色或白色黏液和絮状物，胃肠和膀胱黏膜和浆膜上，则可能有出血斑点。浆膜上常有絮状纤维蛋白凝块，有淡红色腹水或胸水。皮下和肌间可能呈出血性浆液浸润。此外，淋巴结、脾脏、肝脏等呈不同程度的肿胀，其中有时散布炎性坏死灶。子宫，绒毛膜充血肿大，上面覆盖黄绿色渗出物，黏膜增厚如皮革样。乳腺，发生实质变性或坏死，间质增生和上皮样细胞浸润。公鹿生殖器官，精囊中可能有出血和坏死灶，睾丸与附睾常见有坏死灶，鞘膜腔充满脓性渗出液；慢性者睾丸及附睾结缔组织增生，肥厚、肿大、粘连，关节肿大及组织增生。

（六）诊断

根据流行病学、临床症状和剖检变化等综合材料，如慢性病程、母鹿流产、死胎、胎衣病变、乳腺炎、不孕及公鹿睾丸炎和关节炎等可作出初步诊断。确诊则需进行细菌学、血清学和动物接种等实验。细菌学诊断：在细菌学检查时，可从流产母鹿的子宫、阴道分泌物、血液、乳汁采集标本；对死亡鹿可采集肝、脾、骨髓、淋巴结进行培养；对流产胎儿可从胃内容物、肝、脾、淋巴结或心血中进行分离培养。隐性感染的鹿，由于往往局限于个别淋巴结，直接培养不易成功，必要时，可做动物接种。

1. 镜检法

病料作抹片染色镜检，可用改良的柯氏染色法：抹片干燥后火焰固定；以碱性浓沙黄液染 1min，水洗；以 0.1% 硫酸脱色 15s，水洗；用 3% 美蓝水溶液复染 15~20s，水洗、干燥后镜检。布鲁氏菌被染成橙红色，背景为蓝色。也可用改良的耐酸染色法：抹片在火焰上固定；用石炭酸复红原液作 1：10 稀释，染色 10min，水洗；用 0.5% 醋酸迅速褪色；不得超过 30s，水洗；1% 美蓝复染 20s，水洗，镜检。布鲁氏菌染成红色，背景为蓝色。

213

2. 培养法

本菌为需氧兼性厌氧菌。常用血清琼脂、胰冻琼脂、甘油肝汤琼脂或马铃薯琼脂。为避免革兰氏阳性菌生长，可在培养基中加入结晶紫（1/70万~1/20万国际单位），或多黏菌素E和杆菌肽（每100ml培养基中分别加入6 000IU和2 500IU）；在空气潮湿地区和季节，为防止霉菌生长，可在每100ml培养基中加入1%放线菌酮（取放线菌1g溶于50ml丙酮中，再加入50ml水，不必消毒）。初次分离时生长缓慢，常要8~15d才能充分发育，但经驯化后传代，则在48、72h就能生长良好。在马铃薯培养基上培养48h后，菌落呈现微棕黄色，色素可溶于培养基中。在普通琼脂上形成圆形、微突起、边缘整齐、带有淡蓝色有荧光的透明菌落，培养时间较长则变为灰色浑浊而不透明。在普通琼脂上生长缓慢，而且很容易引起变异。在肉汤中培养24~48h，呈均匀浑浊生长，继而发生灰白色黏稠沉淀，不形成菌膜。由于布鲁氏菌吸收染料的过程非常慢，较其他细菌难于着色，所以可用沙黄、孔雀绿两种不同染料进行鉴别染色，布鲁氏菌呈红色，而其他菌被染成绿色。

3. 动物接种法

豚鼠在接种前应作凝集反应，接种后经20~30d剖杀，取肝、脾和淋巴结接种于琼脂斜面上（不加抗生素）。剖杀时还应采血做凝集反应，如果血清凝集价为1：5或更高，即使分离不到布鲁氏菌，也应诊断为布鲁氏菌病。

4. 血清学诊断法

目前血清检查布鲁氏菌病主要有两种方法：补体结合反应，在动物感染后7~14d出现阳性，特异性和敏感性较高。但方法操作复杂，不适于大群检疫用。血清凝集反应动物感染后4~5d即可出现阳性，随后凝集升高，可持续1、2年之久，且操作方法简单，易被现场接受。是当前检查布鲁氏菌病常用方法。该法分试管凝集反应和平板凝集反应两种，二者的复合率相当，但平板法最简便易行，广泛用于现场布鲁氏菌病诊断。

此外，还可利用PCR、荧光定量PCR、基因芯片等方法进行检测。

（七）防治

清净鹿场的预防措施坚持自繁自养的原则，如果需血液更新，必须从布鲁氏菌病清净场引进鹿。在隔离情况下进行严格检疫，确认健康者方能入场。同时，加强饲养管理和卫生防疫措施。受威胁鹿场的防疫措施：如果鹿场附近家畜有布鲁氏菌病流行，要严格加强水源、牧场和饲草的管理，一定与疫畜划区使用，防止水源、牧场和饲草与家畜、家禽及野生动物接触。定期进行检疫，及时发现病原，对检疫阳性鹿实行淘汰，阴性鹿定期免疫接种。病鹿群防制措施一定采取防止传播，逐步扑灭的原则。同时要采取一系列综合措施：对病鹿群每年实行定期用血清凝集反应进行普遍检疫，每次检疫的阳性鹿应与阴性鹿严格隔离饲养，严禁阳性鹿与阴性鹿接触。如果鹿群阳性比例较低时，可将检出的阳性鹿实行全部扑杀处理，阳性鹿比例较大时，可淘汰开放性病鹿和无饲养价值的阳性鹿，暂不能淘汰的阳性鹿一定与健康鹿隔离饲养，必要时进行药物治疗。免疫接种经多次检疫仍有新阳性病例出现，则可对阴性鹿群实行免疫接种。以每年一次，经数年后可达到净化目的，接种量和途径可按上述方法进行。除每年按兽医卫生要求进行消毒外，当鹿群检出阳性鹿后，阳性鹿污染的圈舍、用具应进行一次严格彻底消毒，并坚持常规定期消毒，消毒可选用2%氢氧化钠等药物，同时，按常规对鹿场进行杀虫和灭鼠工作。该菌对一般的消毒药比较敏感，如2%来苏儿、0.2%漂白粉、5%石灰水等都能在数分钟内杀死本菌。庆大霉素、卡那霉素、链霉素对本菌有抑制作用，而对青霉素不敏感。

（八）预防接种

目前在动物中常用布鲁氏菌疫苗有3种（布鲁氏菌猪型二号弱毒疫苗、布鲁氏菌羊型5号弱毒冻干疫苗和布鲁氏菌19号冻干疫苗），其免疫效果均佳。但鹿多用布鲁氏菌羊型5号弱毒冻干苗。

1. 免疫对象

不同年龄公鹿、母鹿、幼鹿和仔鹿均可使用。

2. 免疫途径

皮下注射和饮水。第1年免疫为肌内注射，以后各年均采用饮水给苗。

3. 免疫用量

肌肉接种不分成年或幼年鹿一律每头肌内注射250亿活菌数。哺乳仔鹿30亿~40亿活菌。口服给苗。不分成年或幼年鹿一律每头饮用400亿活菌数。

4. 免疫适宜时间

每年 11 月为宜，因该时期相对为生产静止期。

5. 免疫注意事项

该疫苗为活菌疫苗，因此疫苗在运输和保存时不宜受热。注射免疫母鹿在配种 1 个月前进行，公鹿宜在性成熟前注射，老弱残及怀孕母鹿不宜注射。疫苗不准与抗生素并用。疫苗稀释后，需当天用完，隔日不准再用。饮水给苗严禁用热水，防止疫苗活菌被烫死。饮水给苗一定要均匀，按 20 头鹿一群为宜，鹿群不宜过大，计算好每头鹿饮水用量，并于饮水前断水 1次，以确保每头鹿喝到足够量饮水。按每头鹿用量将菌苗搅拌均匀后迅速饮服，不得停留时间过长，以免活菌苗死亡而影响免疫效果。本疫苗有一定残余毒力，工作人员接触易引起感染。使用时要注意人员保护，不准徒手搅拌疫苗；工作人员应穿戴手套、口罩、工作服和胶靴，用后消毒。严防菌苗液散布污染环境。稀释和注射疫苗的用具，用后一定煮沸消毒。饮水用饮水槽可日晒消毒。饮水免疫一定远离水源，禁止将疫苗倒入河水或溪水中，也不能在河水或溪水中洗涤接种疫苗用具。免疫期 1 年。

五、肠毒血症

鹿肠毒血症是由魏氏梭菌引起的鹿的一种急性传染病。本病主要是由于饲喂不当，胃肠正常消化机能被破坏，魏氏梭菌大量繁殖产生毒素，导致全身毒血症，以胃肠出血，尤其以小肠出血为主要特征。常呈散发流行，给养鹿业造成一定危害。

（一）病原

魏氏梭菌，又称产气荚膜杆菌，为革兰氏阳性厌氧性大肠杆菌。无鞭毛，不能运动，在动物体内形成荚膜。中央或偏端芽孢，芽孢超过菌体呈梭形。本菌分布较广泛，存在于粪便、土壤和污水中。其繁殖体抵抗力较弱。芽孢有坚强抵抗力，95℃条件下 2.5h 方可杀死。本菌为厌氧菌。牛乳培养基厌氧培养 8 ~ 10h，可使牛奶凝固，同时产生大量气体，气体穿过蛋白凝块呈多孔海绵状，即有所谓"牛奶暴烈发酵"。该菌能产生致死毒素、溶解毒素、神经毒素和坏死毒素。根据中和试验确定分为 A、B、C、D、E 5 型。引起鹿肠毒血症常为 C 型或 D 型毒素。本菌可产生外毒素，已知有 α、β、ε 等 12 种，其中，α、β、ε、ι 四种在本病传播中具有重要意义。其中，A 型菌是人畜气性坏疽病、兔梭菌性下痢及人食物中毒的主要致病菌。该型菌可产生多种外毒素，其中最主要的是 α 毒素，又称卵磷脂酶 C，具有细胞毒性、溶血活性、致死性、皮肤坏死性、血小板聚集和增加血管透性等特性。在动物中由该型魏氏梭菌引起的气性坏疽报道较为少见，但是对人类危害却较大。不过，近年来，关于 A 型魏氏梭菌引发的幼畜出血性坏死性肠炎或肠毒血症的报道不断增多。β 型魏氏梭菌除可导致羔羊痢疾外，还可导致家畜的肠毒血症。该型菌主要产生 α、β、ε 三种外毒素。其中 β 毒素引起的组织坏死机制还不清楚。ε 毒素可促使动物的主动脉和其他动脉收缩而导致血压升高。此外，还具有与血脑屏障内血管上皮受体结合的能力，从而引起血管通透性增高，最终引起致死性水肿。C 型菌主要是绵羊猝狙的病原，也可引发仔鹿、犊牛和羔羊的肠毒血症及仔猪红痢，另外还能导致人的坏死性肠炎。该型菌产生的主要致病毒素是 α、β 外毒素。1997 年，Gibert 又从一株分离自仔猪坏死性肠炎病例的 C 型魏氏梭菌的培养上清液中纯化到一种新毒素，分子量 28 000。为了便于区别，笔者将该毒素称之为 β_2，而将原先的 β 毒素称之为 β_1。该毒素的核苷酸序列与 β_1 毒素及其他已知的魏氏梭菌毒素的序列没有明显的同源性，但和 β_1 毒素具有同样的生物学活性，都可导致肠壁的出血和坏死，现在国外关于 β_2 毒素的报道也在不断增加，而国内还没有报道。D 型菌可引发绵羊及其他动物的肠毒血症，也叫软肾病，各种年龄的绵羊都可发生。该型菌产生的主要致病毒素是 α、ε 外毒素。E 型菌可引起犊牛和羔羊的肠毒血症，不过很少发生。该型菌产生的主要致病毒素是 α、ι 外毒素。其中，ι 毒素虽具有致死性和坏死性，但毒性较弱。

（二）流行病学

　　该病在国内养鹿场常有发生。吉林省某鹿场 1985—1987 年因该病先后死亡梅花鹿 127 头，造成严重经济损失。张恩珠（1989）、李一经（1998）、赵世臻（2002）、刘军红（2005）等均对该病有过报道。笔者在多年临床工作中多次诊断、治疗过本病。本菌在自然界分布广泛，常存在于土壤、污水、动物粪便、饲料中。当鹿采食了被该菌芽孢污染的饲草和饮水而发生该病。正常情况下随饲料进入鹿消化道的魏氏梭菌量很少，繁殖缓慢，产生少量毒素，不断被机体排除而不表现致病。当饲料突然改变，鹿采食大量青草（含蛋白量高、污染该菌芽孢数量多的青草），瘤胃正常分解纤维菌群不适应，食物在胃内过度发酵分解产酸，使瘤胃 pH 值下降到 4.0 以下，这样大量未消化好的饲料进入肠道，导致肠道内魏氏梭菌产生毒素，鹿体一时不能排除，吸收入血，引起中毒死亡。该病发生具有明显季节性和条件性。鹿场发生本病多为 6—10 月。尤其饲料突然变更，即由干饲料转变为青饲料时，最易引发该病。特别是饲喂被魏氏梭菌芽孢污染比较严重的低洼地水草时更为危险。发病呈散发流行，同群膘肥体壮、食量大的鹿先发病，而瘦弱鹿则少发或不发病。

（三）症状

本病特点是突然发病死亡。很少见到明显症状，一般于发病 10h 内死亡。个别病程延迟到 2～3d。病程稍长者可见病鹿精神沉郁，离群独卧一隅，鼻镜干燥，反刍停止。腹围增大，口流涎，体温升高到 40～41℃，呼吸困难。粪便带血，呈酱红色，含大量黏液，有腥臭味。肛门及后肢常被血液污染。病鹿有明显疝痛症状，常作四肢叉开、腹部向下用力的姿势，个别鹿回头望腹。死前运动失调，后肢麻痹，口吐白沫，昏迷倒地死亡。

（四）剖检

因该病死亡的病鹿营养状态良好，尸僵完全。鼻孔和口角有少量泡沫。可视黏膜呈蓝紫色，腹围明显增大。个别病例皮下见有胶冻样浸润。该病的主要病理变化在胃肠道。腹腔剖开后，有大量红黄色腹水流出。大网膜、肠系膜、胃肠浆膜明显充血和出血，呈黑红色。瘤胃充满未消化好的食物，瓣胃和网胃轻微出血。真胃变化明显，胃底和幽门部黏膜脱落，呈紫红色，有大面积出血斑，个别严重者呈坏死状态，整个黏膜和肌层剥脱。小肠变化最为显著，外观呈"灌血肠"样，剖开有大量红紫色"酱油样"黏液流出，黏膜和肌层剥脱。肾脏稍大，变软。肝稍肿大，个别见有出血点和灰白色坏死。胸腔剖开后有多量淡黄色胸水流出。心脏扩张，冠状沟胶样浸润。心房和心室有紫黑色血块。心内膜和外膜有点状出血。肺充血和水肿。

（五）诊断

初期可根据流行病学和病理剖检作初步诊断。确切诊断需做实验室检查。可采取肝、脾为病料。首先作镜检，当发现革兰氏染色阳性，带有荚膜大杆菌，并能形成芽孢者为疑似。同时作细菌培养和动物试验。动物试验可将病料制成乳剂，给家兔或小鼠腹腔或皮下接种，如果接种动物死亡，从死亡动物体内重新分离到该菌纯培养物为阳性。毒素检查是快速确诊的依据。毒素检查可按下列方法进行：取死亡鹿回肠一段，10～17cm长，两端结扎，保留肠内容物。将肠内容物放离心管内，如果内容物干燥，可用灭菌生理盐水作2～3倍稀释，放入离心管内，于3 000r/min离心5min，取上清液，用赛氏细菌滤过器滤过。取上述滤液2～4ml，于健康家兔耳静脉内接种。如毒素量高，10min家兔死亡；毒素含量低，试验兔30～60min卧下，心跳、呼吸加快，60min以后恢复正常；若肠内容物不含毒素，接种家兔不出现反应。中和试验是确定毒素类型和确立诊断的一种特异性诊断方法。用标准的魏氏梭菌的抗毒素与被检的肠内容物滤液作中和试验。

（六）治疗

通常该病死亡急，来不及治疗。对病情较长的鹿和受威胁的鹿群可采取消炎抑菌和对症疗法。可大剂量注射青霉素和磺胺。有报道，投磺胺甲基异唑片收到良好效果，首次量0.1g/kg，维持量0.07g/kg。每12h投1次。连用7d效果良好，并采用强心、解毒和补液治疗。也可用苍术10g、大黄10g、贯仲5g、龙胆草5g、玉片3g、甘草1.5g，煎汤，然后加入雄黄灌服，服药后再服一些植物油。

（七）预防

加强饲养管理，保持鹿舍干燥，防止饲草和饮水被污染。严禁将饲草投放在地面上，尤其多雨的夏季。要将饲草切碎放饲槽内饲喂。更换饲料时不要突然，要逐渐更换。不得从低洼地割水草喂鹿，因低洼地水草常被魏氏梭菌芽孢污染。饲草不宜含水分太多，最好喂前稍晾晒后再喂。在夏季多雨季节，因一次饲喂蛋白质含量高的饲草过量易导致本病发生，所以要控制好饲喂的量。预防接种在该病常发的鹿场，可于早春接种疫苗。可选用狂犬病和魏氏梭菌二联苗，鹿皮下注射5ml，免疫期一年；也可用羊"快疫、猝狙、肠毒血症"三联苗。仔鹿皮下注射5ml，成鹿皮下注射10ml，可收到良好效果。当本病发生时，可对未发病的鹿紧急接种疫苗，对发病的鹿注射肠毒血症高免血清，1日3次，同时静脉注射10%葡萄糖进行补液。发病后对病鹿进行隔离治疗，对栏舍及周围地区撒布生石灰进行消毒，饲具用消毒液浸泡消毒，防止该病蔓延。

六、大肠杆菌病

大肠杆菌病是仔鹿和幼鹿常见的一种传染性疾病，成年鹿少发。该病以下痢、腹泻为主要临床症状，偶有败血症发生。国内对该病的报道较多。欧阳琨等（1985）、潘福等（1981）、邸明乳（1987）、曾治寰（1987）、胡玮玮（2005）、李克勇（2007）等先后都报道过鹿大肠杆菌病。

（一）病原

大肠埃希氏菌通常简称为大肠杆菌，是肠道正常菌群的重要成员之一，其主要寄居于人和动物的肠道内，能够在体内合成对人体有益的B族维生素、维生素K及大肠菌素，发挥营养机体、拮抗致病菌的作用。大肠杆菌是条件致病菌，可通过消化道传播，能使人类和畜禽发生感染、中毒并导致疾病。大肠杆菌为两端钝圆的小杆菌，长 $1 \sim 3\mu m$，宽 $0.6\mu m$，革兰氏阴性菌，无芽孢和荚膜，但有鞭毛，能运动。该菌血清型200种以上，不同血清型对动物致病性不一样。研究表明，对鹿有致病性的为 O_7、K_{80}。本菌为需氧及兼性厌氧菌，生长对营养要求不严格。在普通琼脂培养基上能生长，24h后能长出圆形微隆起、半透明灰白色的小菌落。本菌不能发酵乳糖和蔗糖而区别于其他肠道杆菌。本菌抵抗力不强，一般消毒药如5%石炭酸、0.1%升汞5min杀死，55℃2h死亡，60℃ $15 \sim 30min$ 死亡。煮沸立即死亡。

（二）流行病学

本菌对多种动物及家畜和家禽幼兽都有致病性。鹿发生该病主要是仔鹿和幼鹿，成年鹿少发。该病的传染来源为病鹿和带菌母鹿。主要由污染饲料和饮水经消化道感染。本菌具有条件致病性，促进本病发生发展的因素较多。如妊娠期和哺乳期母鹿饲料营养不全，致使仔鹿发育不良易发生该病；母鹿产仔时圈舍不卫生、潮湿、寒冷是诱发该病的重要原因。

（三）症状

哺乳期仔鹿发病的症状同仔鹿下痢。断乳后 1 岁的幼鹿常发本病。该病主要症状是腹泻，病初病鹿食欲减退，而后废绝，饮欲增强，体温升高，鼻镜干燥。精神沉郁，结膜充血，离群。粪便初期呈黄色、灰白色或绿色，呈稀粥状，后期带血，有的呈水样粪便，呈污红色并带有恶臭味。病鹿脱水，眼窝下陷，全身衰弱，体温下降，四肢变凉，昏迷而死亡。

（四）剖检

主要病理变化出现在胃肠道，胃黏膜大面积脱落，胃内容物恶臭并见有紫红色沉淀物。肠黏膜充血和出血，肠内容物空虚或充满紫红色血液或淡黄色食糜，肠黏膜脱落，肠壁变薄。肠系膜淋巴结肿大出血，呈紫黑色。肝脏呈紫红色、稍肿大。其他脏器变化不明显。

（五）诊断

根据临床症状、病理剖检和流行病学可作初步诊断。确诊需进行实验室检查。无菌采集病死鹿的肝脏、肺脏、心脏抹片，革兰氏染色后镜检，可见到典型的革兰氏阴性小杆菌。无菌采集病死鹿的肝脏、肺脏、心脏及淋巴结病料接种于血液琼脂平板，37℃厌氧和有氧分别培养 24h，可长出透明、浅灰色、光滑的菌落，菌落周围无溶血环。挑取菌落接种于麦康凯培养基，可生长出红色的圆形菌落。取红色菌落涂片，革兰氏染色，显微镜检查为革兰氏阴性、两端钝圆、无荚膜的杆菌。用分离的细菌纯培养物接种乳糖、麦芽糖、甘露醇、葡萄糖，37℃培养 48h 后观察，全部产酸产气；不产生硫化氢，M. R. 实验为阳性，V－P 实验为阴性。另外，还可用酶联免疫吸附分析法、荧光免疫测定技术、免疫胶体金标记技术、免疫磁珠分离法、DNA探针技术、PCR 技术、基因芯片技术等进行大肠杆菌的检测。

（六）治疗

首先排除可疑和不良的饲料，换上新鲜易消化的饲料。常采取药物和血清疗法。本病药物治疗原则以抑菌消炎、整肠健胃和强心补液为重点。同时配合其他一些对症疗法。常用磺胺脒，每千克体重 0.1mg，链霉素 10mg，同时配合乳酶生、胃蛋白酶、次硝酸铋、小苏打适量，每天 2 次内服。必要时进行补液，常用 5% 葡萄糖 500～1 000ml，维生素 C 200～400mg 混合 1 次静脉滴注。也可采取抗大肠杆菌血清进行治疗，效果良好。也可采用该菌免疫球蛋白进行治疗。目前为止鹿尚无免疫用疫苗。

（七）预防

首先要加强对怀孕母鹿饲养管理，饲料要营养全价，特别注意各种维生素、微量元素和磷、钙的补给。产仔前要对母鹿圈进行彻底清扫和消毒。母鹿产仔时，圈舍要保证排水良好，卫生干燥。当发生该病时，对病鹿要进行隔离治疗，对尸体进行无害化处理，对污染的圈舍和环境进行彻底消毒。鹿群的饲料中可适量加入氟哌酸、丁胺卡那霉素。

七、坏死杆菌病

鹿坏死杆菌病是由坏死杆菌引起的慢性传染病，一般多由皮肤、黏膜伤口感染引起。本病特征是蹄、四肢皮肤和较深部组织以及消化道黏膜呈现坏死性病变。有时在内脏形成转移性坏死灶。由于受侵害的部位不同而有不同的俗名，如鹿腐蹄病、坏死性肺炎、坏死性口炎和坏死性肝炎等。本病常不同程度地发生于各个鹿场，是鹿群中发病率最高的传染病之一。如王克坚（2000 年）、李玉峰（1992 年）、陈立志（1998 年）均报道了本病的发生。因此，若治疗不及时常造成大批死亡，是危害养鹿业最为严重的传染病之一。

（一）病原

坏死杆菌广泛存在于自然界，在动物饲养场、沼泽、土壤中均可发现。此外，该菌还常存在于健康动物的扁桃体和消化道黏膜上，通过唾液和粪便排出体外，污染周围环境。本菌为多型性的革兰氏阴性细菌。小者呈球杆菌，约（0.5～1.5）μm×0.5μm；大者呈长丝状，约（0.75～1.5）μm×（100～300）μm，且多见于病灶周围及幼龄培养物中，染色时因原生质浓缩而呈串珠状，无鞭毛，不能运动。亦不形成芽孢和荚膜。本菌为专性厌氧菌。培养基中加血清、葡萄糖、肝块和脑块等能促进其生长，在血清琼脂平板上经 48～72h 培养，形成灰色不透明的小菌落，菌落边缘呈波状。在含血液的平皿上，菌落周围形成溶血晕。在肉汤中形成均匀一致的浑浊，后期可产生特殊的气味。个别能产生外毒素，可引起组织水肿，其内毒素可使组织坏死。本菌对温热的抵抗力不强，加热 60℃30min 及 100℃1min 即可杀死。但在污染的土壤中，其生命力较强。常用消毒剂如 1％ 高锰酸钾溶液、1％ 福尔马林溶液、5％ 来苏儿、5％ 苛性钾或苛性钠溶液等都可在 10～20min 内杀死该菌。

（二）流行病学

本病以秋、冬季节散发流行，春、夏季少发。因为秋季为鹿配种期，由于公鹿性冲动，争偶现象十分严重，这样使公鹿食欲减退，精力消耗，体况下降，机体抵抗力降低。同时此期由于地面不平整，有坚硬和突起砖石易造成蹄部和四肢外伤，给坏死杆菌侵入创造了机会。病鹿的病变组织分泌物和排泄物是主要传染源。被污染的饲料、饮水，特别是土壤是危险传染源，鹿通过损伤皮肤、黏膜、脐带和锯茸等而感染该病。本病流行特点不分年龄、性别，公鹿相对比母鹿发病率高，原因是公鹿发生外伤的机会多于母鹿。促进本病发生和发展的因素是很多的。凡能导致外伤和机体抵抗力降低的各种因素，都是促进本病发生的诱因。如鹿舍地面不平整，有坚硬、破碎石块和砖头，地面排水不好，有积水和积粪，易使鹿蹄部发生外伤；放牧地崎岖不平，有坚硬物和荆棘丛生，也易造成鹿体外伤感染；饲养拥挤，鹿只相互争斗，尤其配种期争偶看管不严，一方面造成外伤多，另一方面降低鹿体抵抗力而导致发病；饲料粗硬，含砂、石、铁钉、铁锯等锐物易使鹿消化道发生外伤感染；鹿营养失调，如磷钾代谢障碍，缺乏维生素等，导致软骨症，易感染坏死杆菌；锯茸、接产消毒不严易造成该病感染；断乳仔鹿坏死杆菌病常呈暴发流行，主要是断乳仔鹿刚离乳，昼夜在圈舍内运动，加之地面坚硬不平整将蹄都磨伤而感染，因此应加强断乳仔鹿昼夜看管。

（三）发病机理

各种方式引起皮肤、黏膜或消化道损伤被认为是感染的必需条件。该病除了造成损伤的病因以外，还有其他的一些诱因，如营养缺乏及营养不良造成机体抵抗力下降可诱发本病。众所周知，在血液自由流通的正常细胞中，以及在有氧气的血液中，厌氧菌属中的细菌是不能进行繁殖的。而在血液正常供给遭到破坏的损伤组织中，由于营养的缺乏，氧化过程停止而使组织发生坏死，此为坏死杆菌病病原体的繁殖建立了良好的条件。坏死杆菌进入动物机体以后，在其靶器官内定植而使组织发生坏死。病鹿死亡一方面是由于心、肝、肺等生命重要器官发生坏死；另一方面是在局部坏死时坏死组织的分解产物使机体发生中毒所致。病理过程的原发性局限部位常和坏死杆菌病病原体侵入的部位有关。皮肤、黏膜或消化道均可发生这种原发性的病理过程。有人认为，鹿瘤胃、网胃及瓣胃的坏死杆菌性病变与采食粗糙饲料时黏膜发生损伤后，坏死杆菌随即侵入有关。在疾病的病理过程发展迅速时，病原体也可能自原发性病灶以血源性的途径而蔓延。

（四）症状

鹿患坏死杆菌病时，常见于四肢下部。病初，蹄踵及蹄冠部发生热病性肿胀，个别的可见蹄底炎，而后出现溃疡、化脓和坏死。坏死组织分解向深部蔓延，外腔充满脓汁并有难闻的恶臭，有时坏死病变波及韧带、关节、骨骼、蹄匣，严重的发生蹄匣脱落。由于四肢发生病变而伴发跛行。跛行随病变的扩迁而加重。此时病鹿常常离群，迅速衰竭。鹿在四肢患病的同时，也可以发现口腔黏膜的病变。有的鹿尤其是生齿期仔鹿往往发生坏死性口炎。表现口腔恶臭，不断流出脓性液体。齿龈、上颚、颊内面、舌及喉头等处界限明显硬肿，上面覆盖有坏死物质，脱落后露出溃疡面，大小如绿豆至蚕豆不等。皮肤坏死多发生在鬐甲部后侧或胸侧，脱毛、破溃，形成化脓性溃疡。如病变转移到内脏时，病鹿精神沉郁，不爱活动，两耳下垂，食欲下降，好躺卧，体温升高，呼吸短促乃至死亡。

（五）剖检

坏死杆菌病的病理变化随鹿的种类和年龄不同而有不同的特点。死于坏死杆菌病的鹿尸体大多数高度消瘦，但也有例外。其特征是在组织器官内有坏死病灶，几乎在所有病例的肝脏内均见坏死病灶。这种坏死病灶大小不同、数量不等，其大小由胡桃大到整个肝脏大，其数量由一个到几十个不等。经常在前三个胃的黏膜上见到不同大小的坏死病灶。有的病例坏死病灶见于胸腹腔内，引起化脓性胸膜炎和腹膜炎并发生化脓灶周围的浆膜器官的粘连性炎症。在肺内常见到大小不等的坏死灶，有的发生化脓性纤维素性肺炎，一侧肺叶，甚至大部肺烂掉，并有特殊恶臭味。脾脏很少见到坏死灶，口腔内的病变也比较少见。外部病变为患肢皮下血管充盈，似绳索样，压之硬实，重者后肢由系部至跟腱上方，前肢由系部至腕关节上方蓄脓，切之有污秽恶臭的脓汁流出；轻者仅蹄冠和球节皮肤溃烂，皮下组织呈胶样湿润。

（六）诊断

由于本病具有特征性的临床症状和病理变化表现四肢尤其蹄部发生肿胀、化脓、坏死、破溃及跛行，并具有恶臭味；内脏器官发生大小不等的坏死灶，尤其是肝、肺变化明显，同时也具有恶臭味；再结合流行病学调查不难作出初步诊断。进一步确诊还需进行实验室诊断。取体表和内脏病灶坏死组织与健康组织结合处组织进行涂片，自然干燥后用复红美蓝染色法染色镜检，见有大量的着色不匀的串珠状的长丝型菌体和细长菌体。取新鲜无污染病死鹿的肝脏、肺脏、皮肤溃疡灶脓汁，接种于0.01%的孔雀绿卵黄培养基上，放入厌氧罐中培养48~72h，长出带蓝色的、中央不透明、边缘有一圈亮带的菌落。取这种可疑菌落再进行纯培养，得到细菌的纯培养物，然后进行进一步的鉴定。将细菌的纯培养物涂片，染色，镜检。取新鲜无污染病死鹿的肝脏、肺脏、皮肤溃疡灶脓汁，用灭菌生理盐水配制成1∶10的乳剂，选健康无病小鼠，分别在尾根部皮下注射0.14ml乳剂。然后进行观察。阳性小鼠3d左右在注射部位发生脓肿，5~6d发生坏死，8~12d尾部脱落，并于1~2周内死亡；剖检死亡小鼠发现有转移性病灶，肝脏涂片染色、镜检见有典型的坏死杆菌。

（七）治疗

总的原则是早发现早治疗，局部治疗和全身治疗相结合，防止病灶扩散或转移。采用局部疗法时，要彻底清除患部坏死组织，充分排脓液，暴露创面，造成有氧条件，抑制坏死杆菌生长发育。创面清洗常用3%过氧化氢液或1%高锰酸钾液，这两种药物在与创面脓汁接触时能杀灭细菌，同时有收敛和刺激肉芽组织生长的作用。创面清洗后可用青霉素或链霉素粉洒在创面上，再用10%鱼石脂酒精绷带扎好，防止再感染。对患肢炎性肿胀的（但未开创）患部周围可用鱼石脂酒精热绷带包扎，最后用链霉素200万IU、0.25%普鲁卡因20ml实行患肢封闭。也可用磺胺软膏涂抹患部。在治疗中对创口较深、脓汁较多的患部，经清洗后用蘸高锰酸钾粉棉团对深部组织进行擦抹，起到防腐作用，可缩短治疗时间。采用全身疗法时，要注意消炎解热，健胃通肠。主要是用青霉素、链霉素或磺胺类药物进行注射，必要时可静脉注射5%~10%葡萄糖1 000~1 500ml、维生素C 20ml，以增强抗力。对食欲不振的投给健胃药，如龙胆末20g、大黄米20g、姜酊50g，加水1 000ml，或双花、黄檗、连翘、黄芪、甘草各20g熬水自由饮服。

（八）预防

1. 隔离消毒

首先对发病鹿严格隔离，切断传染途径，保护健康鹿群；鹿舍全部用纱网封闭，舍内用药物彻底杀灭蚊、蝇；粪便及时清理和进行发酵处理，必要时对其表面进行消毒杀虫处理；病死鹿要焚烧或深埋处理；保持环境、舍内和用具的清洁卫生，用3%的过氧乙酸进行鹿圈内带鹿消毒，每天1次；环境用3%的热火碱水喷洒消毒，每天1次，2周后改为2~3d 1次。

2. 修缮鹿舍

平整鹿舍地面，清除鹿舍内带锐角的凸出物，如墙壁棱角、钉子、钢丝头、木屑尖刺等，防止皮肤损伤感染；注意鹿舍内通风换气，保持空气新鲜。保持干燥，防止鹿舍地面积水；加强公鹿、怀孕及泌乳母鹿、哺乳仔鹿饲养，给予容易消化的饲料，要保证蛋白质（植物性蛋白与动物性蛋白配合使用）、各种维生素、矿物质及微量元素的供给，提高抵抗本病的能力；应防止鹿受到惊吓，在圈内奔跑碰撞，以免鹿皮肤损伤感染。

3. 免疫预防

鹿坏死杆菌病应以免疫预防为主，用疫苗接种健康鹿是预防和控制坏死杆菌病最有效的方法。健康鹿群可进行坏死杆菌病菌苗免疫接种，成年鹿每头份4~5ml，幼年鹿每头份2~3 ml。

八、破伤风

破伤风又名强直症，俗称锁口风，是由破伤风梭菌经伤口感染引起的一种急性中毒性人畜共患病，主要临床症状为牙关紧闭，局部或全身肌肉呈阵发性或强直痉挛。本病广泛分布于世界各地，一般呈散在性发生。因本病主要是外伤感染，鹿野性强，发生外伤机会多，所以感染本病的机会也较多，特别是每年公鹿进行人工锯茸时易造成该菌感染而发病。国内周自动（1999 年）、曲殿芳（2003 年）和周伟平（2003 年）均对鹿破伤风病进行了报道。

（一）病原

病原体为破伤风梭菌。本菌广泛存在于施肥的土壤和道路尘土中，在潮湿的淤泥中也可见到，并常见于健康动物和人的粪便内。本菌为细长杆菌，长 2 ~ 5μm，有时可达 10μm，宽 0.2 ~ 0.6μm。多单独存在，间或有短链。能形成芽孢，在菌体的一端，形似鼓槌，周身有鞭毛，能运动，接触空气或有氧气存在时，运动迅速停止，无荚膜，易被普通苯胺染料着色，革兰氏染色为阳性，老龄培养物则呈阴性。破伤风梭菌是严格的厌氧菌，能在 14 ~ 43℃范围内生长，最适合的生长温度是 33 ~ 37℃。在常用的营养丰富培养基中易于生长，在中性或者偏碱性含有还原物质的培养基中更易于生长。破伤风梭菌在生长过程中会产生具有特殊恶臭味的气体，类似于挥发性脂肪酸的气味。在动物体内或人工培养基内均能产生溶解于水的外毒素，即引起破伤风症候群的痉挛毒素和引起溶血的溶血毒素。毒素的毒性极强，特别是痉挛毒素，仅次于肉毒梭菌毒素。本菌繁殖体对一般的理化因素抵抗力不强，煮沸 5min 即可死亡，一般消毒药物能在短时间内杀死。但其芽孢具有很大的抵抗力，煮沸需 10 ~ 90min 或 125kPa 高压灭菌 15 ~ 20min，才能杀死。对10% 碘酊、10% 漂白粉、3% 双氧水等敏感；5% 来苏儿经 5h，3% 福尔马林经 24h 才能杀死。芽孢在阴暗干燥处能存活 10 年以上，在土壤表层可存活数年。

（二）发病机理

破伤风梭菌感染伤口后，在缺氧的条件下繁殖并产生外毒素——破伤风神经毒素（简称破伤风毒素），破伤风毒素随血液循环系统扩散到神经系统。可作用于中枢神经系统，抑制神经递质的释放，阻断神经与肌肉间信息的传递，导致呼吸功能紊乱，进而发生循环障碍和血液动力学的紊乱，出现脱水、酸中毒，最终导致死亡。

（三）症状

本病潜伏期几天至几周，平均1～2周，潜伏期与原发感染部位距离中枢神经系统的长短有关。鹿感染后首先出现头颈部肌肉强直，此时可见采食、咀嚼、吞咽和反刍困难，表现为活动谨慎缓慢。第三眼睑麻痹，瞳孔放大，病鹿两眼呆滞，随着病情的加重，四肢也出现强直，步行强拘；颜面肌肉愈来愈紧缩，最后以至牙关咬紧，不能采食或饮水；四肢开张站立，如驱赶则易跌倒（特别是后腿），且不能起立；全身或局部不时作阵发性收缩。在音响、触摸刺激时，痉挛收缩症状明显加重。本病病程一般为一周左右，如不进行治疗，大部分病鹿转归死亡。死亡原因主要是由于窒息、心脏麻痹以及长时间饥饿导致全身衰竭所致。有时也可并发肺炎，在这种情况下，常见体温明显上升。

（四）剖检

死于破伤风的鹿在剖检时，并无特征变化。一般于死后短时间内可见体温上升（可升至43℃）及尸体僵硬特别明显。死于窒息者则可见急性肺部淤血和肺水肿，以及黏膜、浆膜点状出血。有时可见心肌变性、脊髓及脊髓膜的充血和出血点，以及四肢和躯干肌间结缔组织浆液浸润。

（五）诊断

根据病鹿是否有创伤病史和比较特殊且明显的临床症状，本病的诊断并无困难。当症状不明显时，可进行细菌学检查。采取创伤分泌物（脓汁）或坏死组织培养于肝片肉汤培养4～7d后滤过，用滤过液感染小鼠；也可将脓汁或坏死组织在无菌的生理盐水中捣碎，皮下注射于小鼠尾根部，一般经2～3d后，破伤风阳性时小鼠则表现强硬，腿伸直似木棒，全身肌肉痉挛等破伤风特殊症状，多于第3天死亡；或采取病鹿全血0.5ml，肌肉注射于小鼠臀部，一般经18h后，破伤风阳性时小鼠即出现弓腰、尾直等症状。

（六）治疗

首先要加强护理，病鹿单圈饲养，避免各种音响等的刺激，圈内铺上厚的垫草。当病鹿不能自行起立时，每天上下午至少翻转体躯2次。病鹿静脉注射和皮下注射破伤风抗毒素各10 000国际单位；适时采取对症疗法：使用镇静药物如20%硫酸镁50ml静脉注射；5%～10%水合氯醛50ml作直肠内灌注；此外，还可静脉内注入5%葡萄糖生理溶液1 000～2 000ml，15%～20%乌洛托品100ml。发现创伤时，应立即行清创处理：先用0.1%高锰酸钾溶液或3%过氧化氢溶液冲洗，同时清除坏死组织及污物，然后用1%硝酸银涂擦，伤口不可缝合，可填塞以浸透过3%过氧化氢溶液的纱布条。为防止发生全身性合并感染，可肌内注射20%磺胺噻唑钠5ml。或青霉素160万国际单位，1日2次，可连用5～7d。

（七）预防

配种时最好采取单公群母配种方法，避免公鹿争偶角斗而造成创伤。锯茸、打耳号、分娩时应注意消毒，防止破伤风梭菌感染。当发现鹿体表有外伤时，应注意及时处理。

九、炭疽病

炭疽是由炭疽芽孢杆菌感染引起的一种急性、烈性的人畜共患和自然疫源性的传染病，由于这种疾病的症状类型之一是引起皮肤等组织发生黑炭状坏死，故称为"炭疽"。炭疽杆菌于1849年由德国兽医Pollende首先发现。1876年，Koch获得炭疽杆菌纯培养物。炭疽病遍布于全世界，目前约有82个国家发现有本病。1975年曾绍育等报道我国鹿炭疽病暴发流行。1979年孙治安、1981年许戚光、2002年乔宏兴曾报道过鹿的炭疽病。炭疽具有感染后潜伏期短，病情急和病死率高等特点，是一种致命的高度传染性疾病。因此，国际动物卫生组织将其列为B类疫病，我国将其列为二类动物疫病。

（一）病原

炭疽芽孢杆菌属需氧芽孢杆菌属细菌，革兰氏阳性细菌，是引起人类、各种家畜和野生动物炭疽的病原菌，大小为（1～3）μm×（5～10）μm，呈杆状。炭疽芽孢杆菌的生长条件不严格，pH 值 6.0 ~ 8.5、温度 14 ~ 44℃均可生长。最适生长温度为 30 ~ 37℃。最适 pH 值 7.2 ~ 7.6。营养要求不高，普通培养基中即能良好生长。以前通常认为炭疽杆菌无鞭毛，但梁旭东通过半固体扩散生长法研究国内炭疽杆菌发现受试菌株中 90% 以上具有鞭毛，并经各种经典方法和分子生物学方法证实了这一结果，提示具有鞭毛是国内分离的炭疽杆菌的一种特征，且不排除国外分离的炭疽杆菌也具有鞭毛的可能性。在不利条件下，炭疽芽孢杆菌可形成抵抗力相当强的芽孢，呈椭圆形，位于菌体中央，对高温、化学药品、干燥等条件均有很强的耐受能力，在适宜环境中能维持"繁殖体—芽孢—繁殖体"的循环，炭疽芽孢的污染一旦形成就极难清除。Wilson 和 Russell 在 1964 年报道，将炭疽芽孢杆菌放置在干燥土壤中经 60 年后仍然能够发芽和致死动物。炭疽芽孢杆菌在普通培养基中不形成荚膜，但若在血液、血清琼脂上或在碳酸氢钠琼脂上，于 10% ~ 20% CO_2 环境中培养则易形成荚膜，此外，在动物机体内一般形成荚膜，形成荚膜是炭疽芽孢杆菌的重要特征之一，其他种类的芽孢杆菌很少见形成荚膜。本菌繁殖体的抵抗力不强，在未解剖的尸体内夏季经 1 ~ 4d 即可死亡，煮沸立即死亡，也易被一般消毒药物杀死。某些植物如黑麦、三叶草、豌豆、大黄、葱蒜及小麦等根部分泌物对本菌有抑制作用，故种植这些作物，能使场地及其环境净化。在粪堆中，如其中的温度达到 72 ~ 76℃时则本菌可在 4d 内死亡。煮沸 15min 尚不能杀死全部芽孢，但高压蒸汽（121℃）10min 即可杀死全部芽孢。在实践中常用 0.1% 升汞、10% 热烧碱溶液、20% 漂白粉液，以及 5% 碘酊等药物进行消毒。本菌对青霉素、四环素类以及磺胺类药敏感。炭疽杆菌的毒力因子主要有两种：D – 谷氨酰多肽组成的荚膜和三种成分（保护性抗原、水肿因子和致死因子）组成的炭疽毒素。炭疽杆菌借助于荚膜表面的负电荷，可以明显地抑制巨噬细胞对靶细胞的吞噬作用，从而抑制了宿主的防卫能力，与其他毒力因子共同作用，荚膜的存在使得毒力较强的菌株容易突破宿主的防卫屏障，迅速繁殖。目前已知炭疽杆菌可产生 4 种抗原，即保护性抗原、荚膜抗原、菌体抗原与芽孢抗原。保护性抗原是炭疽杆菌在生活过程中产生的一种细胞外蛋白质成分，为炭疽杆菌毒素的组成部分，具有免疫原性，能保护动物抵抗本菌的感染，但只能使炭疽感染者获得短暂的免疫力；荚膜抗原是由 D－谷氨酸多肽组成的与毒力有关的一种抗原，当产生荚膜的能力失去后，其毒力随之消失，值得注意的是，荚膜抗原所产生的抗体在动物体内并无保护作用；菌体抗原为多糖类物质，其特点是耐热、抗腐败、性质稳定，因此在腐败尸体中经较长时间或加热煮沸后也不受破坏，仍可与特异性免疫血清发生沉淀反应，但与毒力无关；另外，最新研究发现炭疽杆菌芽孢的外膜含有抗原决定簇，此抗原具有免疫原性及血清学诊断价值，炭疽杆菌的芽孢也是其成为致命杀手的关键性因素。

（二）流行病学

除鹿外，多种动物对本病都有易感性，人也能感染。本病的主要传染源为病鹿，特别是临死前的病鹿及新鲜尸体。临死前的炭疽病鹿由口流出的液体和排出的粪尿里，以及新鲜尸体的血液、组织和脏器中都含有大量的炭疽杆菌。当尸体处理不当，例如，随意剥皮、解剖、丢弃或掩埋太浅被乌鸦等猎食或雨水冲刷时，最易引起病原体散布。菌体与外界空气接触后，能形成芽孢，保持很强的生活力，被其污染的地方，如不及时采取合理的处理，就可成为炭疽的长久疫源地。本病主要经消化道感染，常由于采食污染的饲料或饮水等而发病。口咽黏膜的创伤及由于吞入的异物而引起的体内创伤更可促进感染的发生，破损的皮肤、黏膜，以及公鹿在锯茸后的伤口也可引起感染。有文献报道，刺螫昆虫主要通过受污染的水或土壤，或直接从死于炭疽的兽尸将病原体机械性地传递给易感动物。因此，在吸血昆虫大量繁殖和活动猖獗的夏季，动物中炭疽病的发病率增多。国外曾报道在炎夏有大批驯鹿暴发炭疽病，死亡数万头之多，国内鹿场暴发本病也是夏季，而其他季节一般不见或仅见个别散发病例。

（三）发病机理

炭疽芽孢被巨噬细胞吞噬并转运到淋巴结，再进入血液。发芽后的炭疽杆菌在体内可以产生荚膜，炭疽杆菌因其荚膜表面的负电荷抑制了巨噬细胞对其吞噬作用，使细菌逃避宿主的免疫防御，在宿主体内迅速繁殖。炭疽芽孢杆菌发芽进入血液后，分泌保护性抗原（PA）、致死因子（LF）和水肿因子（EF）。保护性抗原通过其结构域4与细胞表面受体结合后被细胞表面的弗林蛋白酶家族的蛋白酶分解成两部分：PA20和PA63，PA20释放出至胞外质，PA63寡聚化形成环筒状七聚体 [PA63]$_7$，[PA63]$_7$形成一个阴性电子腔，呈现疏水性表面与LF和EF结合。[PA63]$_7$—LF和 [PA63]$_7$—EF通过ATR介导的细胞吞饮作用进入细胞。胞内低pH值能够引发 [PA63]$_7$的构象改变，使 [PA63]$_7$嵌入细胞膜，并形成膜扩展的阳离子通道。使得LF和EF被转运入细胞内，从而LF和EF发挥致病作用。EF导致组织水肿，和免疫系统破坏，LF阳止趋化因子和细胞因子的释放，从而导致宿主死亡。

（四）症状

最急性型，常见于本病流行的初期。死前临床上不显任何症状，鹿常在运动休息或采食过程中发现突然倒地挣扎，痛苦呻吟，呼吸急速，全身痉挛，瞳孔散大，口流黄水，于数分钟内死亡。急性型，病鹿体温迅速上升至40～41℃。鼻镜干燥，两耳下垂，精神萎靡，食欲废绝，反刍停止，鸣叫或呻吟，鼻翼煽动，呼吸加速，肌肉震颤。有的病例可见瘤胃膨胀。一般6～12h后卧地不起，四肢不断摆动，呼吸极度困难，可视黏膜发绀，排血尿或血便，心悸亢进，角弓反张，口流黄水或泡沫，痉挛而死。鹿群发病的中后期，有些病例病程长达十多天，病鹿精神沉郁，独立一隅，驱赶时落于鹿群之后。食欲初期减退，后废绝，反刍停止，体温升高，一般可达39.5～40.5℃，排稀血便或脓血便，气味腥臭。有些病例排血尿，有的排出管状肠黏膜，个别病例在茸根部、头面部或颈前部发生水肿。

（五）剖检

尸体外观，尸僵形成良好，天然孔无异常变化。仅见鼻腔、口腔内蓄留或流出泡沫样液体。腹围增大，血液呈煤焦油样，但凝固良好。眼结膜、口腔黏膜发绀或苍白，并有新鲜或陈旧的出血点。个别病例可见头部肿胀，肛门有少量血便流出。皮下组织，多数病例无明显变化，少数病例在腋窝部、颈下部、颌下部、头面部有杏黄色出血性胶样浸润。胸腹膜，均有弥漫性充血，并有大小不等的出血点。个别病例有高粱粒大的灰白色坏死灶。淋巴结，全身淋巴结外观呈黑赤色，肿大。切面湿润多汁，呈暗红或黑赤色，并有出血点。肠管，多数病例尤其是最初暴发的病例，大小肠有出血性炎症，尤其小肠出血更为严重，肠腔内充满血液，呈血肠样。脾脏，不肿大，仅个别病例稍肿大，但表面均有散在新鲜或陈旧性的出血点或出血斑，切面呈黑褐色，并流出煤焦油样血液，脾小梁明显。肾脏，外观呈紫黑色，大多数病例不肿大，少数病例约肿大一倍。肾脂肪囊有轻重不同的黄色胶样浸润。切面呈黑褐色，肾表面、实质和肾盂内均有新鲜或陈旧的出血点和出血斑。肾脏肿大者质地脆弱，似嫩豆腐样，包膜自然剥离，三层界限模糊。肝脏，不肿大或稍肿大。肝表面散在新鲜或陈旧出血点和出血斑，切面黑赤色，并流出多量煤焦油样血液。心脏，心外膜和心冠脂肪均有明显粟粒大出血点，心室和心房内膜有不规则的出血斑纹；左心室变化较明显。肺脏，稍肿胀、充血或淤血，小支气管内充满白色或淡粉红色泡沫样液体。亦有尖叶出血者，并形成楔形出血性梗塞。膀胱，内膜散在针尖大出血点。个别病例膀胱内充满红色血样尿液。

（六）诊断

怀疑炭疽死亡的病鹿，严禁剖检。因此对疑似炭疽死亡病例的病料采取，一般用耳或末梢血涂片送检。根据临床症状和病理剖检只能作出印象诊断。细菌学检查是确立诊断的依据。涂片染色镜检，采用临死前或死亡后不久病畜的血液或误剖检的病死畜病变组织，制备抹片，自然干燥并固定后，进行瑞氏染色，镜检。视野下见有多量菌体呈砖形或稍凹陷，单个或多个相连呈竹节状，具有红色荚膜的粗大杆菌。分离培养，采用上述病料，划线接种于血琼脂平板，37～38℃培养18～24h，不溶血，可见圆形、整齐、表面光滑而黏稠的菌落。取可疑菌落，涂片、染色、镜检，可见与病死鹿病料中细菌形态完全相同的革兰氏阳性杆菌。动物试验，无菌采取病死畜病变组织2～3g，剪成小块，加少量灭菌盐水，研磨，再加生理盐水稀释成5～10倍乳剂，过滤，取滤液，注射于3只小鼠腹腔内，每只0.1ml。注射后小鼠于18～24h死亡，呈败血症。尸体剖检可见，皮下结缔组织胶样浸润，取腹腔渗出液或病变组织器官，涂片、染色、镜检，见有多量与病死畜病料中杆菌形态完全一致的细菌。环状沉淀反应，取病死畜病变组织1～5g，在乳钵中

第三节　梅花鹿细菌病

研细，加 5~10 倍生理盐水稀释，装入试管内煮沸 30~40min，用滤纸过滤，滤液即为待检沉淀原。按重叠法进行操作。取沉淀管 1 支，用毛细管取沉淀素血清 0.3~0.5ml，加入沉淀反应管内，用另一支毛细管取待检沉淀原液 0.2~0.4ml，沿管壁缓慢加入到沉淀素血清之上，静置数分钟后，在两液接触面上出现一清晰白色沉淀环，遂判为阳性。

（七）治疗

对病鹿必须在严格隔离的条件下进行治疗。血清疗法，抗炭疽血清为良好的特异性疗法，初期应用效果良好。每次皮下注射 50~100ml，隔 12h 重复注射 1 次。药物疗法，磺胺药是良好的治疗药，常用磺胺嘧啶，也可用青霉素、链霉素等。除了病鹿外，从预防角度全群投药 3d，有良好效果。

（八）防治

预防接种，在经常发生炭疽或受炭疽病威胁的鹿场，可试用无毒炭疽芽孢苗，皮下注射 0.5ml，免疫期 1 年；第二号炭疽芽孢苗，皮下注射 1ml，接种后 14d 产生免疫力，免疫期 1 年。发生炭疽病的防治，当确定鹿群发生炭疽病后，应立即宣布为疫点，同时进行封锁，对鹿场所有鹿进行临床检查、测温，将病鹿和可疑病鹿隔离治疗。对假定健康鹿要进行疫苗接种。对病鹿污染的圈舍、地面、用具实行彻底消毒。地面用 20% 漂白粉消毒数次，污染的饲料、垫草和粪便一律烧毁。全部用具用火焰消毒，其他能煮沸消毒物品一律用 1% 碳酸氢钠液煮沸 90min。炭疽病死亡动物尸体不能剖检，要用不透气的塑料布包好，上下撒布漂白粉，进焚尸炉焚烧或深埋 2m 以上，绝不能让狗或其他动物扒出。用具等一律用漂白粉彻底消毒。工作人员工作服、靴、鞋等也要进行消毒。身体有外伤人员不能接触尸体或病鹿及消毒、清扫鹿舍。疫点动物应禁止输出，严禁食用病鹿肉及一切产品，当最后 1 头病鹿死亡或痊愈后，再经 15d，到接种疫苗反应结束时再不出现病鹿或死亡时，则宣布解除封锁。解除封锁后再进行 1 次彻底消毒。人对炭疽易感。人发生炭疽病，常为皮肤型、肺型和肠炎型炭疽病，发生败血症或脑膜炎而死亡，一经发生及早送医院治疗。接触病鹿的饲养工作人员，常经皮肤外伤感染。于感染处出现如跳蚤咬一样小红斑，后变成浆液性或化脓性水疱，形成暗红色结痂。周围红肿，淋巴结肿大，有痛感。经呼吸道感染的病人，常因芽孢与土形成菌尘吸入，病人表现发热、咳嗽、呼吸困难、发绀等。因吃病鹿肉经消化道感染的病人，急性发热、呕吐和腹泻，粪便带血和腹膜炎菌。人发生炭疽感染一旦治疗不及时，易发生败血症死亡，要引起高度重视。

第四节　梅花鹿寄生虫病

一、肝片吸虫病

肝片吸虫病（又称柳叶虫病）是由肝片吸虫寄生于宿主的肝脏胆管中引起的寄生虫病。该病的主要特征是慢性消化不良及消瘦。肝片吸虫的宿主范围较广，主要寄生于鹿、牛、羊和骆驼等反刍动物，其他动物如马、驴、猪、兔及犬等也可感染，人也有感染的报道。肝片吸虫病在我国是危害最重、覆盖面最广的寄生虫病之一。

（一）病原

病原体为肝片吸虫，成虫长 2～3cm、宽 1cm，呈扁平树叶状。身体为褐色，雌雄同体。主要寄生于鹿肝脏胆管中。虫卵呈椭圆形，为金黄色或黄褐色，长 0.12～0.15mm，宽 0.07～0.08mm，内含有未发育卵细胞。

（二）生活史

成虫在胆管中产卵，卵随胆汁进入十二指肠，由粪便中排出。卵在水中于适宜温度（16～30℃）下孵化出成虫（毛蚴），在低洼水塘、稻田中，遇适合条件毛蚴在螺蛳体内，经过胞蚴、雷蚴和尾蚴几个阶段发育，不久尾蚴钻出螺体，吸附于水草上，而后脱去尾部形成包囊称囊蚴。囊蚴具有感染力，当鹿、牛、羊吃了污染囊蚴的水草而感染发病。囊蚴在肠管内，钻出包囊穿过肠壁进入腹腔，再钻入肝胆管中寄生或随血液经门静脉到肝，再寄生于胆管中。鹿感染 3～4 个月在粪便内可发现虫卵。成虫在鹿体内可生存数年。

（三）症状

鹿感染后，如虫数不多，则不表现明显症状，仅有消化不良和稍微消瘦表现。严重感染者表现贫血和极度消瘦。病鹿眼眶水肿变高，水肿有时表现在下颌、胸前及腹下。病鹿食欲减退或异食。慢性经过前胃弛缓，病初期便秘及腹泻交替进行，后期粪便如水，呈黑褐色。粪便中混有未消化饲料（过饲）并具有腥臭味。有时病鹿表现黄疸，终因极度消瘦而死亡。

（四）剖检

慢性病例，死亡鹿体消瘦，肝脏萎缩，胆管扩张，肿胀肥厚，肝表面有黄白色条纹，触之发硬。切开从胆管中流出黄绿色液体，有多条扁平肝片吸虫虫体。有些病例在胆管里发现有黄褐色如粟粒大小数量不等的颗粒，用刀触之有坚实感，为钙化盐沉着。急性病例，肝肿大充血，透光观察肝可见有不同方向虫道（为蚴虫穿过实质遗留下来的），切开虫道可见未发育成的小虫体。有时发现腹膜炎和腹腔积有血样液体。

（五）诊断

根据临床症状、剖检、流行病学等可作出初步诊断，确诊须做虫体检查。粪便虫卵检查，可采取涂片或水洗沉淀法。方法如下：首先从新鲜粪样的各处共取样约100g，置于5L烧杯内，加水2L充分搅拌混匀。间隔10min换水1次，使粪渣漂出，换水换到澄清为止。将粪便中虫卵沉淀于烧杯底部，然后用吸管从烧杯底的不同位置吸取，滴于载玻片上，镜下观察，鉴别虫卵。虫卵呈金黄色，长卵圆形，卵壳薄，一端有卵盖，卵壳内充满许多卵黄细胞。死亡病鹿经剖检在肝胆管中发现虫体是确定诊断的重要依据。有报道指出，病鹿血中胆红素和尿胆素均增加，可作为辅助诊断。

（六）治疗

黑妥尔（1，4－双三氯甲基苯）是目前各国广泛使用的治疗本病的特效新药。本品毒性很低，很少出现副作用，剂量以每千克体重150mg效果最好。把黑妥尔配成水溶液后灌服。

（七）预防

预防本病必须采取如下措施：阻断肝片吸虫的幼虫即囊蚴孳生的途径。

杀灭囊蚴，使其丧失感染动物的能力，或者使具有感染能力的囊蚴无法经口进入动物体内。如对动物进行预防性驱虫；利用生物热来杀死虫卵，变低洼或沼泽地为干旱地，以破坏肝片吸虫卵的发育条件及小椎实螺的生存条件；施用化学药物灭除淡水螺；通过养禽啄食淡水螺等。在肝片吸虫流行的草原地区，水里和草上可能有囊蚴。在水里浮游的囊蚴，一般在水面最多，中层次之，水底最少。因此，在收割水草时，应将草茬留高些，以减少囊蚴对水草的污染。在水草茎叶黏附着的囊蚴，只需早晚露水的湿度和在 4~6℃ 环境中，就长期具有感染力。因此割下来的水草不要放在水面上，而应放在高燥处充分晒干，杀死囊蚴。有条件的鹿场，可将晒干的饲草贮藏 6 个月后再进行饲用，或者不喂低洼地水草。新建鹿场时，应尽可能选择地势较高的地方。不要从低洼、沼泽地、江河两岸及田基收割青料或取水喂鹿，也不要在上述地区放牧。要注意饮水的清洁，最好给鹿饮用深井水或自来水。

二、弓形虫病

弓形虫是由球虫目弓形虫科弓形虫属的刚地弓形虫引起的一种人畜共患病。这一病原体于 1908 年由 Nicolle 和 Manceaux 在北非突尼斯的啮齿类梳趾鼠体内发现，并正式命名。几乎同时，Splendole 亦于 1908 年在巴西一个实验室的家兔体内发现了弓形虫。自此以后，陆续在世界各地的人和动物中发现弓形虫病。我国于 20 世纪 50 年代由于恩庶首先在福建猫、兔等动物体内发现了本病病原体，但直至 1977 年后才陆续在上海、北京等地发现过去所谓的"无名高热"是由弓形虫引起的，并引起普遍的重视。弓形虫病宿主种类十分广泛，几乎所有的哺乳动物和一部分鸟类以及人等均可被感染。国际动物卫生组织将其列为 B 类疫病，我国将其列为二类动物疫病。

（一）病原体

弓形虫属于原生动物界，顶复门，孢子虫纲，真球虫目，弓形虫科，弓形虫属。弓形虫根据其不同的发育阶段有不同的形态结构，在中间宿主（多种哺乳动物和鸟类）体内为滋养体和包囊，在终末宿主（猫及猫科动物）体内为裂殖体、配子体和卵囊。速殖子又称滋养体，呈弓形、月牙形或香蕉形，一端尖，一端钝，大小为（4~7）μm×（2~4）μm。核位于虫体中央稍偏后，多出现在发病急性期，有时在宿主体内可见许多速殖子簇集在一起，形成"假囊"，速殖子以内二分裂法增殖。包囊一般出现在慢性病例，见于脑、肌肉等细胞内繁殖积聚成球状体，自身形成富有弹性的囊壁，囊内虫体称慢殖子。裂殖子见于终末宿主肠上皮细胞内，直径 12 ~ 15μm，内有 4 ~ 20 个裂殖子，前端尖，后端钝圆。配子体见于终末宿主，分大配子体、小配子体两种。卵囊见于终末宿主粪便内。弓形虫无鞭毛、纤毛、伪足等运动器官，但它能借助虫体的伸缩运动，一般呈滑翔运动。在1s 内活动的距离为其本身长度的 1 ~ 2 倍，15 ~ 20s 内即可侵入细胞。弓形虫在不同的发育阶段对外界因子的抵抗力不同，以游离的弓形虫最为脆弱，包囊的抵抗力强，卵囊的抵抗力最强。

（二）流行病学

弓形虫的整个发育过程需要两个宿主，在终末宿主体内进行肠内相发育，在中间宿主体内进行肠外相（又称弓形虫相）发育。据目前所知，只有猫以及猫科中的猫属及山猫属动物才能作为弓形虫的终末宿主。猫等终末宿主吞食了以孢子化的弓形虫的卵囊或包囊和假囊后，子孢子或慢殖子和速殖子侵入小肠绒毛的上皮细胞内进行类似球虫发育的裂体增殖和配体生殖，最后产生卵囊，随粪便排出体外，经 2 ~ 4d 孢子化成为有感染性的卵囊。猫也可作为弓形虫的中间宿主。被摄入的子孢子、慢殖子、速殖子有一些可进入淋巴循环、血液循环，被带到全身各脏器、组织，侵入有核细胞，以内双芽增殖进行弓形虫相发育。经一段时间的繁殖之后，由于宿主产生免疫力，或者还有其他因素，使其繁殖变缓，一部分速殖子被消灭，一部分速殖子在宿主的脑和骨骼肌等处形成包囊。包囊有较强的抵抗力，在宿主体内可存活数年之久。鹿可作为中间宿主，当鹿吞食外界环境中的孢子化卵囊、速殖子或慢殖子或子孢子钻入肠壁，通过淋巴和血液到达全身各处，侵入各种有核的细胞内，特别是网状内皮细胞内，进行内双芽增殖。如果虫株毒力强，而且宿主又未能产生足够的免疫力或者还由于某些其他因素的作用，即可能引起疾病的急性发作；反之，虫株的毒力弱，宿主又很快产生了免疫，则弓形虫的繁殖受阻，疾病发作得缓慢或成为无症状感染，存留的虫体就会在宿主的组织内形成包囊。中间宿主之间也可以互相传播弓形虫。传染来源主要为患病动物和带虫动物，因为它们体内带有弓形虫速殖子、集落或包囊。现已证明，患病动物的所有排泄物、分泌物和腹腔液、肉、内脏、淋巴结以及急性病例的血液中都可能含有速殖子。如果外界条件有利其存在，就可能成为传染来源。经口感染，是此病最主要的感染途径，鹿食入猫粪中的卵囊，吞食带虫动物的乳中的速殖子、集落或包囊都能引起感染。速殖子的抵抗力很弱，最容易引起感染的还是组织中的包囊（包囊在4℃能存活68d）。经胎盘感染，妊娠的母鹿感染弓形虫后，能使其后代发生先天性感染。经皮肤、黏膜感染，速殖子可通过有损伤的皮肤、黏膜进入鹿体内。有人认为，速殖子经口感染时，也是由损伤的消化道黏膜进入血流或淋巴而致病的。一般情况下，弓形虫病的流行没有严格的季节性，但秋冬和早春发病率最高，可能与动物机体抵抗力因寒冷、运输、妊娠而降低有关，并在此季节内，外界条件适合卵囊生存。

（三）剖检

鹿皮下有出血性胶样浸润，心肌柔软，心内膜出血，肠系膜淋巴结水肿。真胃呈轻度卡他性炎症，大肠黏膜肥厚。肝、脾、肾等实质脏器萎缩。脑、脊髓出血。

（四）症状

感染了弓形虫后能否发病取决于虫体毒力、感染数量、感染途径、鹿的种类、免疫状态及反应能力等。除高热、食欲废绝、鼻镜干燥、大小便失禁外，主要以神经症状为主。初期表现兴奋、敏感、咬仔，中后期出现不愿活动及后躯麻痹，迅速死亡。

（五）诊断

根据流行特点、临床症状及剖检变化，可作初步诊断。确诊本病，必须检出虫体或检出特异性抗体。病原学检查，将可疑病鹿或病尸的组织或体液作涂片、压片或切片，观察有无弓形虫。动物接种，将可疑病料接种于小鼠体内，观察有无虫体出现。血清学检查，可用色素试验、间接血凝试验、间接荧光抗体法或补体结合反应等方法。

第四节　梅花鹿寄生虫病

（六）治疗

磺胺类药物有特殊疗效。磺胺嘧啶加甲氧苄胺嘧啶：前者的用量每千克体重 70mg，后者为 14mg，每天 2 次口服，首次剂量加倍，连用 3~5d。磺胺嘧啶加乙胺嘧啶：乙胺嘧啶用量为每千克体重 2mg，其他用法同前。有人介绍用氯嘧啶和磺胺二甲基嘧啶并用，有一定疗效。如配合维生素治疗，能促进疗效。国外报道"磺胺氨苯矾"不但对速殖子有效，而且能将卵囊的形成阻止在一定范内。如能早期应用长效磺胺，还能使包囊不残留。

（七）预防

当前对本病的预防主要着眼于防止饲料、饮水不被猫粪感染。扑灭鹿场的老鼠，消灭可能传播弓形虫的传播媒介。发现病鹿立即治疗，血清学检查为阳性的鹿应及时淘汰，病死的尸体及其被迫屠宰的胴体要烧毁或消毒后深埋。为杀死土壤及鹿体上的卵囊，可用 55℃ 以上的热水及 0.5% 氨水冲洗，并在日光下暴晒。同时要做好人的防护工作。

三、结节虫病

结节虫病是由结节虫寄生于肠管而引起的一种寄生虫病。

（一）病原

本病病原为多脉结节虫和哥伦比亚结节虫。结节虫是一种白色线虫。其主要寄生部位为鹿的大肠，而很少寄生于小肠。

（二）致病作用及症状

鹿感病后幼虫钻入肠壁黏膜可于其上形成数量不等的小结节，其色灰黄或灰绿。结节从粟粒大到黄豆大不等，也有大如手指头的，但较罕见。结节外被结缔组织包裹，比较坚实，其中有脓样物、乳酪样坏死物与钙化病灶。在病程不久的结节中，有时可发现 3~4mm 的幼虫。幼虫在侵入和形成结节的过程中，可对肠黏膜与黏膜下组织产生急性损害，表现为肠壁充血、水肿、变性、化脓、坏死与溃疡。故临床上常表现为肠炎症状腹痛、食欲不振，消化不良与腹泻等。成虫寄生时发生慢性消化紊乱，表现为顽固性腹泻。轻度感染者临床症状不明显。在结节破溃时，可导致腹膜炎症，继发化脓性与纤维素性腹膜炎。此时可见体温升高、拒食和严重腹部不适等，最终死亡。在少数情况下，结节虫幼虫还能通过淋巴与血液途径到达胸腔与其他脏器，并形成结节。

（三）诊断

本病一般在病理剖检或屠宰时发现而可确诊。生前结合临床症状和虫卵检查也可诊断，但其虫卵与其他圆线虫虫卵相似，故生前区别较困难。有条件时可行虫卵培养，发现侵袭性幼虫，根据其形态作出诊断。

（四）治疗

硫化二苯胺，治疗效果很好，剂量为 0.5g/kg 体重，1 次内服。2 周后重复用药 1 次。噻苯唑，50～80mg/kg 体重，内服，瘤胃注入效果也很好。

（五）预防

避免在低洼潮湿地带放牧鹿群或在上述地带收割饲草。对于放牧鹿群，提倡轮换使用牧地。根据侵袭性幼虫成熟所需时间为 10d 的特点，故使用每一地段放牧不应超过 9d。

四、裂头绦虫病

鹿的裂头绦虫病是由裂头科裂头属的阔节裂头绦虫引起的寄生虫病。该病是人兽共患寄生虫病，应引起重视。

（一）病原

阔节裂头绦虫成虫可长达 10m，最宽处 20mm，具有 3 000～4 000 个节片。头节细小，呈匙形，长 2～3mm，宽 0.7～1.0mm，其背、腹侧各有一条较窄而深凹的吸槽，颈部细长。成节的宽度显著大于长度，为宽扁的矩形。睾丸数较多，为 750～800 个，雄生殖孔和阴道外口共同开口于节片前部腹面的生殖腔。子宫盘曲呈玫瑰花状，开口于生殖腔之后，孕节长 2～4mm，宽 10～12mm，最宽 20mm，但末端孕节长宽相近。孕节的结构与成节基本相同。虫卵近卵圆形，长 55～76μm，宽 41～56μm，呈浅灰褐色，卵壳较厚，一端有明显的卵盖，另一端有一小棘；虫卵排出时，卵内胚胎已开始发育。

（二）生活史

虫卵随宿主粪便排出后，在 15～25℃ 的水中，经过 7～15d 的发育，孵出钩球蚴。钩球蚴能在水中生存数日，并能耐受一定低温。当钩球蚴被剑水蚤吞食后，即在其血腔内经过 2～3 周的发育成为原尾蚴。当受感染的剑水蚤被小鱼或幼鱼吞食后，原尾蚴即可在鱼的肌肉、性腺、卵及肝等内脏发育为裂头蚴，裂头蚴并可随着鱼卵排出。当大的肉食鱼类吞食小鱼或鱼卵后，裂头蚴可侵入大鱼的肌肉和组织内继续生存。直到终末宿主食入带裂头蚴的鱼时，裂头蚴方能在其肠内经 5～6 周发育长为成虫。成虫在终末宿主体内估计可活 5～13 年。

（三）临床症状

鹿临床表现为精神沉郁，生长发育明显受阻，食欲减退和呕吐。

（四）诊断

粪便中找到特征性虫卵或节片可作出诊断。

（五）治疗

氯硝柳胺和吡喹酮对成虫有良好的驱虫作用。

（六）预防

勿将未处理的粪便随意堆放，以防病原散布。防止其他动物进入鹿场。

五、脑脊髓丝虫病

脑脊髓丝虫病是由唇乳突丝虫的三期蚴虫经淋巴、血液循环或组织移行而进入脑、脊髓等中枢神经系统中发育成童虫而引起的，主要表现为病鹿后躯麻痹。据报道，1989—1991 年尸检鹿和牛的腹腔丝虫感染率分别为 4.3% 和 27.3%。1990—1995 年在吉林省西部某国营鹿场梅花鹿和马鹿发生鹿脑脊髓丝虫病，该病主要发生于 2～4 岁的幼龄鹿群中，其发病率为 2%～6%，给养鹿业造成严重的经济损失。

（一）病原

引起本病的寄生虫有赤鹿回线虫，鹿副圆线虫，其属的分类不很清楚，可能有重选。

（二）生活史

食入的幼虫穿过消化管壁并进入内脏和中枢神经系统。以后这些幼虫首先定位于脊髓脑脊膜引起麻痹及死亡（尤其是在成年）。幸存的鹿，该寄生虫移行至脑，导致疾病的第二期，即易于产死胎及仔鹿死亡。

（三）症状

临床症状为虚弱无力，共济失调。由于寄生虫定位不同，患鹿头外转、倾斜和下垂，或者视觉缺失。

（四）剖检

尸体解剖时，可在肌肉或脊髓脑脊膜和脑干发现成虫，并伴有不同程度的出血。组织学检查可见有非化脓性的、炎性的反应，邻近的神经组织和损伤的神经束有脱神经髓鞘的作用。

（五）治疗

现代的抗蠕虫药以大剂量应用可以有效地驱除该寄生虫的成虫。从疫区输入的鹿只也应进行驱虫，并将这种输入的鹿只饲养在无蜗牛和蛞蝓的环境中，这种方法将能预防脑脊髓寄生虫。

六、舌形虫病

鹿的舌形虫病是由五口虫纲、舌虫科舌形虫属锯齿状舌形虫寄生于鹿的呼吸器官，引起患鹿的咳嗽、呼吸不调等症状的一种寄生虫病。舌形虫感染不仅影响鹿的生长发育，更重要的是它是一种人兽共患寄生虫病，舌形虫病还可危害人的身体健康。

（一）病原

舌形虫成虫呈舌形或圆柱形，头胸部腹面有口，口两侧有钩 2 对。活体呈半透明、死后白色，体长 18～130mm，体表具有很厚的角质层，形成环状，一般腹部生 7～105 个腹环，雌虫大于雄虫。卵呈无色或黄色，近圆形，大小约 90μm×70urn，卵壳较厚。幼虫卵圆形，有尾和 2 对足，幼虫具有足和钩，体表光滑。若虫形状与成虫相似，死后呈乳白色，体长 4 ~ 50 mm，有钩 2 对，腹部环数较少。鹿锯齿状舌形虫外观如舌形，背面略见突出，腹面平坦，角皮上有横纹。在鹿和驼鹿体内发现的舌形虫成虫雄虫长 9cm，宽 1.2cm；幼虫雄虫长 2.5 ~ 4cm，宽 1cm，呈乳白色。蛇舌状虫与锯齿舌形虫形态上的区别是：蛇舌状虫体形呈圆柱形，腹环数 7 ~ 35 个，口孔旁两对钩几乎在同一平行线上，若虫表面没有刺；锯齿舌形虫体形略扁，腹环数 72 ~ 105 个，口孔旁两对钩前后排列，若虫表面有刺。

（二）生活史

舌形虫属的成虫寄生在终末宿主如犬的鼻腔内，雌虫产的卵随同犬的鼻黏液流出，排至体外，黏液污染草类或水被食草动物（如鹿）食入后，卵在其胃中孵出幼虫。幼虫随同胃内容物进入肠腔后，穿过肠壁，移行至肺、肝、肠系膜淋巴结及肾等内脏中。经 2 次蜕皮后，幼虫为包囊围绕，幼虫在包囊内再蜕皮数次，经 5 ~ 6 个月后，发育成若虫。若虫脱离包囊，向浆液腔移行，部分向支气管和肠道移行，在移行过程中能引起出血。若虫在中间宿主体内可生活 2 年以上。

（三）流行病学

舌形虫病是动物源性人畜共患病。舌形虫的终末宿主主要是肉食动物，常见于狗、狼、狐狸等，偶见于鹿、马、羊、人等。舌形虫病可以在蛇鼠间、犬鼠间、犬和食草动物间循环传播。舌形虫病病例属散发性。

（四）症状

由于舌形虫多寄生于患鹿的鼻腔和颌窦内，患鹿表现咳嗽及呼吸不调。重度感染时，临床上可见患鹿频频出现咳嗽或喷嚏，并从鼻腔内流出血性分泌物。病程较久时，患鹿明显消瘦，生产力下降。

（五）诊断

在手术、活检、剖检、服驱虫药后所得虫体标本，或从鼻腔分泌物、痰和呕吐物中检出活虫即可作出诊断。

（六）防治

对于成虫的驱除，可施行鼻腔圆锯术，除去虫体；必要时行杀螨剂灌洗。鹿场要与外界动物严格隔离，以防舌形虫病循环感染。

七、丝状肺虫病

鹿的丝状肺虫病是由网尾科网尾属的丝状肺虫寄生于鹿的气管及支气管，所引起的以支气管炎和肺炎为主要特征的一种寄生虫病。

（一）病原

病原体为丝状肺虫，又名丝状网尾丝虫。虫体呈乳白色，细线状，肠管稍带黑色。口囊甚小而浅，有小唇片 4 个，其中，背唇和腹唇稍长于侧唇，食道末端显著膨大。雄虫体长 30～80mm，交合伞的中侧肋和后侧肋合并，末端分开，两根交合刺等长，长 0.44～0.62mm，呈多孔性构造，黄褐色，靴状。雌虫体长 50～112mm，尾端削尖，阴门位于虫体的稍后方。在阴门的前后，有由角质形成的两个突起围绕的阴门，其高 0.136mm，宽与高相同，子宫分为两个单独的支。虫卵呈椭圆形，长 120～130μm，宽 70～90μm，无色透明，卵内含有一条已发育成熟的幼虫。

（二）生活史

丝状肺虫的发育过程有中间宿主。成虫寄生在鹿和其他动物的气管和支气管腔内，雌性肺虫不断产卵，卵内有活动的幼虫。寄主咳嗽时，虫卵随卵液进入口腔，并随唾液吞入消化道，幼虫此时即逸出并随粪便排出体外。

丝状肺虫的幼虫头部粗而膨大，尾端则呈尖锐形状。幼虫在外界环境中当温度适宜（以 25℃左右为适宜，低于 10℃或高于 35℃则不适宜）时，即开始发育并脱皮 2 次，至第 6d 左右成为侵袭性幼虫，鹿通过被污染的水和饲料而发生感染。

幼虫进入鹿体内，在寄主肠内穿过肠黏膜进入淋巴管，并行于血液循环中，在肺的毛细血管中停留下来，然后破坏毛细血管的壁而进入肺泡和细支气管的内腔中，经过 1 个月左右，即发育成为成虫。寄生期限 2 个月到 1 年以上不等。寄生多时可达数百条。

（三）症状

轻度感染时无症状可见。重度感染时可见患鹿进行性消瘦，换毛迟延，

生产力明显下降，常有咳嗽，在驱赶或休息时咳嗽加剧，体温通常不高。

（四）剖检

肺的变化具有特征性。两侧肺的膈叶边缘常见局部苍白膨大，病变与周围肺组织界限明显，捻发感显著增加，呈典型的肺气肿病变。切开时可于小支气管内发现虫体。沿气管、支气管与小支气管径路小心剪开时，就可发现完整虫体。在虫体寄生的气管腔内，管壁呈现卡他性炎症，内有黏性分泌物与渗出物。

（五）诊断

根据临床症状及剖检结果，可以确诊。仅从临床症状而不进行剖检难以确诊。因具有慢性咳嗽症状的疾病很多，此时可进行粪便镜检，在找到胎生的丝状肺虫虫卵或幼虫，可作出确诊。具体方法如下：取新鹿粪20g，放在有纱布的小漏斗里，下面接一小橡皮管，用镊子捏住，再向小漏斗里加满38℃温水，经1h把水放到沉淀管，经3min离心，用滴管把上清液除去，取沉淀物放在载玻片上，加上盖玻片，在低倍显微镜下检查，如有肺丝虫，就可查到约0.5mm的暗灰色幼虫，即可确诊。

（六）治疗

一般公认碘的水溶液（用结晶碘1g、碘化钾1.5g，加蒸馏水至1 500ml）气管内注射有良好效果。成年鹿1次注射量为40～50ml。仔鹿应采取仰卧和前躯高位保定，注射药液应事先滤过，不应有任何异物特别是沉渣，注射速度要慢，一般无任何不良反应，10～12d重复注射1次，以巩固效果。四咪唑毒性低，副作用小，可按每千克体重12～15mg口服。此外，还可试用左咪唑按每千克体重7.5mg，丙硫咪唑按每千克体重5mg，以上药物经口投给。另外，每千克体重皮下注射伊维菌素针剂0.2mg，7d1次，连续使用2次；每千克体重口服丙硫苯咪唑片15mg，15d1次，连用2次也可达到治疗的效果。

（七）预防

饮用清洁水。饲喂优质饲料。定期清粪，堆积发酵。场地定期消毒。

第五节　梅花鹿真菌病

脱毛癣

脱毛癣又名秃毛癣或钱癣，是鹿的一种传染性皮肤病，其特点是在皮肤上形成类似圆形、并有明显界限的脱毛与痂皮。

（一）病原

本病病原为一种真菌。近年流行于一些鹿场的脱毛癣病例的病原体为毛内毛癣菌。

（二）流行病学

本病在鹿群中流行甚广。病鹿与健康鹿接触，即可传播本病。鼠类在传播本病上是重要的。年龄幼小、营养不良和皮肤纤薄柔嫩的仔鹿更易感染。人也可感染发病。本病一年四季均可发生，但以秋、冬季较多见。有的鹿场流行很迅速，以致场内鹿只在短期内几乎全部感染。

（三）病理变化

本菌通常侵犯皮肤表皮及毛囊，并在表皮中繁殖。由于其能产生外毒素，可造成真皮充血及水肿，继发感染时，常见毛囊发生化脓性病变。

（四）症状

病变多见于头、颈、肩、胸、肋和背等处的皮肤，有时也侵及四肢皮肤。病初局部先出现丘疹（也有不出现的），继而形成水泡，水泡破溃后慢慢形成痂皮。痂皮脱落后留下无毛区，形似铜钱。在脱毛癣整个病程中，因病变部发痒，鹿在擦痒中皮肤可以发生破损，并使病区扩大，有的可感染化脓。

（五）诊断

根据流行病学及临床症状，可以作出初步诊断。确诊应采取痂皮细屑及病区周围被毛，先浸于20%氢氧化钠溶液中，加热（勿至沸）3～5min脱脂，然后镜检，可发现病原菌。病料应于患病早期采取，后期因接近痊愈，病原菌常难找到。

（六）治疗

1. 复方柳酸软膏

柳酸50g，鱼石脂50g，硫磺400g，凡士林600g，各药制成软膏。用药前于用药局部剪毛并清除痂皮，用热肥皂水洗净，然后涂药。每隔3d涂药1次，4次可治愈。

2. 硫酸铜软膏

硫酸铜25g，凡士林75g，先将硫酸铜充分研磨成极细粉末，再加入凡士林均匀调和成25%硫酸铜软膏，每隔5d涂药1次，通常只需涂2次即可有效。

另外，还可试用2%碘酊、10%一氯化碘溶液和鱼肝油配制的50%苯二甲酸盐（酞酸盐）乳剂涂擦患部。上述各药无论使用何种，如患区范围较广时，应分区轮流涂药，以防用药面积过大引起中毒。

（七）预防

早期检出病鹿及早隔离治疗。用3%氢氧化钠或3%～4%福尔马林喷雾消毒鹿舍、用具；以石灰刷墙。饲养人员应注意个人防护。

第六节　梅花鹿营养代谢病

一、鹿营养代谢病概论

鹿物质代谢是指体内、外营养物质的交换及其在体内的一系列转变过程。它受神经体液系统的调节。营养物质供应不足或缺乏，或神经、激素及酶等对物质代谢的调节发生异常，均可导致鹿营养代谢疾病。随着养鹿业的发展，高能饲料的应用，高产品种的培育、特别是在大规模集约化圈养的条件下，由于饲养管理不当鹿营养代谢病作为群发性普通病，日趋突出。我国对28个省、自治区、直辖市的1 103个县的饲料、牧草中的硒含量调查表明，有790个县的样品属于低硒，据测算，每年仅需添加40吨亚硒酸钠（合人民币300万元），即可挽回6亿元经济损失。营养代谢病是营养缺乏病和新陈代谢紊乱病的统称。营养缺乏病包括糖类、脂肪、蛋白质、维生素、无机盐等营养物质的不足或缺乏；新陈代谢病包括糖类代谢紊乱病、脂肪代谢紊乱病、蛋白质代谢紊乱病、无机盐代谢紊乱病、水盐代谢紊乱病及酸碱平衡紊乱。

（一）营养代谢病的概念

在已发现的一百多种元素中至少有60种存在于动物体内。其中有些元素在所有动物体内都能找到，它们是实现生命基本机能的必需元素，另一些则只在某些动物体内含有。各种元素在动物体内的差异很大，其中以碳、氢、氧、氮这4种元素的含量最多，加在一起约占动物体总量的90%以上。这4种元素，除氢和氧大部分组成水外，还共同组成糖类、脂类、蛋白质和其他各种有机化合物。所以，一般把它们称为有机元素。其余元素，不论它们在体内以何种形式存在，习惯上称其为无机元素。动物体主要是通过饲料和饮水获得这些元素，其次为空气和土壤等，然而这些元素多是以各种不同的化合物的形式进入动物体内。但构成动物体的化学物质。不是由外界环境进入其内物质的简单堆积，而是根据动物的需要重新组成新的物质分子。发展养鹿业的目的，就在于利用鹿这种重新组成的能力，把人不能食用的及对人营养价值低的饲料，通过动物体重新组成这个"生物加工厂"，为人类加工制造出鹿茸等珍贵的药材。然而从外界环境进入动物体的物质，不一定都是机体需要的，也不一定都是对机体有益的。根据其与动物体正常生命活动的关系，大致可以分为3类：营养物质、药物及毒物，这3类物质中，有些是无严格界限的，也是可以互相转化的。例如，食盐、它们既是营养物质，缺乏时可引起缺乏症；也可作为药物防治疾病，过剩时还可引起中毒。

（二）鹿营养代谢病的一般病因

1. 营养物质摄入不足或过剩

草料短缺、单一、质地不良、饲养不当等均可造成营养物质缺乏。为提高鹿生产性能，盲目采用高营养饲料，常导致营养过剩。如妊娠期饲喂高能量饲料，母鹿过于肥胖，造成难产；高钙日粮，可造成鹿的锌、铜、锰等元素相对缺乏等。

2. 营养物质吸收不良

见于两种情况：一是消化吸收障碍，如慢性胃肠疾病、肝脏疾病及胰腺疾病；二是饲料中存在干扰营养物质吸收的因素，如磷、植酸过多降低钙的吸收，钙过多干扰碘、锌等元素的吸收。

3. 营养物质需要量增加

妊娠（尤其是双胎、多胎妊娠）、泌乳、及生长发育旺期，对各种营养物质的需要量增加；慢性寄生虫病、慢性化脓性疾病、鼻疽、结核病等慢性疾病对营养物质的消耗增多。

4. 参予代谢的酶缺乏

一类是获得性缺乏，见于重金属中毒、氢氰酸中毒、有机磷中毒及一些有毒植物中毒；另一类是先天性酶缺乏，见于遗传性代谢病。

5. 内分泌功能异常

如锌缺乏时血浆胰岛素和生长激素含量下降。营养不良继发甲状旁腺功能亢进等。

（三）高产鹿易患营养代谢疾病的原因

首先，与鹿的消化代谢特点有关，鹿是反刍动物，胃为复胃，其消化代谢特点与单胃动物不同，尤其是糖类。饲料里的糖类（可溶性糖、淀粉、戊聚糖和纤维素）大部分在瘤胃被微生物分解为乙酸、丙酸、丁酸等挥发性脂肪酸，只有少部分（约25%）在小肠分解为葡萄糖被吸收。从糖的消化代谢特点来看，梅花鹿特别是高产梅花鹿对糖的需要量，单靠从小肠吸收的葡萄糖是不够的，还要靠另外的途径——肝脏糖的异生作用来满足需要。乙酸、丙酸和丁酸虽都能被鹿利用作为能量的来源，但只有丙酸在体内能够合成葡萄糖。有人推算，由丙酸生成的葡萄糖可高达其体内糖总量的50%。蛋白质在体内分解后的氨基酸也是糖异生的主要物质之一。20余种氨基酸中除亮氨酸生酮以外，其余都是生糖的氨基酸。据估计鹿由氨基酸异生的葡萄糖最高可达体内需要量的70%。脂肪分解的甘油、乳酸也是糖的异生物质。当糖和生糖物质（特别是丙酸和蛋白质）缺乏时，就会使代谢机能发生紊乱。鹿的这种消化代谢特点与高产鹿的营养代谢疾病，特别是酮病的发生关系非常密切。其次，与高产鹿的生产性能有关，鹿的主要生产性能是产茸，鹿茸里的各种营养物质直接或间接来自于血液，鹿茸的营养成分含量与血液相比有很大的差别，当营养不足或调配不当时，则易发生供不应求的矛盾而致物质代谢的紊乱。最后，与鹿饲养管理不当有关。如饲料单纯、营养不全、配合比例及精粗比不当、缺乏运动、干乳期过肥等。虽然各个营养代谢疾病有其各自的主要原因，但也有相互联系和一些共同的因素。

（四）营养代谢病的发生特点

1. 群体发病

在集约化饲养条件下，特别是饲养错误造成的营养代谢病，常呈群发性，鹿群同时或相继发病，表现相同或相似的临床症状。

2. 地方流行

如白肌病、骨营养不良、维生素缺乏症、食毛癖、缺铜症等，在一个地区往往是许多鹿或同一饲料配方的鹿先后或同时发病，类似于传染病的某些流行特征。因而在开始发病时，常怀疑为某种传染病，容易发生误诊。20世纪80年代前期，鹿骨营养不良的发病率为30%～50%，某鹿场仔鹿白肌病的发病率为20%，死亡率为60%。因该病死亡占仔鹿总死亡数的70%，笔者调查，近年来不少鹿场过早淘汰和死亡的成鹿中，由营养代谢病所致者占大多数。营养代谢病不仅严重地危害鹿的生产性能和健康，而且其产品的质量也明显降低，甚至还对人有害，使后代也受其影响，如由患血红蛋白尿病鹿所产仔鹿全部患消化不良，死亡率为8%以上。由于地球化学方面的原因，土壤中有些元素的分布很不均衡，如远离海岸线的内陆和高原地区土壤、饲料及饮水中碘的含量不足，而流行鹿的地方性甲状腺肿。我国缺硒地区呈一条由东北走向西南的狭长地带，包括16个省、自治区、直辖市，约占国土面积的1/3。我国北方省份大都处在低锌地区，以华北面积为最大，内蒙古某些放牧饲养鹿缺锌症的发病率可达10%～30%。新疆、宁夏等地则流行铜缺乏症。

3. 起病缓慢

营养代谢病的发生至少要经历代谢物质化学变化过程紊乱、病理学改变及临床表现异常 3 个阶段。除仔鹿血红蛋白尿症等个别病外，从病因作用至呈现临床症状（相当于传染病的潜伏期）常需数周、数月乃至更长的时间。如人为地减少饲料里的钙，成鹿需 1～2 月才能呈现骨营养不良早期不引人注意的轻微症状，在自然情况下发病就更为缓慢。因而一般将营养代谢病称为慢性消耗性病。

4. 多种营养物质同时缺乏

在慢性消化疾病、漫性消耗性疾病等营养性衰竭症中，缺乏的不仅是蛋白质，其他营养物质如铁、维生素等也显不足。

5. 以营养不良和生产性能低下为主症

鹿营养代谢病常影响鹿的生长、发育、成熟等生理过程，而表现为生长停滞、发育不良、消瘦、贫血、被毛异常、异嗜、体温低下等营养不良症候群，产茸、产肉、产仔减少等生产性能低下，以至不孕、少孕、流产、死胎等繁殖障碍综合征。

（五）营养代谢病的诊断方法

营养代谢病有示病症状的很少，亚临床病例较多，常与传染病、寄生虫病并发，而为其所掩盖。因此，营养代谢病的诊断应依据流行病学调查、临床检查、治疗性诊断、病理学检查以及实验室检查等各方面综合确定。

1. 流行病学调查

着重调查鹿病的发生情况，如发病季节、病死率、主要临床症状及既往病史等；饲养管理方式，如日粮配合及组成、饲料的种类及质量、饲料添加剂的种类及数量、饲养方法及程序等；环境状况，如土壤类型、水源资料及有无环境污染等。

2. 临床检查

应全面系统，并对所收集到的症状，参照流行病学资料，进行综合分析。根据临床症状有时可大致推断营养代谢病的病性。如仔鹿贫血可能是铁缺乏；被毛退色、后躯摇摆，可能是铜缺乏；不明原因的跛行、骨骼异常，可能是钙、磷代谢障碍病。

3. 治疗性诊断

为验证依据流行病学和临床检查结果建立的初步诊断或疑问诊断，可进行治疗性诊断，即补充某一种或几种可能缺乏的营养物质，观察其对疾病的治疗作用和预防效果。治疗性诊断可作为临床诊断营养代谢病的主要手段和依据。

4. 病理学检查

有些营养代谢病可呈现特征性的病理学改变，如患白肌病时骨船肌呈白色或灰白色条纹；痛风时关节腔内有尿酸钠结晶沉积；禽维生素 A 缺乏时上部消化道和呼吸道黏膜角化不全等。

5. 实验室检查

主要测定患病个体及发病畜禽群血液、乳汁、尿液、被毛及组织器官等样品中某种（些）营养物质及相关酶、代谢产物的含量，作为早期诊断和确定诊断的依据。

6. 饲料分析

饲料中营养成分的分析，提供各营养成分的水平及比例等方面的资料，可作为营养代谢病，特别是营养缺乏病病因学诊断的直接证据。

（六）营养代谢病的防治原则

鹿营养代谢病的防治要点在于加强饲养管理，合理调配日粮，保证全价饲养；开展营养代谢病的监测，定期对鹿群进行抽样调查，了解各种营养物质代谢的变动，正确估价或预测鹿的营养需要，早期发现病鹿；实施综合防治措施，如地区性的常量或微量元素缺乏、可采用改良植被、土壤施肥、植物喷洒、饲料调换等方法，提高饲料、牧草中相关元素的含量。

二、维生素代谢病防治

（一）维生素 A 缺乏症

维生素 A 缺乏症是由维生素 A 或其前体胡萝卜素（carotene）缺乏或不足所引起的一种营养代谢疾病。临床上以生长缓慢、视觉异常、骨形成缺陷、上皮角化、繁殖机能障碍以及机体免疫力低下等为特征。本病常见于仔鹿，泌乳母鹿也容易发病。1909年Hopkines和Stepp发现，大鼠和小鼠的生长需要某些脂溶性物质；McCollum和Davis于1913—1914年从卵黄和奶油中摄取了一种脂溶性的生长因子，命名为Vitamin A（维生素A）。Karrer在1931年确定了维生素A的结构，1946—1947年由Isler人工合成了维生素A。维生素A不能在体内合成，完全依靠外源供给，即只能从饲料中摄取。维生素A只存在于动物源性饲料中，鱼肝和鱼油中含量丰富。胡萝卜素存在于植物性饲料中，特别是胡萝卜、青干草、黄玉米、南瓜中，都含有丰富的胡萝卜素，胡萝卜素在体内能转变成维生素A。但在萝卜、马铃薯、甜菜根、干豆、干谷及其谷类加工副产品（麦麸、米糠等）中，胡萝卜素含量极低。

1. 病因

（1）饲料中维生素A或胡萝卜素长期缺乏或不足　人工圈养的鹿长期饲喂劣质干草、枯树叶、米糠、麸皮、棉籽饼、亚麻饼、萝卜等胡萝卜素含量缺乏的饲料。放牧的鹿一般不发生本病，但在严重干旱年份，植物中胡萝卜素含量低下；北方地区天气寒冷，冬季缺乏青绿饲料，又长期不补充维生素A时，易引起发病。人工哺乳的仔鹿，由于得不到初乳，也很容易患维生素A缺乏症。

（2）饲料贮存加工不当　饲料中胡萝卜素性质不稳定，饲料收刈、加工、贮存不当，如有氧条件下长时间高温处理或烈日暴晒饲料以及存放过久、陈旧变质，其中胡萝卜素受到破坏（如黄玉米储存6个月后，约60%胡萝卜素被破坏；颗粒料在加工过程中可使胡萝卜素丧失32%以上），长期饲喂可引发此病。另外，配合饲料、动物性饲料存放时间过长，其中的不饱和脂肪酸氧化酸败产生的过氧化物能破坏包括维生素A在内的某些维生素的活性。而青贮饲料中，胡萝卜素由反式异构体变为顺式异构体，在体内转变为维生素A的效率降低。

（3）饲料中存在干扰维生素A代谢的因素　磷酸盐过多可影响维生素A在体内贮存；亚硝酸盐、硝酸盐过多，可促进维生素A和胡萝卜素分解，并影响胡萝卜素转化与吸收；饲料中缺乏脂肪，会影响维生素A或胡萝卜素在肠中的溶解和吸收；蛋白质缺乏，会使肠黏膜的酶类失去活性，影响运输维生素 A 的载体蛋白的形成。此外，其他维生素（维生素 C、维生素 E）、微量元素（钴、锰）缺乏或不足，都能影响体内胡萝卜素的转化和维生素 A 的储存。

（4）机体对维生素 A 的需要量增多可引起维生素 A 相对缺乏　妊娠和哺乳期母鹿以及生长发育快速的幼鹿，对维生素 A 的需要量增加；长期腹泻，罹患热性疾病的鹿，维生素 A 的排出和消耗增多。

（5）鹿罹患胃肠道或肝脏疾病　致机体对维生素 A 或胡萝卜素的吸收、转化、贮存、利用发生障碍，是主要继发性病因。

2. 发病机理

维生素 A 是维持鹿正常生长发育、视力和骨骼、上皮组织生理功能所必需的一种营养物质。当维生素 A 缺乏或不足时，视紫红质或视紫蓝质的合成作用受到抑制，因而造成鹿在阴暗的光线中呈现视力减弱及夜盲症状。

维生素 A 是眼结膜、泪腺、呼吸道、消化道、生殖系、汗腺、皮脂腺等黏膜上皮细胞正常生理功能所必需的物质，能维持一切上皮组织的完整性。当维生素 A 缺乏时，导致所有上皮细胞萎缩，逐渐被层叠的角化上皮细胞代替，上皮变得干燥和角化，由于角化过度而丧失其分泌和覆盖作用，防御机能降低。眼结膜上皮细胞角化，泪腺管被脱落的变性上皮细胞阻塞，分泌减少甚至停止，出现干眼病。进而引起角膜浑浊、溃疡、软化（角膜软化），继则发生全眼球炎。呼吸道上皮角化时可引起呼吸道感染。消化道上皮角化时可引起牛仔鹿的腹泻。尿道上皮角化是诱发公鹿尿结石的重要原因之一。生殖道上皮角化时可引起生殖机能下降，胚胎生长发育受阻，胎儿成形不全或先天性缺损。公鹿精子生成减少，母鹿受胎率下降。皮肤上皮角化时可引起皮脂腺和汗腺萎缩，皮肤干燥、脱屑，出现皮炎或皮疹，被毛蓬乱缺乏光泽，脱毛、秃毛，蹄表干燥。

维生素 A 能维持成骨细饱和破骨细胞的正常功能，为骨的正常代谢所必需。缺乏时，黏多糖的合成受阻、成骨细胞和破骨细胞的相互关系紊乱，特别是胚胎和仔鹿的脊柱与头骨易受其害，从而导致骨的钙化不全和畸形。维生素 A 缺乏时，成骨细胞活性增高，软骨的生长和骨骼的精细造型受到影响。由于颅骨变形致颅腔狭小，颅腔脑组织过度拥挤，导致脑扭转和脑疝，脑脊液压力增高，随后出现视乳头水肿、共济失调和昏厥等特征性神经症状。由于脑神经受压、扭转和拉长，小脑进入枕骨大孔，引起机能减退和共济失调。脊索进入椎间孔，引起神经根损伤，并出现与个别外周神经有关的局部性症状。病的后期，由于面神经麻痹和视神经萎缩，引起典型的目盲现象。

维生素 A 缺乏会引起蛋白质合成减少，矿物质利用受阻，肝内糖原、磷脂、脂质合成减少，内分泌（甲状腺、肾上腺）机能紊乱，抗坏血酸、叶酸合成障碍，导致动物生长发育受阻，生产性能下降。维生素 A 缺乏时，上皮组织完整性破坏，抵抗微生物侵袭的能力下降，同时白细胞吞噬能力减弱，抗体形成减少，免疫生物机能降低，极易引起感染。

3. 症状

鹿发生维生素 A 缺乏时，患鹿表现为食欲不振，消化不良，幼鹿生长缓慢，发育不良，成鹿营养不良，衰弱乏力，生产性能低下。患病鹿的皮脂腺和汗腺萎缩，皮肤干燥；被毛蓬乱缺乏光泽，掉毛、秃毛、蹄表干燥。皮肤有麸皮样痂块。抗病力下降，极易继发鼻炎、支气管炎、肺炎、胃肠炎等疾病，并易继发感染某些传染病。早晨、傍晚或月夜中光线朦胧时，盲目前进，行动迟缓，碰撞障碍物。干眼病是指患鹿眼分泌一种浆液性分泌物，随后角膜角化，形成云雾状，有时呈现溃疡和羞明。繁殖力下降：青年公鹿睾丸显著地小于正常，精子活力降低。母鹿发情紊乱，受胎率下降。易出现流产、早产、死胎，所产仔鹿生活力低下，体质孱弱，易死亡。胎儿发育不全，先天性缺陷或畸形。新生仔鹿，可发生先天性目盲、脑病和全身水肿，亦可发生肾脏异位、心脏缺损、膈疝等其他先天性疾病。神经症：患缺乏症的鹿，还可呈现中枢神经损害的病征，例如颅内压增高引起的脑病，视神经管缩小引起的目盲，以及外周神经根损伤引起的骨骼肌麻痹。由于骨骼肌麻痹而呈现的运动失调，最初常发生于后肢，然后再见于前肢。还可引起面部麻痹、头部转位和脊柱弯曲。至于脑脊液压力增高而引起的脑病，通常呈现强直性和阵发性惊厥及感觉过敏的特征。

4. 病理变化

患病鹿结膜涂片中角化上皮细胞数量显著增多，眼底检查，发现视网膜绿毯部由正常时的绿色至橙黄色变成苍白色。

5. 诊断

根据饲养管理情况、病史和临床特征可做出初步诊断。确诊须参考病理损害特征、临床病理学变化和治疗效果。

在临床上，维生素 A 缺乏症引起的脑病与低镁血症性搐搦、脑灰质软化、D 型产气荚膜梭菌引起的肠毒血症有相似之处，应注意区别。与狂犬病和脑脊髓炎的区别则根据前者伴有意识障碍和感觉消失，后者伴有高热和浆膜炎。许多中毒性疾病也有与维生素 A 缺乏症相似的临床病征，食盐、有机砷、有机汞和铅中毒也引起神经症状，注意鉴别。

6. 防治

对患维生素 A 缺乏症的鹿，首先应查明病因，积极治疗原发病，同时改善饲养管理条件，加强护理。其次要调整日粮组成，增补以富含维生素 A 和胡萝卜素的饲料，优质青草或干草、胡萝卜、青贮料、黄玉米，也可补给鱼肝油。

治疗可用维生素 A 制剂和富含维生素 A 的鱼肝油。维生素 AD 滴剂：成鹿 2 ~ 4ml；仔鹿 0.5 ~ 1ml 内服。浓缩维生素 A 油剂：成鹿 10 万 ~ 15 万 IU；仔鹿 3 万 ~ 5 万 IU 内服或肌注，每日一次。维生素 A 胶丸：500IU/kg 体重。鱼肝油内服，成鹿 10 ~ 30ml，仔鹿 0.5 ~ 2ml。维生素 A 剂量过大或应用时间过长会引起中毒，应用时应予注意.

保持饲料日粮的全价性，尤其维生素 A 和胡萝卜素含量一般最低需要量每日分别为 30 ~ 75IU/kg 体重，最适摄入量分别为 65 ~ 155IU/kg 体重。孕鹿和泌乳母鹿还应增加 50%，可于产前 4 ~ 6 周期间给予鱼肝油或维生素 A 浓油剂：孕鹿 20 万 ~ 50 万 IU，每周一次。

日粮中应有足量的青绿饲料、优质干草、胡萝卜和块根类及黄玉米，必要时应给予鱼肝油或维生素 A 添加剂。饲料不宜贮存过久，以免胡萝卜素破坏而降低维生素 A 效应，也不宜过早地将维生素 A 掺入饲料中做储备饲料，以免氧化破坏。

（二）维生素 D 缺乏症

维生素 D 缺乏症是鹿采食的饲料光照不足，维生素 D 原转变为维生素

D 减少所发生的一种营养性骨病，导致钙磷代谢障碍，仔鹿发生佝偻病，成鹿发生骨软症或骨营养不良。维生素 D 属固醇类衍生物。与动物骨营养密切相关的天然维生素 D 主要有维生素 D_2 和维生素 D_3。维生素 D_2 来源于植物性饲料中的麦角固醇（维生素 D_2 原），经阳光（紫外线）照射后转化为维生素 D_2，即麦角钙化固醇。维生素 D_3 是来源于动物皮肤中的 7 - 脱氢胆固醇（维生素 D_3 原），经阳光照射后转化为胆钙化醇。维生素 D 实际上是一种前体维生素，并不具有生理活性。在动物体内通过肝肾的羟化作用转变成活性型的 1，25 二羟维生素 D_3 后，才具有生理活性。

1. 病因

维生素 D 的主要来源是饲料（或母乳），也可从皮肤中获取一部分，因而饲料（或母乳）中维生素 D 缺乏，或皮肤的阳光照射不足，是动物机体维生素 D 缺乏的根本原因。因此当动物长期密集饲养且缺乏舍外运动，缺乏紫外线照射，体内合成的维生素 D 过少，则可能产生缺乏。长期以幼嫩饲料饲喂，牧草中维生素 D 含量少，也可产生缺乏。幼年动物对维生素 D 需要量较大，且主要来源于乳和皮肤内合成。因此，如母乳中维生素 D 含量不足或缺乏，或用代乳品饲喂，其中，维生素 D 缺乏时，亦可造成缺乏。

鹿患胃肠道疾病致维生素 D 吸收利用障碍，肝、肾疾病致维生素 D 的羟化作用受阻，不能转变为生理活性的 1，25 二羟维生素 D_3，也可出现缺乏症状。

当鹿饲料中钙磷比例失调时，机体对维生素 D 需要量增加，不及时补充，也可造成维生素 D 缺乏。另外，饲料中维生素 A 与维生素 D 是颉颃的，当维生素 A 或胡萝卜素过量时，可干扰维生素 D 吸收，造成维生素 D 缺乏。

2. 发病机理

维生素 D 参与体内钙、磷代谢的调节，促进钙、磷在肠道的吸收，保证血液钙、磷浓度的稳定以及钙、磷在骨组织内的沉积和溶出。

维生素 D 能促进小肠对钙磷的吸收：钙在小肠内必须经过特殊载体进行转运才能被主动吸收。钙从肠黏膜进入细胞腔，需钙结合蛋白（Ca^{2+} - BP）和钙的腺苷三磷酸酶（Ca^{2+} - ATP）两种因子的协助。对钙的吸收促进作用，首先表现在促进 Ca^{2+} - BP 和 Ca^{2+} - ATP 的合成。Ca^{2+} - BP 浓集在小肠黏膜刷状缘，并依靠 Ca^{2+} – ATP 的活性使钙离子通过肠黏膜上皮进入细胞腔，从而促进小肠对钙的主动吸收作用。由于钙的吸收增加，肠内磷酸盐形成减少，从而间接促进了磷的吸收。

维生素 D 能促进肾小管对钙磷的重吸收：1, 25 二羟钙化醇能直接促进肾小管对磷的重吸收，也可促进肾小管黏膜上合成 Ca^{2+} – BP，从而提高血钙、血磷的浓度。

维生素 D 能调节成骨细胞和破骨细胞的活动：即在骨生长和代谢过程中，通过成骨细胞的活动，促进新生骨基质的钙化（钙、磷沉积为骨盐）作用，通过破骨细胞的活动，从而使骨组织不断更新，保持血钙的稳定。

维生素 D 缺乏，致使肠吸收钙、磷减少，血钙、血磷含量降低，引起肌肉神经兴奋性增高，导致肌肉抽搐或痉挛，进而引起甲状旁腺素分泌增加，导致破骨细胞活性增强，使骨盐溶出。同时抑制肾小管对磷的重吸收，使尿磷增多，血磷减少。结果血液中钙、磷沉积降低，致使钙、磷不能在骨生长区的基质中沉积而转化为骨质，还使原有形成骨骼脱钙，引起骨骼病变。在幼龄（生长期）动物，成骨作用受阻，发生佝偻病；在成年动物，骨盐不断溶解（进行性脱钙），发生骨软症。

3. 症状

仔鹿表现佝偻病的症状，妊娠母兽产弱胎、死胎、畸形胎。初期表现为食欲减退，生长缓慢，跛行，关节肿大、疼痛；x 线检查骨骺板增宽，为正常的 3~5 倍；血清钙和磷含量往往降低。后期表现包括骨盆骨在内的骨骼变形，病理性骨折及截瘫。

4. 诊断

根据临床症状和病因可做初步诊断，X 线及碱性磷酸酶活性测定可帮助诊断。

5. 防治

治疗使用维生素 D 制剂。内服鱼肝油，仔鹿 5~10ml 或皮下或肌内注射维生素 D_2 胶性钙注射液，鹿 1 万~2 万 IU。维生素 D_2 肌内注射，按 0.15 万~0.3 万 IU/kg·w，也可选用1, 25 – 二羟钙化醇进行治疗。平时应加强饲养管理，鹿舍内光线要充足和添加维生素 D，增加鹿的室外运动。

（三）维生素 E 缺乏症

维生素 E 缺乏症是机体内生育酚缺乏或不足所引起的一种营养代谢病。仔鹿为肌营养不良，成鹿主要为繁殖障碍。维生素 E 又叫生育酚，是一种抗氧化剂，主要调节体内的氧化过程。动物体内维生素 E 缺乏时，幼鹿表现为肌营养不良，母鹿表现为不孕、死胎或流产，公鹿睾丸上皮变性，精液品质下降。且往往与硒缺乏并发，特称为硒—维生素 E 缺乏症。维生素 E 是一种天然的脂溶性物质。1820 年，Matthll 和 Gonklin 首先发现了缺乏维生素 E 的效应，即给大鼠以特殊的奶品食物会使它生育异常。1922 年，Erans 和 Bishop 又指出，这种异常可以用麦胚油来预防。1936 年 Evans 及其同事们分离出维生素 E 并确定其结构，又于 1938 年进行了合成。据目前所知，自然界共有 8 种类似物存在，即 α、β、γ、δ 生育酚和生育胺酚（tocotrienol）。但以 α - 生育酚抗不育的活性最大，且在动物组织中 90% 都是它，故一般饲料中只计 α - 生育酚。天然的生育酚都是 D - 型，而人工合成的为 DL - 型。D - 型比 DL - 型活性大。供药用的维生素 E 多半是 DL - α 生育酚的醋酸酯。

1. 病因

维生素 E 广泛存在于动植物饲料中，尤其是胚芽中最多，通常状况下不致于引起缺乏症，但维生素 E 是强的氧化剂，容易受到曝晒、发酵、水浸、烘烤而失效。维生素 E 为脂溶性的，它随脂肪进入体内，必须在胆汁协助下，才能被吸收。因此当遇到下列情况之一，则可能产生缺乏。

（1）饲料中维生素 E 含量不足　稿秆、块根饲料维生素 E 含量极少；或饲料加工贮存不当，如饲料干燥或碾磨时，其中的氧化酶可破坏维生素 E；饲料中加入矿物质或脂肪，增进维生素 E 的氧化；经丙酸或氢氧化钠处理过的谷物，维生素 E 含量明显减少；潮湿谷物存放 1 个月，维生素 E 含量降低 50%；贮存 6 个月，其含量极微。

（2）饲料中含过量的不饱和脂肪酸　鱼肝油、鱼粉、猪油、亚麻油、豆油、玉米油等脂类物质常作为添加剂掺入日粮中，其富含的不饱和脂肪酸酸败时可产生过氧化物，促进维生素 E 氧化。

（3）维生素 E 需要量增加　生长动物、妊娠母鹿对维生素 E 的需要量比成年公鹿多。饲料中硒含量低于 0.05mg/kg 时，机体对维生素 E 的需要明显增加。在继发其他疾病时，由于维生素 E 在肝中贮存量减少，而利用或破坏反而增加，故肝中维生素 E 含量及浓度降低。

2. 发病机制

维生素 E 缺乏时，雄性动物睾丸发育不全，精子活力下降，继而精子退化缺尾，无活力，最后精小管上皮萎缩，不产生精子，性机能消失；雌性动物主要影响胎儿及胎盘的发育，最后胚胎吸收消失。研究表明，维生素 E 还参与稳定膜结构及调节膜结合酶活性，通过抗氧化作用，防止生物膜的不饱和脂肪酸氧化和过氧化及清除自由基，实现对膜脂质的保护效应；维生素 E 缺乏时，生物膜的功能、形态和脂类成分发生改变，膜中高度不饱和脂肪酸含量降低，而饱和度高的脂肪酸含量增加。在生物膜的脂质—球蛋白流体镶嵌模型中，类脂双分子层的液晶态的维持与相对温度较低的脂质有关。脂质中的脂酸碳氢链越短，越不饱和，其相对温度就越低；如果脂质中脂酸的饱和度增高，则相变温度升高，膜脂质处于非流动性的结晶态而影响膜的正常功能。临床上可引起肝脂肪浸润、横纹肌坏死等现象。

3. 症状

仔鹿有两种表现，一种为心型，多呈急性经过。由于心肌变性、坏死，仔鹿在活动时多突然发生心力衰竭而死亡。另一种为肌型，白肌病表现，多呈慢性经过。由于骨骼肌变性坏死而出现运动障碍，严重时后躯麻痹卧地不起。部分出现发育缓慢，消化紊乱，顽固性腹泻。成鹿主要表象为繁殖障碍。

4. 病理变化

主要以白肌病变化为主，心肌变性坏死，肝营养不良。

5. 诊断

依据临床表现、病理变化、防治试验和实验室检查，以及血液和肝脏维生素 E 含量的测定，可作为评价鹿体内维生素 E 状态的可靠指标。

6. 防治

治疗用醋酸生育酚内服、皮下或肌内注射，仔鹿 0.5～1.0g，每日 1 次，连用 10d，或口服维生素 E 丸。预防上，对配种、妊娠和哺乳期，必须给予新鲜的脂肪含量适中的饲料，减少饲料中不饱和脂肪酸含量，合理加工、贮存饲料。喂饲青草和优质干草，增添谷物饲料或添加0.5%植物油，如小麦胚油，或添加维生素 E 10～20mg/kg。

三、梅花鹿常量矿物元素代谢病

（一）钙磷代谢障碍

又称纤维性骨营养不良，是由于成年鹿钙、磷代谢障碍，骨组织呈现进行性脱钙及结缔组织增生的一种慢性疾病。临床上以骨骼肿胀变形，尤以面骨和长骨端显著为特征。四季均可发生。而冬末春初寒冷，日照少时更为多见。

1. 病因

主要是饲料中钙、磷含量不足或比例失当；饲料中植酸盐过多，影响钙的吸收，钙过多，又有脱磷作用；鹿有挑食的恶习，促使钙、磷摄人比例失当或饲料中含草酸、氟过高。夺取饲料和骨骼中的钙等可促进本病发生。管理不当，主要是运动不足，缺乏日照，以致皮肤内的维生素 D_3 原无法转变成维生素 D_3，造成维生素 D_3 缺乏或不足，影响钙的吸收。另外，机体消化机能障碍，影响钙、磷吸收甚至促进其排泄。甲状旁腺机能亢进，骨钙入血增多，骨基质合成减速。维生素 D 在肝肾内转化成1，25－二羟钙化醇过程障碍，钙在小肠内吸收和肾小管对钙、磷回收减少，骨盐生成、骨骼钙化受阻等机体内部因素，均可促发本病。

2. 发病机理

日粮中钙不足或磷过剩而钙、磷比例不当，均可导致机体钙、磷代谢紊乱。血钙对甲状旁腺机能具有负反馈调节作用，血磷过高将使血液钙离子浓度下降，反射性的使甲状旁腺激素（PTH）分泌增加。PTH 的主要靶器官是骨路、肾小管和肠黏膜细胞，PTH 可激活细胞膜上的腺苷酸环化酶系统，进而使 ATP 转变为环—磷酸腺苷（cATP）和焦磷酸。细胞内 cATP 浓度升高会使线粒体内的 Ca^{2+} 移入细胞液，焦磷酸则促进细胞外的 Ca^{2+} 透入细胞。因此，细胞液中 Ca^{2+} 浓度升高，而血钙则暂时下降。细胞液中 Ca^{2+} 浓度升高会刺激细胞膜上的钙泵，将细胞内的 Ca^{2+} 排入细胞外液，引起血钙升高。同时，PTH 使未分化的间叶细胞液中的 Ca^{2+} 浓度升高后，可促进其 RNA 的合成，使之转化分裂为破骨细胞，从而增加了破骨细胞的数量。破骨细胞细胞液中的 Ca^{2+} 浓度升高后，会使溶酶体释放各种水解酶，一方面可将骨母细胞组织中的胶原和黏多糖水解；另一方面抑制异柠檬酸脱氢酶的活性，使柠檬酸和乳酸浓度升高，扩散到细胞外，促进骨盐溶解。在钙被动员溶出的同时，磷酸盐也被同时溶出，使血磷浓度更高，并抑制了小肠对钙的吸收，加重钙的负平衡，更促进骨钙溶解。同时，还可抑制破骨细胞向骨细胞转化。最终导致骨质脱钙、溶解、骨质疏松，继而使结缔组织增生而发展成为纤维性骨营养不良。在典型的纤维性骨营养不良病例中，骨组织被出现大量多核破骨细胞和破骨细胞性巨细胞，以及薄片样骨组织消失，因此在组织学上能发现骨组织被广泛破坏，骨样组织的骨小梁零乱的排列，通过钙化组织被吸收后所造成的间隙被纤维结缔组织所填充，这就是骨纤维化和增大的原因。

3. 症状

初期，病鹿精神沉郁，喜卧少立，背腰发硬，站立时两后肢频频交替，运步时步样强拘。有时出现反复发作的原因不明的一肢或数肢跛行，且时轻时重。同时出现消化紊乱、挑食，有异嗜癖，排粪干稀交替，常混有多量未消化的饲料。病情进一步发展，骨骼肿胀变形，多数病鹿首先出现头骨肿胀变形，下颌骨肥厚，骨骼变得疏松，咀嚼困难。有的鼻骨肿胀致使鼻腔狭窄，呈现呼吸困难。其次是四肢关节肿胀变粗，或其他关节变形，长骨端增大或有外生骨疣及骨端愈着现象。病至后期，病鹿往往卧地不起，骨质疏松脆弱，稍遇外力即易骨折，穿刺时容易刺人。逐渐消瘦陷于衰竭，尿液透明澄清，呈酸性反应。无并发症时，体温、呼吸、脉搏变化不明显。本病多取慢性经过，可持续数月乃至数年。轻症者，除去病因，加强饲养管理，必要时适当治疗，很快可愈。重症者，出现骨组织严重变化，则预后可疑。

4. 病理变化

骨骼明显疏松肿胀，颊骨、鼻骨及长骨部分被纤维组织取代，呈现纤维化。并且骨髓亦为同样的纤维组织所置换。此外，还可见关节周围结缔组织

第六节 梅花鹿营养代谢病

增生，甲状旁腺不同程度肥大，肾细尿管和血管壁出现钙盐沉着。

5. 诊断

根据本病发生呈一定地方性和季节性，临床特征以及额骨穿刺、饲料成分分析等，通常不难诊断。血钙血磷测定无特殊临床意义，严重者出现血清钙含量下降，磷含量和碱性磷酸酶（AKP）及同工酶活性升高。调整饲料钙、磷作治疗性诊断，也有参考意义。

6. 防治

原则上一般是医护结合，及时补钙和调整钙、磷比例，促进骨盐沉积。调整日粮内钙、磷比例，注意饲料搭配。同时病鹿要注意适当运动，多晒太阳，并尽量运动。应用钙剂，可用优质低氟的磷酸氢钙（其中钙含量大于20%，磷含量大于13%，氟含量低于0.18%）添加于饲料中喂给，每日25～30g，分3次给予。还可用骨化醇液5～10ml，或精制鱼肝油3～5ml，分点肌内注射，隔5～7日注射1次。中药疗法对本病疗效较佳，可用益智散。预防主要在于合理饲养，补足钙、磷和调整日粮内钙、磷比例。对影响钙、磷吸收的饲料，先做适当处理，并加强管理，适当运动，多晒太阳。

（二）骨软病

骨软病是成年鹿在软骨骨化已完成后发生的骨质呈进行性脱钙，未钙化的骨基质过剩而致骨质疏松的一种慢性骨营养不良病。临床上以运动障碍和骨骼变形为特征。

1. 病因

一般多认为本病主要是由饲料内磷缺乏或不足，以致钙、磷比例失调而引起。除了由人工调配的饲料来摄取必要的磷外，鹿还可通过舔触土壤，采食牧草来获得。若鹿从这些途径所获磷不足或其他元素如钙、铁过多，或锌、铜、锰等不足，以及大剂量的维生素A或维生素D缺乏，均可影响鹿对磷的利用而发生骨软病。临床上常有关于单纯补钙，忽视补磷而发生骨软病的报道。

2. 发病机制

由于钙、磷代谢紊乱和调节障碍，溶骨的作用加强，骨骼发生明显的脱钙，呈现骨质软化，同时又被过度形成的未曾钙化的骨样基质所代替。它与佝偻病的主要区别在于不存在软骨内骨化方面的代谢扰乱。在骨骼代谢过程中，骨盐与血液中钙、磷保持不断交换，即不断地进行着矿物质沉着的成骨过程与矿物质溶出的破骨过程，两者之间维持着动态平衡。如果严重磷缺乏，血磷浓度明显下降，为了保持钙、磷正常比例，以便满足生理需要，特别是保证妊娠、泌乳和内源性钙、磷的需要，甲状旁腺素大量分泌，致使骨盐溶解，从而维持血磷稳定。然而骨骼中钙、磷溶解后，偏多的血钙可经尿液排泄，并随之带走部分磷，致使骨盐进一步溶解，骨骼发生进行性脱钙，未钙化骨质过度形成，结果骨骼变得疏松、脆弱，常常变形，易发生病理性骨折。研究表明，生长激素（GH）的促进合成代谢作用有利于骨钙化、骨形成。GH 可刺激肝内及骨内胰岛素样生长因子（IGF）的生成。成骨细胞上有 GH 和 IGF－1 的受体，IGF－1 促进成骨细胞的增生和分化。研究还表明，IGF－1 还可刺激骨钙素（Osleocalcin，OC）和骨保护素（Osteoprolegerin，OPG）的形成。OC 可增加破骨细胞的分化和骨吸收。OPG 能抑制破骨细胞生成，阻断破骨细胞病理性增生、活化。

3. 症状

主要出现消化紊乱，异嗜癖，跛行及骨骼系统严重变化等特征。病鹿最初出现消化紊乱，有明显的异嗜癖，常因吞食异物而继发食管阻塞、创伤性网胃炎等。其后呈现跛行，四肢僵直，后躯摇摆，运步不灵活，或四肢交替出现跛行，拱背站立，常卧地不愿起立。妊娠母鹿，产后跛行加剧，严重者常出现后肢瘫痪。由于骨骼都伴有严重脱钙，脊柱、肋和四肢关节疼痛，外形异常。可能出现尾椎骨排列移位、变形甚至变软、萎缩，最后几个椎体消失。骨盆变形，严重者可发生难产。肋骨与肋软骨接合部肿胀易折断。卧地时由于四肢屈曲不灵活，常摔倒而致腓肠肌肌腱剥脱。临床血液学检查，病鹿血液内钙、磷含量变化不大。有资料报道，在该病的发病机制和诊断中最有意义的指标是血液中游离的羟脯氨酸量的改变。长骨的 X 射线检查，骨影显示骨密度降低，皮层变薄，甚至有最后 1～2 尾椎骨愈着或椎体被吸收而消失。

4. 病理变化

管状骨的哈佛氏管扩大，皮层界限不清，骨小梁消失，骨组织多孔而未钙化的骨基质增多，骨质疏松。

5. 诊断

根据日粮组成中缺磷的生活史，慢性消化紊乱和异嗜，骨骼肿胀变形，血液中游离羟脯氨酸增多以及骨密度测定等。不难作出诊断。同时应与生产瘫痪，慢性氟中毒进行鉴别。

6. 防治

本病治疗重在补磷，可给予骨粉，内服，每日 10～30g，连续应用。或肌内注射维丁胶钙注射液 5～10ml，连续 3～5d。严重病例同时应配合无机磷酸盐进行治疗，20% 磷酸二氢钠溶液 100～300ml，或是 35% 次磷酸钙溶液 500ml，静脉注射每天 1 次，连用 3～5d。预防主要在于调整草料内磷、钙含量及比例，饲喂磷含量充足、富于维生素 D 的饲料，尤其注意使饲料多样化，防止饲料过于单一，并适当运动。

（三）佝偻病

佝偻病是仔鹿在生长发育期因维生素 D 缺乏、或钙和（或）磷缺乏、或钙磷比例失调引起代谢障碍所致的骨营养不良性疾病。本病常见于冬末春初季节的育成鹿。临床特征是消化紊乱、异嗜癖、跛行及骨骼变形。病理特征为成骨细胞钙化作用不足、持久性软骨肥大及骨骺增大的暂时钙化作用不全。

1. 病因

仔鹿的饲料中钙、磷元素缺乏与比例失调，或者维生素 D 缺乏，都是发生佝偻病的直接原因。机体中钙量不足时，钙与磷的最适比例发生紊乱，使骨组织、软骨组织钙化不足。

在骨骼骨化过程中，维生素 D 起着很大的作用，它能刺激骨组织集聚钙质并能调节钙与磷之间数量的比例，维生素 D 缺乏，这一调控机制受到破坏。使大多数器官的正常机能都发生紊乱。

2. 发病机理

骨基质钙化不足是发生佝偻病的病理基础，而维生素 D 则是促进骨骼钙化作用的主要因子。钙、磷的吸收与排泄，血钙与血磷的水平，机体各组织对钙磷的摄取利用和贮存等都是在活性维生素 D、甲状旁腺激素及降钙素的调节下进行的。维生素 D_3 是一种激素原，只有先在肝维生素 D_3-25- 羟化酶作用下，羟化成 $25-（OH）-D_3$，然后在肾 $25-（OH）-D_3-1$ 羟化酶作用下，羟化成 $1，25-（OH）_2-D_3$，才具有较强的生理活性。其调节作用体现在以下三方面：

（1）促进小肠近端对钙的吸收 远端对磷的吸收 对钙吸收的促进作用首先表现在促进钙结合蛋白（CaBP）的合成，游离的 $1，25-（OH）_2-D_3$ 可以穿透肠黏膜靶细胞膜，结合到细胞浆的受体上，随后这种复合物转入细胞核，再结合到核染色质的特异性受体上，通过信使 RNA 合成，刺激基因表达并合成钙依赖性蛋白质 CaBP 和钙 – ATP 酶。肠黏膜细胞的纤毛上含有大量的钙依赖性酶，例如 Ca – ATP 酶碱性磷酸酶，它们与 CaBP 一道有专性捕获肠腔中 Ca^{2+}，并使 Ca^{2+} 从低浓度的肠腔内向高浓度的细胞浆内转移。并在基底膜上与血浆中的钠离子交换以后入血，再与 α – 球蛋白结合后使 Ca^{2+} 在血浆内运输，在肠黏膜细胞内，$1，25-（OH）_2-D_3$ 可促使钙只能从肠腔向肠黏膜基底部传递的定向运动。

（2）促进肾小管对钙的吸收 肾小管上皮细胞也可合成 CaBP，可使原尿中 Ca^{2+} 被重新吸收入血。这一作用是在 $1，25-（OH）_2-D_3$ 作用下产生的。

（3）促进骨骼中 Ca^{2+} 的运动 骨细胞也是 $1，25-（OH）_2-D_3$ 的靶细胞。研究证实，在骨松质和软骨生长板内也有 $1，25-（OH）_2-D_3$ 依耐性 CaBP，在年轻动物，其骨骼的有序生长和软骨生长板的矿化作用中需要 $1，25-（OH）_2-D_3$。在缺乏时，软骨生长板内的软骨细胞线粒体上的矿化质粒上没有 Ca^{2+} 积聚，软骨基质中不产生矿化作用，因而骺端软骨肥大，无规则地增厚。而羟化的维生素 D 可使这一现象重归有序化，并在骨表面形成钙化作用。

3. 临床症状与病理变化

食欲减退，异嗜，消化不良及下痢。不愿起立和运动，人工驱赶时，四肢强拘，弓腰弯背。若站立较久时，则肢体肌肉震颤，带有痛感。轻症者呈现跛行，精神倦怠，不爱吃食，消化不良，进而出现顽固性胃肠卡他。后期关节肿大，尤其球节结节状肿胀特别明显。前肢多呈内弧形，后肢呈 "X"

267

状。剖检可看到骨骼的显著变形，骨端肥厚，骨干或多或少变形和肥厚。在肋骨端有念珠状突起。骨组织本身往往较正常的软。骨膜充血并肥厚，特别是在腱和肌肉固着的地方尤为明显，漕状骨中的黄色骨髓呈现胶冻状和有发红现象。除骨组织的变化外，还可看到吸呼器官慢性卡他与贫血的特征。

4. 诊断

X 线检查及血清钙、磷水平测定对诊断有帮助意义，但疾病早期骨骼变化不明显，不利于早期诊断。血清 AKP 同工酶活性检测，对诊断有重要意义，如骨碱性磷酸酶（Bone alkalin ephosphatase，BALP），BALP 是碱性磷酸酶同工酶中的一种亚型，由成骨细胞合成。佝偻病时体内维生素 D 缺乏，骨钙化不良，成骨细胞活跃，血浆 BALP 活性升高。BALP 直接反映成骨细胞的活性，是反映骨生长障碍最特异、最敏感的指标。

5. 防治

在药物治疗上，育成鹿每日可以喂给碳酸钙 5 ~ 10g，或骨粉或蛋壳粉 10 ~ 30g 并内服鱼肝油 10 ~ 100ml，应连续应用，也可肌内注射 1 000 ~ 2 000IU。预防要饲喂富含维生素 D_3 及钙、磷饲料，如青绿多汁饲料、青贮饲料、上等干草等及补给骨粉、蛋壳粉、磷酸钙。尤其要使饲料多样化，防止饲料过于单纯。冬季幼鹿阳光照射必须充分，运动一定要充足。所以鹿圈必须宽敞，光照和通风良好，以满足其生理上的要求。

四、梅花鹿微量元素代谢病

（一）梅花鹿铜缺乏症

铜缺乏症主要是由于体内微量元素铜缺乏或不足，而引起的以贫血、拉稀、被毛褪色、皮肤角化不全、共济失调、骨和关节肿大、机体消瘦、生长受阻和繁殖障碍为特征的营养代谢病。本病又称为"晃腰病"。在圈养梅花鹿群中已有发病报道，但野生鹿群不发病。1928 年 Hart 研究了对喂乳汁而患贫血的大鼠添加铜和铁，可促进血红素的形成，直到此时人们才承认铜在营养学上的重要性。到了 20 世纪 30 年代中期，由于铜缺乏而引起的羊和牛的疾病在世界各个地区均有发生，人们对铜的营养认识才不断增加。1931 年，Neal 等首次报道了美国佛罗里达州一种被称为"盐性疾病"（Salt sick）

的牛病与铜缺乏有关，后来指出与缺铜有关的牛、羊疾病的临床特征是腹泻、食欲不佳和贫血，被称为"Lechsucht"。1937年，Bennets等指出，澳大利亚羔羊的"地方性运动失调病"（Enzooticataxia）是由于缺铜造成的，若在母羊妊娠期间补饲铜可预防此病。

1. 病因

铜缺乏症的原因分为原发性和继发性病因两种。原发性缺铜是因长期饲喂生长在低铜土壤上的饲草，土壤中通常含铜18～22mg/kg，植物中含铜11mg/kg。但在高度风化的沙土地，严重贫瘠的土壤，土壤铜含量仅为0.1～2mg/kg，植物中含铜仅为3～5mg/kg。土壤铜含量低引起饲料铜含量太少，导致铜摄入不足，称为单纯性缺铜症。

继发性缺铜症是土壤和日粮中含有充足的铜，但动物对铜的吸收受到干扰，主要是饲料中干扰铜吸收利用的物质如钼、硫等含量太多，如采食生长在高钼土壤上的植物（或牧草），或采食工矿钼污染的饲草，或饲喂硫酸钠、硫酸铵、蛋氨酸、胱氨酸等含硫过多的物质，经瘤胃微生物作用均转化为硫化物，形成一种难溶解的铜硫钼酸盐复合物（CuMoS4），降低铜的利用。钼浓度在10～100mg/kg（干物质计）以上，$Cu : Mo < 5 : 1$，易产生继发性缺铜。无机硫含量>0.4%，即使钼含量正常，也可产生继发性低铜症。除此以外，铜的颉颃因子还有锌、铅、镉、银、镍、锰、抗坏血酸等。饲料中的植酸盐过高、维生素C摄入量过多，都能干扰铜的吸收利用。即使铜含量正常，仍可造成铜摄入不足、铜排泄过多，引起铜缺乏症。

2. 发病机理

铜是体内许多酶的组成成分或活性中心。如与铁的利用有关的铜蓝蛋白酶，这是含铜的核心酶；与色素代谢有关的酪氨酸酶；与结缔组织有关的单胺氧化酶；与软骨生成有关的赖氨酰氧化酶；与过氧化作用有关的超氧化物歧化酶；与磷脂代谢有关的细胞色素氧化酶等，当机体缺铜后，这些酶活性下降，因而产生贫血、运动障碍、神经机能扰乱（神经脱髓鞘）、被毛褪色、关节变形、骨质疏松、血管壁弹性和繁殖能力下降。继发性缺铜症中，影响最大的物质是钼酸盐和硫。钼酸盐可以与铜形成钼酸铜或与硫化物形成硫化铜沉淀，影响铜的吸收；钼和硫可形成硫钼酸盐，特别是三硫钼酸盐和四硫钼酸盐，与瘤胃中可溶性蛋白质和铜形成复合物，降低了铜的可利用性。在含硫化合物中，钼酸盐可抑制硫酸盐转化为硫化物，有缓解硫对铜吸收的干扰作用。但如果是含硫氨基酸，钼酸盐有促使蛋氨酸等分子中硫形成硫化铜，因而有促进铜缺乏的作用。四硫钼酸盐在 pH 值 <5 时可还原为三硫钼酸盐。四硫钼酸盐与三硫钼酸盐在小肠内有封闭铜吸收的部位，可增加铜排泄，并使血铜浓度暂时升高。铜进入血液后，可与血液中白蛋白和硫钼酸盐形成 Cu－Mo－S 蛋白复合物，用三氯醋酸（TCA）可将这部分铜沉淀去除，构成了 TCA 不溶性铜，其结果肝脏铜贮备严重耗竭，肝铜含量降至 $15 \sim 5 mg/kg$ 以下，血铜浓度从高于正常而逐渐降低至 0.5mg/L 以下，并出现临床缺铜症。体内缺铜，使铜蓝蛋白酶活性下降，铁的利用受影响，造成低色素性贫血，酪氨酸酶活性下降，造成色素代谢障碍，引起被毛褐色，单胺氧化酶和细胞色素氧化酶活性下降，造成神经脱髓鞘作用和神经系统损伤，产生运动失调。由于体内二硫（－S－S－）键合成障碍，造成毛内巯基键（－SH）过多，使毛失去弹性，形成钢丝毛；由于赖氨酰氧化酶活性和单胺氧化酶活性下降，血管壁内锁链素和异锁链素增多，血管壁弹性下降，因而引起其动脉破裂及骨骼中胶原稳定性下降，骨端变形。

3. 临床症状

本病发生潜隐，发展缓慢，很难弄清确切发病时间。通常只有在快速驱赶时仔细观察方可发现。病鹿发病初期易疲劳，多卧少立，随群奔跑时常落后。症状加重时，出现明显的后躯摇晃，运动失调，特别是快跑而突然驻立时，后躯平衡失调，两后肢步伐紊乱而失去控制，产生两后肢继续向一侧偏转，甚至臀部移向前方。病鹿始终意识清楚，体表各部感觉正常，后躯发育无明显障碍。肌肉、韧带、骨骼及关节无异常变化。全身被毛粗乱，欠光泽，被毛颜色变淡，尤其是眼睛周围，形成明显的白眼圈，颈侧及胸腹下往往变成灰白色。口色淡，舌下存瘀。结膜及其他可视黏膜青白色。在没有其他并发症的情况下，体温、饮食欲、呼吸及粪便没有异常改变。病情发展缓慢，病程较长，一般为 1 ~ 2 年。在饲养管理条件优越的情况下，部分病鹿能存活 3 年以上。在此期间，生产性能受到一定影响，母鹿不易怀孕或易于流产，公鹿产茸量降低，部分茸形发育不良。随着病情发展，运动障碍越来越严重，后躯常常在行进中瘫软坐地，患鹿稍事休息后经努力重新站起行走，但步履蹒跚，运步艰难，很快又因失去平衡而坐地。这样，常常因同其他个体或障碍物碰撞而导致肢体损伤。由于病鹿运动障碍，无力抢食足够的饲料而逐渐消瘦衰弱，终因全身衰竭或并发感染而死。

4. 病理变化

主要集中于大脑白质和脊髓，大脑眼观可见有白质液化灶，灶内充满灰色胶样易凝固的液体，或为空洞，双侧者居多，单侧者少见，脑脊髓脱髓鞘、大脑、中脑、延脑的某些多极神经元和脊髓灰质的中间联络神经元和腹角运动神经元变性坏死等。有人对脊髓白质作超微结构观察，发现其轴突和髓鞘结构变化的顺序是，首先轴突逐渐变性，轴突原浆呈颗粒状或空泡状，接着髓鞘开始变性坏死，终至髓鞘脱失破坏。神经系统血管发生胶原明显增生，血管壁增厚，管腔变窄。弹性纤维变性，断裂等病损。另外，肝、脾、肾等还可能有含铁血黄色素的广泛沉积，肝细胞异常肿大，细胞质内线粒体膨胀，以及皮下结缔组织的弹性纤维和大动脉中膜弹性纤维均可见明显的变性、凝集及断裂等病变。

5. 诊断

根据该病发病特点、症状、血清铜、肝铜及毛铜含量显著降低，脑、脊髓神经脱髓鞘及贫血等病理变化即可确诊。同时注意与腰扭伤、风湿病等相区别。

6. 防治

补铜是治疗本病的基本措施，但由于鹿往往同时缺乏其他一些微量元素，单纯补铜效果往往不理想。如病畜已产生脱髓鞘作用，或心肌损伤，则难以恢复。预防性补铜：在低铜草地上，如 pH 值偏低可施用含铜肥料。每5.6kg/ha 硫酸铜，可提高血清肝脏中的铜浓度。1 次喷洒可保持 3~4 年。预防性盐砖中含铜量，国外目前正在实践。用 EDTA 铜钙、甘氨酸铜或氨基乙酸铜与矿物油混合作皮下注射，效果很好。另外，日粮添加蛋氨酸铜10mg/kg，亦可预防铜缺乏症。

（二）硒缺乏症

硒缺乏症是由于鹿摄入硒不足所致的营养代谢障碍综合征。临床表现及病理改变较为复杂，常见有白肌病、营养性肝病、幼鹿贫血及腹泻等。本病一年四季均可发生，各年龄的鹿都有发病，以幼鹿居多，发病具有一定地区性。1817 年瑞典化学家 Berzelius 从硫磺中分离出硒元素，1875 年，美国人 Madison 认为硒是有毒元素，引起军马中毒，即碱病。1957 年 Schwarz 发现硒能有效防治大鼠肝坏死和雏鸡出血性素质，并认为硒是动物机体必需的微量元素。1973 年 Rotruck 首先发现第一个含硒酶——谷胱甘肽过氧化物酶；1985 年 Ursini 发现第二个含硒酶——磷脂氢谷胱甘肽过氧化物酶。后来科学家们陆续发现不同的含硒酶。

我国东北、内蒙古、华北、西北、四川、云南等有 10 多个省（区）都是位于缺硒地带，可称谓是世界范围的动物缺硒病区域。硒缺乏也是人的地方性心肌病，即所谓"克山病"的一个病因。

1. 病因

饲料中硒含量不足是本病的直接原因，而饲料中硒不足又源于土壤硒不足，维生素 E 缺乏是硒缺乏症的合并因素。维生素 E 缺乏时，可促使硒缺乏症的发生。饲料中不饱和脂肪酸可促进维生素 E 氧化，增加发病。

另外，应激是硒缺乏症的诱发因素。饲喂硒的颉颃元素如铜、银、锌及硫酸盐等，可使硒的吸收和利用率降低。即使日粮中硒含量充足，也可能发生硒缺乏症。

2. 临床症状

急性病例常未发现症状而突然死亡。尤其在出生后两月龄以下的仔鹿群中多发。慢性发病者，病鹿不愿活动，继而站立困难，起立时四肢叉开，头颈向前伸直或头下垂，脊背弯曲，腰部肌肉僵硬，全身肌肉紧张，步态蹒跚，多数呈现跛行。呼吸迫促，心动疾速，节律不整。体温正常或稍高，后期则略下降。排酸臭粥样稀便，有时排水样便，并混有肠黏膜和血液。病至后期食欲废绝，卧地不起，呈角弓反张，最后因心肌麻痹和高度呼吸困难而死亡，少数病例出现角膜高度肿胀，虹膜眼前房等处呈现浑浊，视力减弱或失明。

3. 病理变化

主要有可视黏膜苍白，肌肉呈白肌病变化，骨骼肌颜色淡，骨骼肌病变较严重部位有肩胛、胸、颈、臂部肌肉及膈肌、舌肌等，特别是背最长肌、腰肌等处更为严重。肌肉病变为左右对称性出现，多数病例的肌肉如鱼肉样。有的肌肉间质疏松，结缔组织中有多量黄色胶样浸润，其中主要特征是正常肌肉间夹杂坏死的灰白条纹状的肌纤维束，肌肉横切面有白色束状坏死灶。心脏扩张，心肌色淡，呈淡红褐色，沿肌纤维走向有淡黄色混浊无光的不规则条纹病灶。横切面可见心肌纤维间夹杂着灰白色大小不等的坏死灶。心冠脂肪变性，呈透明胶冻状。心室变薄，心腔内积满大量凝固不全的血液。肝脏肿大，颜色较淡，大面积脂肪变性，呈黄红、灰相间的花纹状。间质结缔组织疏松水肿。脾脏大小正常或缩小，被膜灰白色，少数病例有少量针尖大小出血点，从切面上看，红髓、白髓、脾小梁等明显可见。肾脏肿大，黄褐色或黄白色，包膜易剥离，部分病例肾盂有黄色胶样浸润。胃黏膜潮红、水肿并有大量透明黏液覆盖，有条状出血。小肠中含有稀液状恶臭的微黄色或淡灰色内容物，偶尔有微红色黏液，并混有气泡，小肠黏膜潮红，或有出血点。肠淋巴滤泡肿胀，黏膜下肌层水肿，肠系膜淋巴结肿大。

4. 临床诊断

主要诊断依据为本病的流行病学调查，临床症状，病理变化，治疗试验和临床检验等。依赖硒的酶，即谷胱甘肽过氧化物酶，是机体硒状态的可靠指标，该酶活性与饲料硒含量及血液组织和毛硒含量呈正相关，一般在肝内活性为最高。其次硒含量的检测不仅是评价动物体内硒状态的可靠指标，而且也是诊断硒缺乏症的重要指标。一般认为，土壤和饲料硒含量可提供动物体内硒状态的背景资料，血液和乳汁硒含量可作为近期硒状态的指标，而毛硒则反映远期硒状态。

5. 防治

主要原则是及时补充硒与维生素 E，肌内或皮下注射 0.1% 亚硒酸钠，剂量为成鹿 5ml，仔鹿 2～3ml，维生素 E 20～50mg，间隔 1～2d，再注射 1次，效果显著。硒缺乏严重地区，每隔 3 个月重复注射 1 次。若经口投服，1 次投服亚硒酸钠 1～5mg，维生素 E 50～80mg 即可，每隔 3 个月投服 1 次，防治效果较好。在预防上，尽可能供给硒和维生素 E 含量丰富的饲料，对妊娠母鹿还应格外补充矿物质和微量元素等。一般可通过饲料添加硒 0.1～

0.2mg/kg，并适当配合补充维生素 E，可有效地防止本病发生，而且可满足鹿生长发育及繁殖的需要。另外，瘤胃内投放硒丸及缺硒地区土壤表面施含硒肥，均是防止本病的安全可靠又经济实用的方法。但所有这些措施均需注意严格剂量并充分混匀，以防适得其反，发生硒中毒事件。

（三）梅花鹿锌缺乏症

锌缺乏症是由于饲料中锌含量绝对或相对不足所引起的一种营养缺乏症。临床特征是：生长缓慢、皮肤皲裂、皮屑增多、蹄壳变形、开裂、甚至磨穿、繁殖机能障碍及骨骼发育异常。主要见于仔鹿。自从 1869 年发现锌与生物的生长发育有关以后，直到 1934 年 Bertrand 等和 Todd 等几乎同时发现大鼠的锌缺乏症，证实锌为动物体的必需元素；1955 年，Tucker 等发现缺锌为皮肤角化不全的原因，Morrison 等学者报道了鸡的缺锌症。1957 年 Vellee 等指出，人的某些代谢异常与锌有关，如人的酒精性肝硬变；另一些学者预示锌在其他代谢过程中的作用，包括维持男子性腺的完整性，以及皮肤、眼睛和骨路的健康。1958 年，Dell 等指出，缺锌引起生长缓慢和骨骼发育不良。动物锌缺乏症在许多国家都有发生。据调查，美国 50 个州中有 39 个州土壤需要施锌肥，约有 400 万人患有不同程度的缺锌症。我国北京、河北、湖南、江西、江苏、新疆维吾尔自治区（全书简称新疆）、四川等省（区、市）有 30%～50% 的土壤属缺锌土壤。

1. 病因

原发性缺乏：土壤中锌不足是主要原因，导致饲料中锌含量不足。正常土壤含锌 30～1 000mg/kg，如低于 30mg/kg，饲料低于 20mg/kg 时则可引起发病。我国土壤锌含量变动在 10～300mg/kg，平均为 100mg/kg，总的趋势是南方的土壤锌高于北方，北方由石灰石风化的土壤、盐碱土及大量石灰改造的土壤中锌含量低，或不易被植物吸收。当土壤锌低于 10mg/kg 时，极易引起动物发病。

继发性缺乏：主要是饲料中存在干扰锌吸收利用的因素。已发现干扰锌吸收的有钙、磷、铜、铁、铬、碘、镉及钼等元素。高钙日粮可降低锌的吸收，增加粪尿中锌的排泄量，减少锌在体内的沉积。饲料中 Ca：Zn ＝（100～150）：1 为宜，饲料中植酸、维生素含量过高也干扰锌的吸收。另外，当鹿消化机能障碍，慢性拉稀，可影响由胰腺分泌的"锌结合因子"（zinc binding factors）在肠腔内停留，而引起锌摄入不足，造成缺乏。

2. 发病机理

锌参与多种酶、核酸及蛋白质的合成。锌有"生命的火花"之称。锌是目前已知六大类酶（氧化还原酶、转移酶、水解酶、聚合酶、异构酶及连接酶）中有 80 种以上酶中都含有锌，缺锌时含锌酶的活性降低、胱氨酸、蛋氨酸代谢紊乱，谷胱甘肽、DNA、RNA 合成减少，细胞分裂、生长受阻，生长停滞，增重缓慢。锌是味觉素（gustin）的构成成分，每个味觉素内含 2 个锌原子。缺锌则可使食欲下降，采食减少。锌参与激素合成并与某些激素活性有关，缺锌时性激素浓度下降。锌可通过垂体—促性腺激素—性腺途径影响精子的生成、成活、发育及维生素 A 作用的发挥。缺锌时可引起公畜睾丸萎缩，生殖能力下降，顽固的夜盲症。补充维生素 A 不能治疗，补充锌则可很快治愈。缺锌可使母畜卵巢发育停滞，子宫上皮发育障碍，影响母畜繁殖机能。锌作为碱性磷酸酶的成分，参与成骨过程，锌缺乏时，易得骨质疏松症。同时，锌对生长发育和组织再生有重要意义，缺锌使皮肤胶原合成减少，胶原交联异常，表皮角化障碍。另外，研究认为锌对机体免疫有促进作用。

3. 临床症状

锌缺乏可出现食欲减退，成鹿生殖机能下降，仔鹿生长发育缓慢或停滞，骨骼发育障碍，骨短、粗，长骨弯曲，关节肿胀变形，运步僵硬，蹄冠、关节、肘部、膝关节及腕部肿胀，膝关节软肿，患处掉毛。牙周出血，牙龈溃疡，皮肤角化不全，皮肤粗糙、增厚、起皱，甚至出现裂隙。皮肤角质化增生和掉毛、擦痒，免疫功能缺陷及胚胎畸形。

4. 临床诊断

根据临床症状，如皮屑增多，掉毛、皮肤开裂，经久不愈，骨短粗等而作初步诊断。补锌后经 1~3 周，临床异常迅速好转。饲料中钙、磷、锌含量测定，钙、锌比率的测定，可有助于诊断。但应防止滞后效应，产生临床缺锌症状的饲料，目前可能已不再饲喂，应具体分析所测数据。诊断本病时应与螨病、湿疹、锰缺乏、维生素 A 缺乏、烟酸、泛酸缺乏等相区别。

5. 防治

鹿群出现本病，应保证日粮中含有足够的锌，应迅速调整饲料锌含量，可增加0.02%的碳酸锌（100mg/kg），肌内注射剂量按2~4mg/kg体重，连续10d，补锌后食欲迅速恢复，3~5周内皮肤症状消失。使 Ca：Zn=100：1，鹿对锌的需要量一般在35~45mg/kg，但因饲料中干扰因素影响，常在此基础上再增加50%的量可防止锌缺乏症。如增加一倍量还可提高机体抵抗力，机体增重加快。地区性缺锌可施用锌肥。每公顷施7.5~22.5kg硫酸锌，或拌在有机肥内施用，国外施用更大。此法对防治植物缺锌有效，但代价大。锌相对锌相对是无毒的，许多动物能耐受含1 000~2 000mg/kg的锌日粮对生长发育、繁殖没有影响，但如果饲料中锌过多，亦可产生锌中毒。所以预防和治疗缺锌症时注意添加量及预防和治疗时间。

（四）梅花鹿锰缺乏症

锰缺乏症是因饲料中锰含量绝对或相对不足所致的一种营养缺乏病，临床上以生长停滞、骨骼畸形、繁殖机能障碍及新生畜运动失调为特征。1913年，Bartrand 和 Medigreceanu 在动物组织化学成分的研究过程中，第一次指出动植物组织器官中锰的含量是相对稳定的，且明显地集中在生殖器官中；1931 年 Kemmere、Elvehjem 和 Haft 首先指出，锰是动物营养中的必需元素；同年 Waddell 等指出，大鼠需要锰，并且随着锰缺乏死亡率升高，睾丸变性和乳汁分泌减少；1937 年，Wilgus 等发现鸡的骨短粗病、滑腱病、破行与锰缺乏有关。

1. 病因

原发性锰缺乏症是饲草饲料锰含量不足，土壤缺锰是根本原因，砂土和泥炭土含锰不足，呈地方流行性。当土壤锰含量低于3mg/kg，活性锰低于0.1mg/kg，即可能引起锰缺乏。我国缺锰土壤多分布于北方地区，主要是质地较松的石灰性土壤，因为土壤 pH 值大于6.5，锰以高价状态存在，不易被植物吸收。各种植物中锰含量相差很大，白羽扇豆是高度锰富集植物，其中锰含量可达817~3 397mg/kg；大多数植物在100~800mg/kg，如小麦、燕麦、麸皮、米糠等应能满足动物生长需要。但是，玉米、大麦、大豆含锰很低，分别为5mg/kg、25mg/kg 和 29.8mg/kg，若以其作为基础日粮，可造成锰缺乏或锰不足。饲料中胆碱、烟酸、生物素及维生素 B_2、维生素 B_{12}、维生素 D 等不足，机体对锰的需要量增多。

继发性锰缺乏：饲料中钙、磷、铁、钴元素可影响锰的吸收利用，饲料磷酸钙含量过高，可影响肠道对锰的吸收，锰与铁、钴在肠道内有共同的吸收部位，饲料中铁和钴含量过高，可竞争性地抑制锰的吸收。

2. 发病机理

锰在体内参与许多代谢活动，首先，锰是许多酶的组成成分。锰是精氨酸酶、丙酮酸羧化酶、RNA 聚合酶、醛缩酶和锰超氧化物歧化酶等的组成成分，并参与三羧酸循环反应系统中许多酶的活化过程。锰还可以激活 DNA 聚合酶和 RNA 聚合酶，因此对动物的生长发育、繁殖和内分泌机能必不可少，锰还是超氧化物歧化酶活性中心，与体内自由基清除关系密切。其次，锰是形成骨基质的黏多糖成分的硫酸软骨素的主要成分，具有促进骨骼生长的作用。因而，锰是正常骨骼形成所必需的元素，锰与黏多糖合成过程中所必需的多糖聚合酶和半乳糖转移酶的活性有关。锰缺乏时黏多糖合成障碍，软骨生长受阻，骨骼变形。锰是胆固醇合成过程中二羟甲戊酸激酶的激活剂，胆固醇是合成性激素的原料，锰缺乏时，该酶活性降低，胆固醇合成受阻，以致影响性激素的合成，引起生殖机能障碍。锰还可促进维生素 K 与凝血酶原的生成，与凝血过程有关。

3. 临床症状

锰缺乏表现为生长发育受阻，骨骼短、粗，骨重量正常。腱容易从骨沟内滑脱，形成"滑腱症"；成鹿缺锰常引起繁殖机能障碍，母鹿不发情，不排卵；公鹿精子密度下降，精子活力减退。仔鹿的骨、关节先天性变形，头部短宽，前肢呈 X 或 O 形，球节着地。生长不良，被毛干燥，褪色，钩爪，肌肉震颤乃至痉挛性收缩，虚弱，关节疼痛，不愿移动。

4. 诊断

主要根据病史、临床症状和实验室检验即可确诊。骨骼变形，短粗有滑腱表现。但骨骼灰分重量不变，新生仔鹿常有关节肿大，骨骼变形等特点。有时有平衡失调。如母鹿繁殖机能下降，不孕，不发情，或屡配不孕。饲料锰常低于 40mg/kg。但应同时考虑钙、磷、铁的含量。测定土壤锰时，应注意土壤 pH 值的影响。血液、毛发的锰含量可作参考。

5. 防治

对患病鹿也可用 1∶2 000 高锰酸钾溶液饮水或硫酸锰 0.05g/kg 的日粮口服，服 2 天，间歇 2 天再服。缺锰地区，每公顷草地用 7.5kg 硫酸锰，与其他肥料混施，可有效地防止锰缺乏症。

（五）梅花鹿碘缺乏症

碘缺乏症是动物机体摄入碘不足引起的一种以甲状腺机能减退、甲状腺肿大、仔鹿发育不良、矮小症，成鹿发生黏液性水肿及脱毛、流产和死产为特征的慢性疾病，又称甲状腺肿。本病世界各地均有发生。早在 2400 多年前，我国古书《庄子》上就已有甲状腺肿（瘿病）的记载；约在 1600 年前晋代葛洪的著作中，即指出用含碘丰富的海藻酒治疗瘿病。

1. 病因

原发性碘缺乏是因饲料和饮水中碘含量不足，而饲料和饮水中的碘又主要来自土壤，土壤中碘含量因土壤类型而异。当土壤碘含量低于 0.2 ~ 2.5mg/kg，饮水碘低于 5μg/L，饲料碘低于 0.3mg/kg 时，即可造成缺碘。土壤中含碘缺少地区，植物中碘含量减少。不同品种的植物，碘含量不一样。海带中碘含量达 4 000 ~ 6 000μg/kg，普通牧草碘含量仅 0.06 ~ 0.5mg/kg，除了沿海并经常用海藻作为饲料来源的地区外，许多地区如不补充碘则可酿成地区性缺碘。继发性碘缺乏是因饲料中含有颉颃碘吸收和利用的物质。有些植物中含有碘的颉颃剂，可干扰碘的吸收、利用，称为致甲状腺肿原食物。如硫氰酸盐，葡萄糖异硫氰酸盐，糖苷花生廿四烯苷，及含氰糖苷等降低甲状腺聚碘的作用。硫脲及硫脲嘧啶可干扰酪氨酸碘化过程。氨基水杨酸、硫脲类、磺胺类、保泰松等药物具有致甲状腺肿作用。苞菜、白菜、甘蓝、油菜、菜籽饼、菜籽粉、花生粉甚至豆粉、芝麻饼、豌豆及三叶草等，其中甲状腺肿原性物质甲硫咪唑，甲硫脲含量较高，饲料中上述成分含量较多，容易引起碘缺乏，称为条件性碘缺乏症。此外，由于钙摄入过多干扰肠道对碘的吸收，抑制甲状腺内碘的有机化过程，加速肾脏的排碘作用，致甲状腺肿。多年生草地被翻耕后，腐植质中结合碘大量流失，降解，使本来已处于临界碘缺乏的地区，更易产生临床碘缺乏症。酸性土壤，用石灰改造后的土壤，饲料植物中钾离子含量太高等，可促进碘排泄，促进临床碘缺乏症的发生。此外，当日粮中碘的颉颃物质锰、铅、氟、硼含量过高时，可影响碘的吸收利用而导致碘缺乏。

2. 发病机理

碘是动物必需的微量元素，碘在体内主要是通过合成甲状腺素而参与机体代谢的，身体内的碘 70% ~ 80% 集中在甲状腺中。甲状腺素可提高机体的基础代谢能力，促进中枢神经系统、骨髓、皮毛及生殖系统的正常发育，同时协同生长素促进机体的生长发育。甲状腺中的碘在氧化酶的催化下，转化为"活性碘"，并与激活的酪氨酸结合生成一碘和二碘甲状腺原氨酸，最后生成甲状腺素，即三碘甲状腺原氨酸（T3）和四碘甲状腺原氨酸（T4），并与甲状腺球蛋白结合，贮存于甲状腺滤泡内，当甲状腺受到甲状腺激素（TSH）的刺激后，与甲状腺球蛋白结合的 T3、T4 在溶酶体蛋白水解酶的作用下，生成游离 T3、T4 进入血液，到靶细胞发挥作用，真正发挥作用的是甲状腺素 T4，T3 无活性。当碘摄入不足或甲状腺聚碘障碍时，机体可利用碘缺乏，甲状腺素合成和释放减少，血中甲状腺素浓度降低，对腺垂体的负反馈作用减弱，促甲状腺素释放激素和促甲状腺素分泌增多，甲状腺腺泡增生，目的在于加速甲状腺对碘的摄取、甲状腺素合成及排放。但因缺乏碘，甲状腺即使增生，仍不能满足动物的需要，因而形成促甲状腺素进一步分泌，甲状腺进一步增生的恶性循环，最终致甲状腺肥大，形成甲状腺肿。体表触诊即可感知到肿大的甲状腺，严重时局部听诊可听到"嗡嗡声"的呼吸性杂音。低浓度的硫氰酸盐，可抑制甲状腺上皮代谢活性，限制腺体对碘的摄取。有些牧草、饲料性植物，如三叶草、油菜、甘蓝等，其中硫氰酸糖苷含量较高，甲状腺素的合成受到明显的影响。某些硫氧嘧啶类药物，对碘化酶、过氧化酶和脱碘酶有抑制作用，可干扰碘的代谢，最终导致甲状腺肥大。甲状腺具有调节物质代谢和维持正常生长发育的作用，缺碘时，由于甲状腺素合成和释放减少，幼畜生长发育停滞、全身脱毛，青年动物性成熟延迟，成年家畜生产、繁殖性能下降。胎儿发育不全，出现畸形。甲状腺素还可抑制肾小管对钠、水的重吸收。甲状腺机能减退时，水钠在皮下间质内贮留，并与黏多糖、硫酸软骨素和透明质酸的结合蛋白形成胶冻样黏液性水肿。

3. 临床症状

碘缺乏时，甲状腺组织增生，腺体明显肿大，生长发育缓慢、脱毛、消瘦、贫血、繁殖力下降。母鹿性周期紊乱，生殖机能障碍，流产，产死胎，弱胎，畸形胎儿。新生胎儿水肿，厚皮，被毛粗糙且稀少。公鹿性欲降低，精液品质差。仔鹿生长缓慢，矮小症，衰弱无力，全身或部分脱毛，骨骼发育不全，四肢骨弯曲变形致站立困难，严重者以腕关节触地，皮肤干燥、增厚且粗糙。有时甲状腺肿大，可压迫喉部引起呼吸和吞咽困难，最终由于窒息而死亡。

4. 病理变化

剖检可见皮肤和皮下结缔组织水肿，甲状腺明显肿大、增生。当实质性增生时，甲状腺坚实，肉厚，呈淡褐色；胶性甲状腺肿时，表面平坦，呈淡黄灰色，甲状腺内因有大量胶体存在而呈半透明状。甲状腺的组织学结构见有弥漫性和结节性的淋巴结的特征性变化以及胶性、实质性和凸眼性甲状腺肿。

5. 诊断

根据流行病学、临床症状（甲状腺肿大、被毛生长不良等）即可诊断。确诊要通过饮水、饲料、尿液、血清蛋白结合碘和血清 T3、T4 及甲状腺的称重检验。此外，缺碘母畜妊娠期延长，胎儿大多有掉毛现象。

6. 防治

用含碘的盐砖让鹿自由舔食，或者饲料中掺入海藻、海草类物质，或将碘化钾或碘酸钾与硬脂酸混合，掺入饲料或盐砖内，浓度达 0.01%，能预防碘缺乏。

（六）梅花鹿钴缺乏症

钴缺乏症是由于土壤和饲料中钴不足引起的一种临床上以食欲减退、异食癖、贫血和进行性消瘦为特征的慢性地方性疾病。又名营养不良症、丛林病、地方性消瘦、海岸病、湖岸病及盐病等。世界上许多国家都有本病发生，且往往呈地方流行性。19 世纪末，新西兰首次报道了一些地区牛、羊以消瘦、衰弱、贫血为特征的灌木病（Bush disease），以后则又有大洋洲的与其类似的地方性家畜消瘦病（Enzootic marasmus）、苏格兰的地方性家畜干瘦病（Pine disease）、美国的湖岸病（Lake shore disease）等，1935 年后才弄清其为缺钴所致。

1. 病因

土壤缺钴是发病的根本原因。缺钴土壤一般由花岗岩、石英岩等酸性岩衍生而成，风化程度很低，可为植物吸收的元素量很少。土壤钴含量少于 0.25mg/kg 时，牧草、饲草中钴含量即不足。牧草中钴含量的多少与牧草的种类、生长阶段和排水条件有关。春季牧场生长的禾本科草，其含钴量低于豆科草。水稻中可溶性钴的比率随生长发育而逐渐减少。至黄熟期时为 20%～25%。排水良好的土壤生长的牧草，其含钴量较高。干饲草中钴含量低于 0.08mg/kg 时，可能发生钴缺乏。在消化过程中，鹿的瘤胃微生物把绝大多数碳水化合物饲料在瘤胃发酵成乙酸、丙酸、丁酸等挥发性脂肪酸，在小肠吸收的葡萄糖量很少，而体内糖的来源主要靠糖的异生。丙酸则为主要的生糖物质之一，由丙酸生糖必须有维生素 B_{12} 参加。而钴则为维生素 B_{12} 的成分，鹿对 B_{12} 的消耗量大，需钴量比其他非反刍家畜明显增多；瘤胃微生物除利用钴合成维生素 B_{12} 外，还能合成许多种含钴类似物，但大多无活性且不为机体所利用，即使合成 B_{12} 其吸收率也很低，这样对钴的需要量则更大，尤其是泌乳鹿。随饲料进入动物体内的钴，除以维生素 B_{12} 的形式被吸收外，可溶性的钴盐还以离子形式被吸收。维生素 B_{12} 参加体内的代谢过程。钴离子还可激活精氨酸酶、甘氨酸—甘氨酰—二肽酶、醛缩酶、单酰琥珀酸脱羧酶、脱氧核糖核酸酶、碱性磷酸酶。缺钴除引起维生素 B_{12} 缺乏的症状外，还与钴离子激活的这些酶促反应及其相关的代谢障碍有关。

2. 发病机理

钴是动物体必需微量元素之一，具有多种生物学作用，在反刍动物体内，主要通过形成维生素 B_{12} 而发挥其生物学效应，无机钴盐也可直接起生化作用。适量的钴在反刍兽瘤胃中非发酵性细菌的作用下，每天合成 600～1 000μg 维生素 B_{12}（含钴为 4.0% 的钴铵酸），其中有 3% 被吸收，其余绝大部分随粪便丢失。肝脏含维生素 B_{12} 0.15～0.2mg/kg，可将丙酸转变为葡萄糖，以供应所需能量。钴在体内贮存的数量极为有限，必须随饲料不断加以补充。动物长期采食低钴饲草，瘤胃合成的维生素 B_{12} 即减少，当瘤胃内的维生素 B_{12} 低于 $50\mu g$ 时，肝脏维生素 B_{12} 浓度即减少为 $0.02 \sim 0.06mg/kg$，不能满足丙酸转化成葡萄糖的需要，导致丙酸代谢障碍，能量供应不足。因此，反刍兽钴缺乏实际上是致死性的能量饥饿。现已证实，甲基丙二酰辅酶 A 变位酶是维生素 B_{12} 依赖酶，维生素 B_{12} 缺乏的大鼠，此异构酶活性减弱，甲基丙二酰辅酶 A 转化为琥珀酰辅酶 A 的过程受阻，结果不能进入三羧酸循环。维生素 B_{12} 的另一个生物活性在于增加叶酸的利用率，促进蛋白质的生物合成，从而保证红细胞的发育和成熟。人和犬科动物维生素 B_{12} 缺乏时，呈巨幼红细胞性贫血。缺钴羔羊呈正细胞正色素性或低色素性贫血。

3. 临床症状

病初表现反刍减少、无力或虚嚼，瘤胃蠕动减少、减弱，食欲减退；倦怠，易疲劳；逐渐消瘦，体重下降；毛质脆而易折断；出现贫血症状。后期极度消瘦，衰弱无力，皮肤和黏膜高度苍白，陷入恶病质状态，有的重剧腹泻，母鹿则不孕、流产或产下的仔鹿瘦弱无力；晚期大量流泪，面部的被毛全部浸湿。病程持续数周乃至 6 个月以上。剖检可见病畜极度消瘦，肝、脾中有血铁黄素沉着，脾脏中更多。肝、脾中铁含量升高，钴含量减少，因而可使上述器官呈现铁黄色。

4. 诊断

主要依据包括：地区性群体性发病；慢性病程、食欲减退、逐渐消瘦和贫血等临床表现；诊断性治疗，病鹿口服钴盐水溶液（钴 $5 \sim 10mg/d$），$5 \sim 7d$ 后病情即缓解，食欲亦恢复，并出现网织红细胞效应；测定血清、肝脏中钴和维生素 B_{12} 含量降低。

5. 防治

治疗钴缺乏最好采用口服钴盐制剂，不主张注射钴制剂。口服钴剂量每天 1mg，连用 1 周，间隔 2 周重复 1 次。或 2 次/周，或每周 1 次，每次 7mg。同时补给维生素 B_{12}，效果更好。预防本病的方法有饲料添加、投服钴丸、土壤施肥及改变植被等。对低钴地区，土壤表面施钴盐，每公顷需水合硫酸钴 $2 \sim 3kg$，可使牧地的钴含量至少在 $3 \sim 4$ 年内维持在正常水平。在缺钴牧场，混播豆科牧草 $20\% \sim 30\%$，可有效地防止动物钴缺乏。

（七）梅花鹿铁缺乏症

饲料中缺乏铁，或因某种原因造成铁摄入不足或铁从体内丢失过多，引起动物贫血、易疲劳、活力下降的现象，称为铁缺乏症。主要发生于仔鹿。单纯依靠吮乳或代乳品，其中铁含量不足时而发生。

1. 病因

原发性铁缺乏症，常发生于新生后完全关禁饲养，并依靠喂给代乳品的仔鹿，主要是对铁的需要量大，贮存量低，供应不足或吸收不足等引发的。仔鹿生长旺盛，但肝贮铁很少，乳中铁含量很少，如不在乳中加入可溶性铁强化，可出现贫血。大量吸血性内、外寄生虫，如虱子、圆线虫等侵袭，造成慢性出血，使血从体表与体内丢失。成年鹿因饲料中缺铁或别的原因影响到铁的吸收时也可引起缺铁性贫血。另外，饲料中缺铜、钴、叶酸、维生素B_{12}及蛋白质也可引起铁利用障碍发生贫血。铜参与铁的运输，催化铁合成血红蛋白，钴作为维生素B_{12}的成分与叶酸共同促进红细胞成熟，蛋白质不足则生成血红蛋白的主要原料缺乏。

2. 发病机理

体内有一半以上的铁，作为血红蛋白的成分之一。各种动物的血红蛋白铁含量在0.35%左右，所以每合成1g血红蛋白，需要3.5mg铁。此外铁还与许多酶活性有关，如细胞色素氧化酶、过氧化氢酶。在三羧酸循环中，有一半以上的酶含有铁，当机体缺乏铁时，首先影响血红蛋白、肌红蛋白及多种酶的合成和功能。随着体内贮铁耗竭，出现血清铁浓度下降，肝、脾、肾中血铁黄蛋白的铁含量减少。接着血红蛋白浓度下降，因动物品种不同，各种成分减少的程度也不同。血红蛋白降低25%以下，出现贫血。降低50%~60%，出现临床症状。如生长迟缓，可视黏膜淡染，易疲劳，易气喘，易受病原菌侵袭致病等。突然奔跑和激烈运动时，发生猝死。

3. 临床症状与病理变化

缺铁的主要症状是贫血。临床表现为生长慢、昏睡、可视黏膜变白、呼吸频率加快、抗病力弱，严重时死亡率高。贫血常表现为低染性小红细胞性贫血，并伴有成红细胞性骨髓增生。血红蛋白降低，肝、脾、肾几乎没有血铁黄蛋白。血清铁、血清铁蛋白浓度低于正常，血清铁结合力增加，铁饱和

第六节 梅花鹿营养代谢病

度降低。

血脂浓度升高：血清甘油三酯、脂质浓度升高，血清和组织中脂蛋白酶活性下降；肌红蛋白浓度下降：可表现为肌红蛋白浓度下降，骨骼肌比心肌、膈肌更敏感；含铁酶活性下降：缺铁的机体内含铁酶如过氧化氢酶、细胞色素 C 活性下降明显。

剖检可见心肌松弛，心包液增多，肺水肿，脑膜腔充满清亮淡黄色液体，血液稀薄如红墨水样，不易凝固。

4. 诊断

本病的诊断应以病史、贫血症状及相应贫血的血液指标（血红蛋白、红细胞数、血红胞压积）结合补铁的预防和治疗效果来判定。造成贫血的原因很多，如缺乏铜、钴、VB_{12}、叶酸等应注意区别。

5. 防治

人为补充铁制剂是有效预防缺铁症的途径。常口服或肌肉注射铁制剂，葡聚糖铁或用山梨醇铁、柠檬酸复合物、葡萄糖酸铁等，或掺入含糖饮水中，可有效地防治仔鹿缺铁性贫血，乳中适当添加硫酸亚铁为最简单可行方法。成鹿缺铁可每天用 1～3g 硫酸亚铁口服，连续服用 2 周可取得明显效果。另外，同时配合应用叶酸、维生素 B_{12} 等，可加强治疗效果。但补铁时剂量不能过高，否则可引起中毒乃至死亡。

（八）梅花鹿氟中毒病

氟是最活泼的卤族元素，以化合物的形式广布于自然界中，但分布不均衡。氟是动物体必需的微量元素，但在自然情况下还尚未发生过氟缺乏病，相反，常发生由于摄入氟过多而中毒。该病是人畜共患病，早期易与骨营养不良相混淆，本病特征为牙齿出现氟斑，过度磨损、磨灭不整；骨骼变形、骨赘。因瘤胃内细菌能浓缩氟，故反当动物比其他动物更为敏感。国外曾有过鹿氟中毒报道，我国一些鹿场也有鹿氟中毒发生，但至今尚无治疗氟中毒的理想方法，故有必要掌握该病的病因、发病机制、症状、诊断、防治方法，以期促进鹿氟中毒的早期诊断和预防该病的发生，从而避免或减少氟中毒给养鹿业带来巨大损失。

1. 病因

鹿急性氟中毒是短时间内食入大量的氟化物或被氟污染的饮水和饲料所致，鹿急性氟中毒不多见，鹿慢性氟中毒较多。中毒的因素根据氟的来源分为：自然因素、工业污染因素和钙、磷饲料选用不当等因素。

（1）自然致病因素 即氟的地方性水土病，该病区应具备的条件为：气候干旱有利于氟的浓缩积聚；低洼盆地可提供氟积累地形；富有氟岩层地区提供氟源；重碳酸钠土壤环境还可促进氟的活化。

（2）工业污染致病因素 即由工业"三废"的污染所致水、土、草含氟量过高。

（3）钙、磷饲料选用不当致病因素 有的用含氟量过高的磷肥生产饲料喂鹿；有的用不合格的磷酸钙或磷酸氢钙及用氟中毒家畜骨制造的骨粉喂鹿；甚至用含氟量高达 3% ~ 4% 的磷灰石做鹿的钙、磷补充料，尤其是补磷，都可因摄入过多氟而引起氟中毒。

（4）促进或抑制氟中毒的因素 日粮中钙和维生素 D 缺乏时可促进氟中毒发生；当日粮中有丰富的钙、镁、铝、硼、食盐等物质时能降低氟的吸收。

2. 发病机制

（1）当摄入大量可溶性氟化物时 在胃内酸性环境下产生氢氟酸而腐蚀刺激胃肠道。

（2）氟是一种原生质毒 可通过细胞壁与原生质结合，使细胞的正常功能受损。

（3）过量的氟是多种酶的抑制剂 主要是因氟与酶活性有关的金属离子结合，从而使酶活性丧失。

（4）过量的氟可使甲状腺、肾上腺、性腺、胰腺等分泌减弱或紊乱从而导致低血压，低血糖及性功能障碍等。

（5）干扰钙、磷代谢导致骨骼和牙齿病变 过量的氟在消化道内及血液里与钙结合成不溶性的氟化钙（CaF_2），从而导致血钙降低；高氟和低血钙都可使甲状旁腺机能亢进，骨钙大量脱出而使骨变松、变软；又由于氟化钙在骨骼里不断沉积及氟直接取代羟基，使骨里的羟磷灰石变为氟磷灰石，使骨的部分组织密度增加而硬化，在长骨及下颌骨和茸基部等处出现骨赘，从而使鹿易骨折，茸产量和质量降低。

（6）过量氟对牙齿的损害　除与骨有相同之处外，主要阻碍牙釉质的形成，使牙易磨损，破碎和脱落，从而影响鹿采食和消化。

（7）过量氟可通过母体进入胚胎　引起胎儿氟中毒。

3. 症状

（1）急性氟中毒　一般呈现腹痛，腹泻的胃肠炎症状，病重者抽搐，虚脱而死。

（2）慢性氟中毒症状　一般呈群发，泛发性骨赘增生，骨赘大多从四肢下部逐渐向上，蔓延到肩脾、肋骨、下颌、角基、耳软骨，开始如黄豆大，逐渐增大如鸡卵、拳头大。幼鹿比成年鹿多发，公鹿比母鹿多发。病鹿易骨折；轻氟斑牙、牙齿易磨损、不整齐、严重者咀嚼困难、门齿脱落；蹄壳过度生长，蹄尖内弯上翘，两蹄尖重叠，蹄壳表面出现粗糙不平蹄轮，蹄底中央内陷、中央角质层易剥落、与骨营养不良的跛行症状相似，其中骨赘是鹿氟中毒最明显症状，早期不易被发现，但可用手触摸到。

4. 诊断

（1）病区是多个鹿场或同一鹿场相当一部分鹿同时或相继发生氟中毒

（2）病鹿出现无外科原因的跛行、骨赘，易于骨折、骨营养不良的特征

（3）牙齿有氟斑　易于磨损，磨灭不齐，门齿脱落，咀嚼障碍。

（4）病区有氟污染源或水土含氟量高　水中氟量超过 3 ~ 5mg/kg，牧草中氟量超过 30 ~ 40mg/kg 精料中氟量超过 60mg/kg，矿物质饲料超过 1 800mg/kg 有发生氟中毒危险。

（5）血氟超过 2mg/kg，尿氟超过 5mg/kg，骨氟超过 1 000 ~ 1 200mg/kg，是鹿氟中毒诊断的参考指标

5. 防治

对急性氟中毒应立即采取急救措施，可用 0.5% 氯化钙液或石灰水上清液洗胃，静脉注射 0.5% 氯化钙液或葡萄糖酸钙液；防治慢性氟中毒是最应引起重视的，在于切断氟源，去氟减少摄取量，在此基础上辅以补饲钙、镁

等措施。①在自然病区，禁止用含氟量超过 30mg/kg 的饲料；寻找低氟水源或对水进行脱氟处理。②工业污染区，加强排氟工厂"三废"处理，回收氟废气，建鹿场时要远离氟污染区，特别是主导风向下方；加强舍饲饲料应从非污染区和非自然病区采购，并应加强饲料、饮水的保管，严防氟污染。③在自然病区和工业污染区的鹿都应补饲合格的骨粉、磷酸氢钙、石粉等矿物质饲料；在非自然病区和工业污染区也应严禁用高氟钙、磷矿物质饲料，发挥质量监督机关作用，严禁氟超标的矿物质饲料走向市场，各养鹿者在购买饲料特别是矿物质饲料时要将样品送到有关部门检测，符合国标方可应用。

第七节　梅花鹿普通病

一、梅花鹿食毛症

仔鹿舔食自身或母鹿被毛，或脱落在地面的被毛，或互相啃咬被毛称食毛症。该病属异嗜癖。本病多见于冬季圈养的仔鹿或母鹿。本病冬末春初，牧草干枯季节易发。

（一）病因

其病因目前尚不完全清楚。通常认为有以下几个方面，首先是饲养管理不当，饲料单一，营养价不全，如蛋白质中的胱氨酸，甲基丁氨酸不足，饲料量不足，鹿有饥饿感；其次是仔鹿生长阶段饲料中钙、磷、氯化钠、铜、锰、钴等常量和微量元素缺乏；维生素、特别是维生素 B_2 以及某些氨基酸、尤其是含硫氨基酸缺乏，也是引发本病的主要原因；再次过食酸性饲料（青贮饲料）和富含蛋白质的饲料，鹿由于大量摄取醋酸、乳酸、酪酸等脂肪酸饲料，因而体内钾、钠被夺取，导致体内常量和微量元素不足引发本症；最后，也有人认为鹿群密度大以及应激因素在鹿食毛症上起一定作用。

（二）症状

本病的发生有一定规律性，多发生在冬春季节，特别是在 2 月之后更多发，也有夏季发生的。先表现异嗜、异食、舔墙，吃粪尿等，随着病情的发展，起初，只是个别鹿啃咬自身腹部或腿部被粪尿污染的被毛。之后食毛鹿逐渐增多，甚至整群鹿食毛，互相啃咬被毛，有的鹿背部、臂部甚至颈侧的毛被啃光，皮肤呈黑色并有伤痕，有的鹿因消瘦而死亡。病鹿被毛粗乱、焦黄；食欲减退、腹泻、消瘦和贫血。鹿在啃咬时，有的将毛吃掉，有的将咬掉的毛吐在地上。食入的被毛在瘤胃内形成毛球。当毛球进入真胃或十二指肠，引起幽门或肠阻塞时，食欲废绝、排粪停止、肚腹膨大、磨牙空嚼、流涎、弓腰、回顾腹部或取伸腰姿势。触诊腹部，有时可感到真胃或肠内有枣核大至核桃大可滑动的圆形硬块，指压不变形。病鹿呈慢性消瘦、虚弱、被毛粗乱无光泽。可视黏膜苍白，最后衰竭死亡。

（三）病理变化

尸体营养不良，消瘦贫血，胃中可见大小不等、数量不同的毛团。大的毛团比鹅蛋还大，小的麻雀卵大，多在真胃中，毛团多的5~6个，少的1~2个。小的多在幽门和小肠内。

毛团阻塞后部肠管，使肠腔狭窄、黏膜增厚有皱褶。实质器官变化不显著，可见心脏扩张，慢性胃肠炎等变化。

（四）诊断

根据发病季节、饲料调查、病鹿年龄、临床症状，可作出初诊。诊断还应与有异嗜的佝偻病、消化不良等慢性胃肠病、寄生虫病相区别。

（五）治疗

首先改善饲养管理条件，合理调配饲料。饲料要多样化，尤其要添加矿物质和含有维生素的饲料。对被咬的鹿、体质衰弱抢不上槽的鹿要分圈固定专人饲养管理。若真胃或肠发生阻塞时，手术取出毛球。药物治疗：成年鹿每头每天饲料中混入食盐30g、南京石粉20g、氯化钴30mg、硫酸钾5mg、硫酸铁1 500mg、硫酸铜100mg、氯化锰10mg，饲喂4~6周为1个疗程，中间停药2~4周，进行观察鹿只的病情变化，必要时可再用药1个疗程。预防本病的重点是调整病畜饲料，给予全价饲料。有条件者，可分析饲料中的营养成分，针对性地补饲所缺营养，减少应激刺激，适当减小饲养密度。

二、应激综合征

应激综合征是机体受到各种不良因素（应激原）的刺激而产生的一系列逆反应的疾病。本病可发生于各种畜禽，如猪、鹿、牛、马、鸡、鸭等。不过，同种动物，因品种不同，对应激的敏感性也不同。

（一）病因

遗传因素和应激原是导致动物发生急性应激综合征的主要病因。导致发生应激反应的应激原：饲养管理因素，断奶、拥挤、过热、过冷、运输、驱赶、斗架、混群、手术、助产、免疫注射、锯茸、抓捕、声音、灯光、电击等；应用化学药品，氟烷、甲氧氟烷、氯仿、安氟醚、琥珀酸胆碱等；营养因素，饲料中的营养，特别是维生素、微量元素不足或缺乏。遗传因素：不同动物、不同品种对应激有不同抗性。营养因素：饲料中维生素和微量元素不足是本病的原因之一。

（二）发病机理

关于应激综合征的病理发生，目前有两种学说，即神经内分泌学说和自由基学说。

（1）神经内分泌学说　本学说认为，动物在应激原作用下，经大脑皮层整合，交感—肾上腺髓质轴和垂体—肾上腺皮质轴兴奋，垂体—性腺轴、垂体—甲状腺轴等发生改变，导致应激激素变化，继而出现一系列效应，导致应激综合征的发生。

（2）自由基学说　在动物体内与疾病有关的氧自由基有羟基自由基（·OH$^-$）、超氧阴离子（O$_2^-$·）。在生理情况下，自由基在体内不断产生，体内借助酶性清除系统，如超氧化物歧化酶（SOD）、谷胱甘肽过氧化物酶（GSH－Px）、过氧化氢酶（CAT）和过氧化物酶（POD）；及非酶性清除系统（维生素 E、维生素 C、辅酶 Q 及谷胱甘肽），自由基被不断清除，对机体并不表现有害作用，且有一定的有益作用。但在应激时，自由基代谢发生紊乱，自由基产生增加，其清除能力减弱，结果使自由基过剩，活性氧增多，因而引起脂质过氧化（使多链不饱和脂肪酸分子过氧化），生成脂质过氧化物（LPO）、乙烷等。LPO 是极活泼的交联剂，可使细胞发生交联失去活性，引起体内发生一系列毒害作用。所以从营养角度看，能够提供 SOD 及 GSH - Px 活性中心的铜、锌、锰等微量元素，维生素 E、C 以及微量元素硒等，均具有一定的抗应激作用，实验研究支持这一观点。

（三）症状

鹿等动物为神经质类动物，往往细小变化即发生强烈的应激反应，表现惊恐不安、冲撞、来回不停地奔跑，很快休克倒地，如不及时抢救则迅速死亡。应激反应轻者，出现腹泻、瘤胃轻度膨气、采食减少、反刍减少或停止、抗病力降低，极易继发其他疾病。因刺激因素不同，临床症状也不尽相同，可分为 3 种类型。

1. 最急性型

常发生于捕抓、锯茸等应激因素或作用过于强烈的情况。表现中枢神经高度紧张，惊慌不安，猛冲乱撞，眼球突出，肌肉震颤，呼吸促迫，常在 8 ~ 24 小时之内进入衰竭阶段，眼半闭或全闭，对外界刺激反应迟钝或毫无反应，左右摇摆或卧地不起，全身肌肉松弛，最后心跳衰弱，呼吸浅表促迫，瞳孔散大，黏膜发绀，体温下降而死。

2. 急性型

常发生于突然受应激因素的刺激或应激因素作用时间较长的鹿。表现食欲急剧减退，兴奋不安，结膜发红，脉搏增数，呼吸急促，后期表现中枢神经兴奋与抑制交替出现。病程 5 ~ 7d，如应激因素作用消失，病情可逐渐好转。如应激因素继续作用或继发其他疾病，也可在 1 周之内死亡。此型常继发消化系统、呼吸系统或其他系统疾病，如便秘、膨气、腹泻、腹痛、咳嗽、发热等症状。

3. 慢性型

常发生于应激因素作用不太强烈但长期作用的情况。症状可见鹿食欲不振，便秘与腹泻交替出现，病畜精神沉郁，对周围事物反应迟钝，病程 1 个月以上，病畜逐渐消瘦，被毛杂乱，产茸量下降，贫血或黄疸，全身衰弱，有时继发肺炎或其他疾病。如不消除应激因素的持续作用，也容易发生死亡。

（四）病理变化

急性死亡者，胃肠溃疡，胰脏急性坏死，心、肝、肾实质变性坏死，肾上腺出血，血管炎和肺坏疽。有的表现肌肉苍白、柔软、液体渗出。组织病理学变化，见肌纤维横断面直径大小不等和蜡样变性。慢性病例尸体极度消瘦，被毛粗乱无光泽，可视黏膜苍白。皮下脂肪组织消失，颌下和腹下水肿。骨骼肌色淡，血液稀薄、色淡、凝固不良。胸腔、腹腔和心包腔积液，心脏脂肪组织完全消失并严重水肿，肝脏肿大表面呈云雾状，脾水肿，边缘钝圆，手感薄厚不均，被膜增厚。肺前尖叶和心叶大部淤血，膈叶局部气肿。真胃胃底部可见出血斑，肾脏切面可见肾脏皮髓交界不清。

（五）防治

鹿因驯化程度差，对应激敏感，应着重在对应激预防上。加强饲养管理，减少应激刺激。防止光污染、噪声污染和畜舍过热、过冷或拥挤。适量添加维生素 A、维生素 E、维生素 C，微量元素硒、铁等，可提高机体抗逆性。内服下列中药有一定抗应激作用：山楂、苍术、陈皮、槟榔、黄芩、藿香、泽泻。该方可提高血清免疫球蛋白的含量，提高抗应激能力。预防短期应激，可用安定，每千克体重 1～7mg；盐酸苯海拉明、静松灵，每千克体重 0.5～1mg。对已发生应激的动物，除给予上述镇静药外，还应补碱，防治酸中毒；对已发生休克的病例，应进行补液、强心等对症处理。

三、霉菌中毒病

（一）发病原因

该梅花鹿饲养场以玉米、豆饼为主要精饲料原料，玉米秸秆为粗饲料，因贮存不当，饲料部分发生霉变。黄曲霉毒素是霉变饲料中常见真菌毒素，目前已发现有 20 多种，对人畜都有较强致癌作用，尤其对肝脏损害最重，其中以黄曲霉毒素 B_1、B_2、G_1、G_2 毒力最强，尤其以黄曲霉毒素 B_1 最强，所以现在黄曲霉毒素常指黄曲霉毒素 B_1。黄曲霉毒素可耐受一定温度，普通加热蒸煮不容易破坏其毒力。霉变饲料经一阶段饲喂后，陆续出现以采食反刍障碍和剧烈腹泻为主要症状的疾病，并出现死亡，发病早期饲养场采用磺胺嘧啶及庆大霉素治疗，无明显效果。

（二）临床症状

患鹿精神沉郁，呆立，被毛粗乱无光泽，空嚼，厌食或食欲废绝，反刍障碍，呻吟不安。多表现为急性胃肠炎的症状，腹痛，剧烈腹泻，排粥样带血液和黏液粪便，腹围增大，触诊瘤胃有波动感。少数病例伴有神经症状，先兴奋后沉郁，目光凝视，头颈震颤。个别病例出现呼吸困难症状。濒死期时体温降到35℃或更低。

（三）剖检变化

剖检可见可视黏膜黄染。消化系统病变明显，呈卡他性胃肠炎和出血性胃肠炎的变化。瘤胃内容物呈粥样，皱胃溃疡，十二指肠肠腔中充盈大量渗出的血液和脱落的肠黏膜，呈黑紫色。有的病例前胃、真胃和小肠黏膜充血、出血，小肠黏膜脱落。肝脏肿大、质地变硬，触摸有凸凹感，颜色变淡，表面有灰白色区。胆囊充盈变大，胆汁浓稠。脾脏外膜有出血性梗塞和纤维蛋白附着，体积不肿大，有的有肺脏淤血变化。

（四）实验室检验

1. 微生物学检查

无菌采取病死鹿的肝、脾及淋巴结抹片，染色，镜检，未见有细菌存在。病料接种于鲜血琼脂培养基上，37℃恒温培养24～48h，未见可疑致病菌生长。

2. 毒素定性检测

取饲料摊成薄层于浅盘内，直接放在365nm波长的紫外灯下观察，霉变处可见蓝绿色荧光。取发病梅花鹿饲喂饲料样品，检测饲料样品中黄曲霉毒素 B_1 含量。

（五）诊断

根据发病情况、临床症状、病理剖检、实验室检验等，可确诊是否为梅花鹿霉饲料中毒。

（六）防治

1. 防霉

防霉是预防饲料被霉菌及其毒素污染的最根本措施，一般有以下几个方面。控制温度：不同温度下贮藏饲料的防霉湿度不同。一般是温度越低，允许的湿度可以越高。鹿场在冬天贮存的饼粕饲料，在入夏前最好晾晒，控制其湿度，使其在夏季较高温度下保存好。低温贮藏：理想的贮存条件是干燥低温，在12℃以下，能有效地控制霉菌的繁殖与产毒。惰性气体保存：大多霉菌是需氧的，当贮存室充满氮气或二氧化碳等惰性气体时，可防霉变。应用防霉剂：在饲料中加一些丙酸钠、丙酸钙等防霉剂，可有效抑制霉菌的生长繁殖。

2. 霉后去毒

当饼粕处于湿热条件下已被霉菌污染，根据霉变的深浅作适当处理，是可以饲用的，一般只是营养价值及适口性有所下降，对鹿没有明显的毒害作用。污染饼粕饲料的霉菌大部分属于曲霉菌属、镰刀菌属和青霉菌属，它们污染饲料后，一方面会引起鹿中毒，另一方面会使饼粕变质，严重降低饼粕的营养价值。感官性恶化（如有刺激性气味、酸臭味、颜色异常、适口性下降等）。由于鹿对饲料的敏感性高，易引起鹿拒食，所以各鹿场应以防霉为主，一旦霉变了，可按以下方法进行去毒处理。

（1）擦拭　对饼类饲料，如果未进行粉碎加工时发生了霉变，先看其霉变的深浅，如果霉变的时间长，程度深，饼内全部霉变，最好不用其喂鹿。如果仅是饼表面霉变，可先拭去表面霉菌，再在太阳下晒一段时间，可部分杀灭一些霉菌。

（2）水洗　用擦拭法难以去除饼粕的毒素，用水反复漂洗可除去水溶性毒素，有些毒素虽难溶于水，但因毒素多存在于表皮层，反复加水搓洗，也可除去大部分毒素。

（3）吸附法　对已粉碎的饼及粕类饲料，擦拭水洗难以进行时，可在其中加入白陶土、氟石、活性炭等吸附剂吸附霉菌、毒素，从而阻止其被胃肠道吸收。

（4）化学药物去毒法　目前常用氨水和过氧化氢来去毒，其可以降解

第七节　梅花鹿普通病

黄曲霉毒素，碱处理（如氢氧化钠、氨水、碳酸钠等）不但可去除或降解已污染饼粕中霉菌的毒素，且对饼粕中的一些有毒成分（如棉籽饼粕中的游离棉酚，菜籽饼粕中的硫葡萄糖苷和芥子碱及大豆饼粕中的部分抗营养物质）具有去毒作用，还对鹿瘤胃中有利微生物的形成有帮助作用。

3. 停喂

立即停喂原来霉玉米饲料，以1%次氯酸钠清洗饲槽，给以优质易消化青绿饲料并补充优质精料，保证饮水供给。改善饲养管理条件，加强护理，避免声光等刺激，减少应激。

4. 药剂治疗

（1）重症病鹿　用10%葡萄糖500ml、生理盐水500ml、肝泰乐0.4g、氨苄西林钠3g、强尔心3ml、肌酐20ml、维生素C10ml，1次静脉注射，每日1次，连注3d。

（2）轻症患鹿　可用补液盐、葡萄糖粉、维生素C、维生素K_3等全天混饮；肌内注射复合维生素B注射液10～15ml。

（3）患病鹿群　全群投服缓泻剂，以利于排除胃内毒素。中药按每头鹿防风20g、甘草30g、绿豆40g煎汁，加白糖30g对水自由饮用。

参考文献

REFRENCES

邴国良.1997.茸用鹿的繁殖技术（续）［J］.中国农村科技（9）：22-23.

邴国良，闫新华.1999.养鹿与鹿产品加工新技术［M］.北京：中国农业出版社.

程世鹏.1993.长白山梅花鹿品系选育通过鉴定［J］.特产研究（2）：65.

崔焕忠，张辉，范译文，等.2014.梅花鹿坏死杆菌病的诊治［J］.中国兽医杂志（12）：38-40.

崔焕忠，张辉，范译文，等.2015.梅花鹿腐蹄病病原菌分离鉴定［J］.中国兽医杂志（2）：46-47.

崔焕忠，张辉，刘二战，等.2014.梅花鹿巴氏杆菌病的诊治［J］.中国兽医杂志（1）：85-87.

崔焕忠，张辉，杨雨江，等.2014.梅花鹿霉玉米中毒的诊治［J］.中国兽医杂志（12）：87-88.

崔尚勤，李忠英，李孝忠，等.2003."四平梅花鹿"主要突出的优良性状.二〇〇三年全国鹿业发展信息交流会材料汇编［C］.中国农学会特产学会（2）.

东北林业大学.1986.养鹿学［M］.北京：中国林业出版社.

高秀华，金顺丹，王峰，等．2001．饲粮不同蛋白质能量水平对 4 岁梅花鹿生茸的影响．特产研究（1）：1 - 4.

高秀华，金顺丹，王峰，等．2002．饲粮粗蛋白质、能量水平对 3 岁梅花公鹿鹿茸生长和体增重的影响．经济动物学报，6（1）：5 - 8.

高秀华，金顺丹，杨福合，等．1993．饲粮不同蛋白质、能量水平对两岁梅花公鹿生茸期鹿茸产量及体重的影响．中国动物营养学报，5（2）：43 - 47.

高秀华，金顺丹，杨福合，等．1997．饲粮不同能量、蛋白质水平对生茸期梅花鹿的影响．经济动物学报，1（1）：20 - 25.

高秀华，李光玉，邰玉钢，等．2000．日粮蛋白质水平对梅花鹿某些相关血液指标及鹿茸营养成分的影响［J］．特产研究（4）：1 - 3.

高秀华，李光玉，邰玉钢，等．2001．日粮蛋白质水平对梅花鹿营养物质消化代谢的影响［J］．动物营养学报（3）：52 - 55.

高秀华，李忠宽，张晓明，等．1996．成年梅花鹿维持能量需要的研究．动物营养学报，8（1）：52 - 55.

高秀华，王峰，金顺丹，等．1998．4 岁休闲期梅花公鹿精料补充料中适宜能量浓度和粗蛋白质水平的研究．特产研究（3）：1 - 4.

高秀华，王峰．1996．1 岁梅花公鹿越冬期精料适宜能量及蛋白质水平研究．特产研究（2）：25 - 27.

高秀华，杨福合，曹家银，等．1995．两岁梅花公鹿休闲期精料补充适宜蛋白质水平与能量浓度研究．特产研究（3）：15 - 19.

高秀华，杨福合，邰玉钢，等．1999．梅花鹿能量代谢与能量需要研究进展［J］．经济动物学报（1）：63 - 65.

高秀华，杨福合，金顺丹，等．2001．梅花母鹿泌乳期精料补充料中适宜营养水平的研究．经济动物学报（3）：10 - 14.

高秀华，杨福合，王晓伟．1998．3 岁休闲期公鹿精料补充料中适宜能量浓度和粗蛋白质水平的研究．特产研究（2）：19 - 24.

高秀华，杨福合．2004．鹿的饲料与营养［M］．北京：中国农业出版社．

高秀华，杨福合 . 2005. 种草养鹿技术 ［M］. 北京：中国农业出版社 .

高志光，林宝山 . 2004. 梅花鹿马鹿 ［M］. 北京：科学技术文献出版社 .

郜玉钢，杜锐，王全凯，等 . 2005. 梅花鹿源牛病毒性腹泻病毒分离与鉴定 ［J］. 吉林农业大学学报 （1）：97 – 99，103.

郜玉钢，杜锐，王全凯，等 . 2005. 牛病毒性腹泻病毒梅花鹿分离株 E_0 基因的克隆与表达 ［J］. 中国兽医学报 （4）：353 – 355.

郜玉钢，杜锐，王全凯，等 . 2006. 梅花鹿 CCSYD 株 BVDV 基因 E_0 的克隆与序列分析 . 提高全民科学素质、建设创新型国家——2006 中国科协年会论文集 ［C］. 中国科学技术协会，4.

郜玉钢，高秀华，李光玉，等 . 1999. 糊化淀粉尿素缓释料在梅花鹿瘤胃内的降解 ［J］. 特产研究 （4）：35 – 37.

郜玉钢，高秀华，李光玉，等 . 2000. 糊化淀粉尿素氮水平对梅花鹿某些生化指标的影响 ［J］. 特产研究 （4）：4 – 7.

郜玉钢，高秀华，李光玉，等 . 2000. 使用茸鹿饲料添加剂应注意的问题 ［J］. 特种经济动植物 （3）：21.

郜玉钢，高秀华，李光玉，等 . 2001. 梅花鹿饲粮糊化淀粉尿素氮水平对营养物质消化、代谢的影响 ［J］. 经济动物学报 （1）：16 – 21.

郜玉钢，高秀华，李光玉 . 2000. 非蛋白氮在养鹿业中的应用 ［J］. 特种经济动植物 （4）：20.

郜玉钢，高秀华，佟煜人，等 . 2000. 日粮钙水平对生茸期梅花鹿营养消化代谢的影响 ［J］. 经济动物学报 （2）：18 – 22.

郜玉钢，高秀华，佟煜人，等 . 1996. 浅谈鹿的氟中毒 ［J］. 特产研究 （3）：40 – 41.

郜玉钢，高秀华，佟煜人，等 . 2000. 6 岁梅花鹿生茸期饲粮适宜钙水平的研究 ［J］. 动物营养学报 （3）：48 – 51.

郜玉钢，高秀华，佟煜人，等 . 2000. 日粮钙水平对 6 岁梅花鹿产茸性能的影响 ［J］ 中国畜牧杂志 （6）：17 – 18.

郜玉钢，高秀华，佟煜人，等 . 2000. 日粮钙水平对梅花鹿血液某些生

化指标的影响 [J].中国畜牧杂志 (2)：23 – 25.

郜玉钢, 高秀华, 佟煜人, 等 . 2003. 梅花鹿日粮钙水平对钙、磷、氟消化代谢的影响 [J].特产研究 (3)：3 – 7.

郜玉钢, 高秀华, 王晓伟, 等 . 1999. 梅花鹿血清羟脯氨酸、碱性磷酸酶活性年周期变化及其相互关系 [J].经济动物学报 (1)：28 – 30.

郜玉钢, 高秀华, 王晓伟, 等 . 2000. 含鱼粉饲粮对梅花鹿瘤胃液生理参数的影响 [J].特产研究 (2)：41 – 43.

郜玉钢, 高秀华, 王晓伟, 等 . 2000. 梅花鹿饲粮适宜精粗比的研究 [J].特产研究 (1)：29 – 31.

郜玉钢, 高秀华, 王志强 . 1996. 浅谈如何正确使用茸鹿饲料添加剂 [J].特产研究 (3)：50.

郜玉钢, 高秀华, 杨福合, 等 . 1997. 鹿常用钙、磷矿物质饲料的生物学效价 [J].经济动物学报 (4)：16 – 21.

郜玉钢, 高秀华, 杨福合, 等 . 1998. 鱼粉在梅花鹿瘤胃内有效降解率的测定 [J].特产研究 (2)：44 – 45.

郜玉钢, 高秀华, 杨福合, 等 . 2000. 梅花鹿添加剂预混料增茸效果对比试验 [J].特产研究 (3)：40 – 41.

郜玉钢, 高秀华 . 1996. 尼龙袋法评定鹿常用饲料的营养价值 . 中国畜牧杂志, 32 (6)：15 – 18.

郜玉钢, 金顺丹, 高秀华, 等 . 1998. 加热和甲醛处理对大豆蛋白在梅花鹿瘤胃内动态降解的影响 [J].特产研究 (4)：26 – 28.

郜玉钢, 李璠瑛, 刘佳佳, 等 . 2009. 鹿源牛病毒性腹泻病毒 E_0 基因的 RT – PCR 扩增 [J].生物学杂志 (1)：5 – 7.

郜玉钢, 李璠瑛, 刘佳佳, 等 . 2009. 梅花鹿源 BVDV 基因 E_0 克隆与序列分析 [J].生物学杂志 (3)：4 – 6.

郜玉钢, 李璠瑛, 杨鹤, 等 . 2010. 鹿源 BVDV 基因 E_0 蛋白特性分析 [J].生物学杂志 (5)：1 – 3.

郜玉钢, 李萍, 赵全民, 等 . 2011. 人参对梅花鹿精液品质及产仔率的影响 [J].东北林业大学学报 (5)：90 – 91.

郜玉钢，李学，王士杰，等.2011. 鹿源牛病毒性腹泻病毒敏感中药筛选的研究［J］.黑龙江畜牧兽医（13）：134 – 135.

郜玉钢，刘继清.1998. 鹿饲料中鱼粉添加技术［J］.特种经济动植物（3）：22.

郜玉钢，王树志，张连学.2006. 鱼腥草抗梅花鹿源 BVDV 病毒的实验研究. 第六届全国药用植物和植物药学术研讨会论文集［C］.中国植物学会药用植物和植物药专业委员会，3.

郜玉钢，于文影，李然，等.2010. 鹿角盘多糖抗病毒的研究［J］.安徽农业科学（22）：11 857 – 11 858.

郜玉钢，赵雪亮，臧埔，等.2013. 转 E_0 基因黄芪及其免疫原性研究. 基因工程改变我们的生活论文集［C］.中国科学技术协会、贵州省人民政府，5.

郜玉钢，郑全，杜锐，等.2004. 梅花鹿牛病毒性腹泻病毒的分离及其 RT – PCR 鉴定［J］.经济动物学报（2）：63 – 67.

郜玉钢.1997. 尼龙袋法评定鹿饲料营养价值的技术要点［J］.特产研究（2）：51 – 53.

郜玉钢.2002. 鹿常用钙、磷矿物质饲料的应用技术［J］.特种经济动植物（10）：20.

郜玉钢.2005. 鹿源 BVDV 分离鉴定、E_0 基因的克隆与表达及免疫原性研究［D］.吉林农业大学.

葛明玉，邴国良.1998. 鹿病防治手册［M］.北京：中国农业出版社.

耿爱莲.2002. 茸鹿［M］.太原：山西科学技术出版社.

国家禽畜遗传资源委员会组编.2012. 中国禽畜遗传资源志·特种禽畜志［M］.北京：中国农业出版社.

韩欢胜，赵列平，柴孟龙，等.2015. 梅花鹿发情期阴道细胞形态变化及最适输精. 第六届（2015）中国鹿业发展大会论文汇编［C］.中国畜牧业协会、辽宁省外经贸厅、辽宁省服务业委员会、铁岭市政府，7.

韩欢胜，赵列平，赵广华.2011. 梅花鹿受胎率主要影响因素分析

［J］.经济动物学报（3）：138－140.

韩坤，陈瑞忠，桂宝玉，等.1991.双阳梅花鹿初生重与产茸量及其相关和回归的统计分析［J］.辽宁畜牧兽医（2）：6－7.

韩坤，梁凤锡，王树志.1993.中国养鹿学［M］.长春：吉林科学技术出版社.

胡振东，郭文场.2000.养鹿及鹿产品［M］.沈阳：辽宁科学技术出版社.

胡振东.1986.双阳梅花鹿通过品种鉴定［J］.特产科学实验（3）：26.

黄世怀，曹勤忠.2001.梅花鹿·马鹿［M］.南京：江苏科学技术出版社.

贾海明.2009.梅花鹿腹腔镜子宫角输精技术研究［D］.东北农业大学.

焦安龙，段洪涛，王玉和，等.2003.梅花鹿人工繁育技术（2）鹿用精子输送器的研制［J］.黑龙江畜牧兽医（9）：79.

焦安龙，段洪涛.2003.梅花鹿人工繁育技术研究（1）——鹿用电子采精器的研制［J］.黑龙江畜牧兽医（8）：57.

鞠贵春，王丽丽，张辉.2011.梅花鹿良种繁育技术研究［J］.吉林中医药（3）：252－254.

李光玉，高秀华，邰玉钢，等.1999.不同 Ca 水平饲粮对梅花鹿瘤胃内各主要代谢参数的影响［J］.动物营养学报（1）：64.

李光玉，高秀华，邰玉钢.1999.鹿用饼粕类饲料的防霉与去毒［J］.特种经济动植物（5）：22.

李光玉，高秀华，邰玉钢.2000.鹿蛋白质营养需要研究进展［J］.经济动物学报（2）：58－62.

李光玉，高秀华，赵景辉，等.1998.梅花鹿瘤胃原虫、pH 值年周期变化的研究［J］.中国畜牧杂志（6）：9－11.

李光玉，彭凤华.2004.鹿的饲养与疾病防治［M］.北京：中国农业出版社.

李和平，王守本.1995.茸鹿良种繁育体系的建立与技术要点［J］.特产研究（2）：40－41.

李和平，郑兴涛，邴国良，等 . 1997. 中国茸鹿人工培育品种（品系）种质特性分析 [J]. 遗传，S1：76 – 78.

李和平，郑兴涛，邴国良，等 . 1998. 东北梅花鹿人工培育品种（品系）种质特性分析 [J]. 特产研究（1）：53 – 55.

李和平 . 2003. 梅花鹿优良品种（品系）产茸性能研究 [J]. 中国畜牧杂志（2）：30 – 31.

李景隆，赵阳民，张义山，等 . 1996. 西丰梅花鹿鹿茸重量性状表型参数的统计分析 [J]. 辽宁畜牧兽医（4）：15.

李然，臧埔，邰玉钢，等 . 2011. BVDV 基因 E_0 在人参发根的转化及其分子检测 [J]. 中国农学通报（10）：239 – 242.

李森松，王柏林 . 2000. 西丰梅花鹿母鹿产仔日期重复力的估测 [J]. 辽宁畜牧兽医（2）：34.

李生 . 1996. 提高母鹿受胎率的技术措施 [J]. 农村实用科技信息（2）：13.

李玉梅，王全凯，姚纪元，等 . 2005. 吉林、黑龙江两省梅花鹿布氏杆菌病的血清学调查 [J]. 经济动物学报（1）：23 – 25.

李玉赜，张连学，姚允怡，等 . 2011. 人参皂苷抗梅花鹿源 BVDV 研究 [J]. 安徽农业科学（23）：14 036，14 044.

刘榜，2007. 家畜育种学 [M]. 中国农业出版社 .

马泽芳 . 2000. 梅花鹿 [M]. 哈尔滨：东北林业大学出版社 .

莫放 . 2011. 反刍动物营养需要及饲料营养价值评定与应用 [M]. 北京：中国农业大学出版社 .

秦荣前 . 1994. 中国梅花鹿 [M]. 北京：中国农业出版社 .

孙飞舟，卫攻庆 . 2002. 简明养鹿手册 [M]. 北京：中国农业大学出版社 .

孙继良 . 1982. 梅花鹿的选种与繁育 [J]. 野生动物（4）：18 – 21.

孙禄 . 2001. 茸鹿饲养及疾病防治新技术 [M]. 北京：中国劳动社会保障出版社 .

佟敬宾 . 2008. 梅花鹿的电刺激采精及精液品质鉴定 [D]. 哈尔滨：东

北农业大学．

王柏林，李景隆，魏吉明，等．2005．西丰梅花鹿品种选育研究和推广
效果［J］．经济动物学报（1）：14－20．

王柏林，李占武，杨利祥，等．2003．西丰梅花鹿品种特征．二〇〇三
年全国鹿业发展信息交流会材料汇编［C］．中国农学会特产学会，1．

王柏林，罗剑通，李淑杰，等．2014．西丰梅花鹿品种标准［J］．特种
经济动植物（5）：7－8．

王柏林，马殿臣，艾永利，等．2010．西丰梅花鹿品种选育．2010 中国
鹿业进展［C］．中国畜牧业协会，4．

王芳．2003．养鹿与鹿病防治［M］．延吉：延边人民出版社．

王峰，金顺丹，高秀华，等．1997．3 岁梅花鹿生茸期日粮中适宜钙、磷
含量水平的研究［J］．动物营养学报，9（1）：35－38．

王峰，金顺丹，高秀华，等．1997．应用消化试验探讨 3 岁梅花鹿生茸
期精料补充料中适宜的钙、磷水平［J］．特产研究（2）：5－7．

王楠，杜锐，邰玉钢，等．2006．鹿源牛病毒性腹泻病毒核酸疫苗免疫
实验研究［J］．吉林农业大学学报（2）：201－203．

王英范，邰玉钢，刘雅婧，等．2006．五味子乙素抗梅花鹿源 BVDV 的
实验研究［J］．特产研究（2）：5－8．

王忠武，马生良，李海，等．2004．兴凯湖梅花鹿品种选育研究［J］．经
济动物学报（1）：1－6．

魏海军，刘宪彬，赵蒙，等．2010．梅花鹿的胚胎移植试验．2010 中国
鹿业进展［C］．中国畜牧业协会，2．

魏茂营．种公鹿的选择［N］．中国畜牧水产报，2001－12－30004．

温铁锋，邰玉钢，王树志，等．2006．梅花鹿源 BVDVNS_（2－3）基因
重要区的克隆与序列分析［J］．西北农林科技大学学报（自然科学
版）（1）：93－96．

闻刚主编．2002．科学养鹿问答［M］．北京：中国农业大学出版社．

吴必盛．1984．梅花鹿定时对偶繁育［J］．畜牧与兽医（1）：35．

邢秀梅，姜宁．2005．茸鹿标准化饲养技术［M］．北京：中国农业出版

社.

杨凤. 1993. 动物营养学 [M]. 北京：中国农业出版社.

曾申明，朱士恩. 1999. 鹿的养殖·疾病防治·产品加工 [M]. 北京：中国农业出版社.

张恒业，李亚. 1999. 鹿高效饲养指南 [M]. 郑州：中原农民出版社.

张森富. 1988. 双阳梅花鹿新品种 [J]. 农业科技通讯 (1)：41.

赵世臻，韩坤，贺忠升. 1985. 双阳梅花鹿 [J]. 畜牧与兽医 (2)：64 - 67.

赵世臻，宋百军，张秀莲. 2010. 高效健康养鹿关键技术 [M]. 北京：化学工业出版社.

赵世臻. 2004. 茸鹿繁育新技术 [M]. 北京：中国农业出版社.

赵雪亮，郜玉钢，臧埔，等. 2013. BVDVE_0 相互作用人参蛋白的筛选. 基因工程改变我们的生活论文集 [C]. 中国科学技术协会、贵州省人民政府，5.

郑兴涛，邴国良. 2000. 茸鹿饲养新技术 [M]. 北京：金盾出版社.

郑兴涛，姜秀芳，韩坤，等. 1992. 双阳梅花鹿茸重性状遗传力和重复力的估测及应用 [J]. 特产研究 (4)：26 - 31，39.

郑兴涛，李和平，田万林. 1992. 双阳梅花鹿种公鹿鹿茸重量性状表型参数的统计分析 [J]. 黑龙江畜牧兽医 (11)：35 - 36.

郑兴涛，王柏林，魏海军，等. 2003. 浅谈选育梅花鹿和马鹿繁殖速度及其应用 [J]. 经济动物学报 (1)：18 - 20.

郑兴涛，王恩凯，胡永昌，等. 1994. 长白山梅花鹿生产与育种的主要技术参数的统计分析 [J]. 辽宁畜牧兽医 (4)：5 - 7.

郑兴涛，魏海军，赵蒙，等. 2001. 浅谈鹿育种方向和繁育体系形式及配套系杂交 [J]. 经济动物学报 (2)：13 - 16.

郑兴涛，周淑荣，郑冬梅. 2014. 茸鹿饲养业新技术 [M]. 北京：农业大学出版社.

中国畜牧业协会. 2010. 2010 中国鹿业进展 [M]. 北京：中国农业出版社.

Gao Yugang, Wang Shijie, Rui Du, et al. 2011. Isolation and identification of a bovine viraldiarrhea virus from sika deer in China [J]. Virology Journal, 83 (8): 1 −6.

Gao Yugang, Wang Yajun, Du Rui, et al. 2011. A recombinant E_0 gene of bovine viral diarrhea virus protects against challenge with bovine viral diarrhea virus of sika deer [J]. African Journal of Microbiology Research, 9 (5): 1 012 −1 017.

Gao Yugang, Zhao Xueliang, Sun Chao, et al. 2015. A transgenic ginseng vaccine for bovine viral diarrhea [J]. Virology Journal, 12: 73.

Gao Yugang, Zhao Xueliang, Zang Pu, et al. 2013. Screening of Ginseng Proteins Interacted with BVDV E0 Protein [J]. Journal of Animal and Veterinary Advances, 12 (6): 699 −704,

Gao Yugang, Zhao Xueliang, Zang Pu, et al. 2014. Generation of the bovine viral diarrhea virus e0 protein in transgenic astragalus and its immunogenicityin sika deer [J] . Evidena Based Complement Alternative Medicine: 372503.

GaoYugang, SunZhuo, Zang Pu, et al. 2010. Induction and Molecule Detection of Ginseng Hairy Roots [J]. Medicinal Plant, 1 (5): 1 −3.

McDonald. 赵义斌，胡令浩主译. 1988. 动物营养学 [M] . 4 版 . 兰州: 甘肃民族出版社 .

Zang Pu, Zhang Pengju, Gao Yugang, et al. 2011. The evaluation of contents of nine ginsenoside monomers in ginseng hairy roots by high performance liquid chromatography (HPLC) [J] . Journal of Medicinal Plants Research, 23 (5): 5 513 −5 516.

超级种公鹿群

超级种母鹿群

七锯多枝360两

七锯三杈145两

七锯二杠95两

六锯三杈186两

六锯三杈178两

六锯三杈190两

五锯多枝220两

五锯多枝220两

六锯三杈190两

五锯三杈160两

五锯三杈152两

五锯三杈175两

五锯二杠115两

五锯二杠112两

五锯二杠105两

四锯多枝280两

四锯多枝210两

四锯多枝195两

四锯三杈155两

四锯三杈165两

四锯三杈222两

四锯二杠120两

四锯二杠118两

四锯二杠100两

三锯多枝190两

三锯多枝180两

三锯多枝175两

三锯三杈125两

三锯二杠90两

三锯二杠93两

二锯多枝130两

二锯多枝110两

二锯二杠54两

三锯二杠90两

二锯二杠55两

头锯二杠53两

人工采精的种公鹿群

同期发情的种母鹿群

人工授精繁育的仔鹿群

人工输精

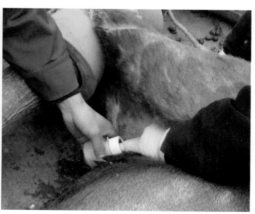

电刺激人工采精

秸秆饲料处理

处理秸秆饲料喂鹿

7岁公鹿生产群

6岁公鹿生产群

5岁公鹿生产群

4岁公鹿生产群

3岁公鹿生产群

2岁公鹿生产群

1岁公鹿生产群

3月龄仔鹿群

2岁母鹿参加繁殖

母乳哺乳

人工哺乳

4岁公鹿群体况

3岁公鹿群体况

2岁公鹿群体况

1岁公鹿群体况

种公鹿群体况

种母鹿群体况

梅花鹿高效养殖加工关键技术的研究与应用（吉林省科技进步二等奖）

梅花鹿育种技术

梅花鹿育种技术